免费提供网络学习增值服务
手机登录方式见封底

U0210394

油气管道保护工

（下册）

中国石油天然气集团有限公司人事部　编

石油工业出版社

内 容 提 要

本书是由中国石油天然气集团有限公司人事部统一组织编写的《石油石化职业技能培训教程》中的一本。本书包括油气管道保护工应掌握的中级工、高级工和技师操作技能及相关知识，并配套了相应等级的理论知识练习题，以便于员工对知识点的理解和掌握。

本书既可用于职业技能鉴定前培训，也可用于员工岗位技术培训和自学提高。

图书在版编目（CIP）数据

油气管道保护工. 下册／中国石油天然气集团有限
公司人事部 编. —北京：石油工业出版社，2020.1
石油石化职业技能培训教程
ISBN 978-7-5183-3698-2

Ⅰ. ①油… Ⅱ. ①中… Ⅲ. ①石油管道-保护-技术
培训-教材 ②天然气管道-保护-技术培训-教材 Ⅳ.
①TE973

中国版本图书馆 CIP 数据核字（2019）第 244846 号

出版发行：石油工业出版社
（北京市安定门外安华里 2 区 1 号楼　100011）
网　　址：www.petropub.com
编辑部：（010）64251613
图书营销中心：（010）64523633
经　　销：全国新华书店
印　　刷：北京晨旭印刷厂

2020 年 1 月第 1 版　2022 年 4 月第 6 次印刷
787×1092 毫米　开本：1/16　印张：20.25
字数：546 千字

定价：70.00 元

《石油石化职业技能培训教程》

编　委　会

主　任：黄　革

副主任：王子云　何　波

委　员（按姓氏笔画排序）：

丁哲帅	马光田	丰学军	王　莉	王　雷
王正才	王立杰	王勇军	尤　峰	邓春林
史兰桥	吕德柱	朱立明	刘　伟	刘　军
刘子才	刘文泉	刘孝祖	刘纯珂	刘明国
刘学忱	江　波	孙　钧	李　丰	李　超
李　想	李长波	李忠勤	李钟磬	杨力玲
杨海青	吴　芒	吴　鸣	何　峰	何军民
何耀伟	宋学昆	张　伟	张保书	张海川
陈　宁	罗昱恒	季　明	周　清	周宝银
郑玉江	胡兰天	柯　林	段毅龙	贾荣刚
夏申勇	徐春江	唐高嵩	黄晓冬	常发杰
崔忠辉	蒋革新	傅红村	谢建林	褚金德
熊欢斌	霍　良			

《油气管道保护工》编审组

主　　编：刘志刚

副 主 编：吴志平　陈朋超　张永盛　张　文

参编人员(按姓氏笔画排序)：

王建林　王洪涛　孔繁宇　刘志军　刘玲莉

刘　杨　孙　雷　李佳青　李景昌　何　飞

张立忠　张存生　张俊义　卢启春　张娜娜

张晓春　陈敬和　姜艳华　项小强　崔　蕾

郝鹏亮　高　强　费雪松　滕延平

参审人员(按姓氏笔画排序)：

王小伟　冯　伟　曾刚勇

PREFACE 前言

　　随着企业产业升级、装备技术更新改造步伐不断加快，对从业人员的素质和技能提出了新的更高要求。为适应经济发展方式转变和"四新"技术变化要求，提高石油石化企业员工队伍素质，满足职工鉴定、培训、学习需要，中国石油天然气集团有限公司人事部根据《中华人民共和国职业分类大典（2015 年版）》对工种目录的调整情况，修订了石油石化职业技能等级标准。在新标准的指导下，组织对"十五""十一五""十二五"期间编写的职业技能鉴定试题库和职业技能培训教程进行了全面修订，并新开发了炼油、化工专业部分工种的试题库和教程。

　　教程的开发修订坚持以职业活动为导向，以职业技能提升为核心，以统一规范、充实完善为原则，注重内容的先进性与通用性。教程编写紧扣职业技能等级标准和鉴定要素细目表，采取理实一体化编写模式，基础知识统一编写，操作技能及相关知识按等级编写，内容范围与鉴定试题库基本保持一致。特别需要说明的是，本套教程在相应内容处标注了理论知识鉴定点的代码和名称，同时配套了相应等级的理论知识练习题，以便于员工对知识点的理解和掌握，加强了学习的针对性。此外，**为了提高学习效率，检验学习成果，本套教程为员工免费提供学习增值服务，员工通过手机登录注册后即可进行移动练习**。本套教程既可用于职业技能鉴定前培训，也可用于员工岗位技术培训和自学提高。

　　《油气管道保护工》教程分上、下两册，上册为基础知识、初级工操作技能及相关知识，下册为中级工技能操作及相关知识、高级工操作技能及相关知识、技师操作技能及相关知识。

本工种教程由中国石油管道公司任主编单位，参与审核的单位有大庆油田有限责任公司、中国石油西气东输管道公司、西南油气田分公司等。在此表示衷心感谢。

由于编者水平有限，书中不妥之处在所难免，请广大读者提出宝贵意见。

编　者

CONTENTS 目录

第一部分　中级工操作技能及相关知识

第二部分 高级工操作技能及相关知识

第三部分 技师技能要求及相关知识

理论知识练习题

附　录

▶ 第一部分

中级工操作技能及相关知识

模块一　阴极保护及防腐层

项目一　调整恒电位仪运行参数

一、相关知识

(一)恒电位仪主要电路的组成及各电路的工作原理

恒电位仪是在无人值守的条件下,自动调节输出电流和电压,使被保护管道汇流点电位稳定在控制电位内,达到最佳保护效果的自控整流器。目前,长输油气管道阴极保护常用的恒电位仪有 PS-1 系列、HDV-4D 系列及 IHF 数控高频开关恒电位仪。

尽管恒电位仪的型号各异,但是恒电位仪的工作原理是相同的,其主要电路由比较放大器、稳压电源、误差报警、限流保护等组成。

1.比较放大器的工作原理

比较放大器共有两个输入端,一个是控制端,由仪器内部供给,另一个是参比端,从机外汇流点处的硫酸铜参比电极取得,是外信号的取样输入端。其工作原理是:在放大器的控制端人为给定一个控制电位,在放大器的参比端加上由被保护体取回的参比信号,两个信号经放大器的比较放大,得到一个输出电压去调解极化电源的导通角,改变极化电源的输出,使被保护体的保护电位值与给定的控制电位值一致。此时,仪器处于平衡状态,输出保持恒定。当由于腐蚀介质电阻率变化、绝缘层电阻变化或电源电压波动等原因破坏了这种平衡时,都会使保护电位在瞬间偏离控制电位,比较放大器则立即对其做出响应,控制导通角,从而改变极化电源的输出,重新建立起平衡状态。

2.稳压电源的工作原理

稳压电源的工作原理就是实现稳压控制的过程,也是一个"取样—比较—控制"的过程。通过取样和比较放大,控制调整管,使输出电压得以保持稳定。

3.设备报警电路的基本原理

误差报警电路是监视保护电位与给定的控制电位的相对误差的。在正常情况下,保护电位与控制电位的误差应该在±5mV 之内(仪器指标误差为±10mV),如果误差严重偏离了这一范围,如达到 30mV 以上,仪器即启动报警电路发出警告,通知管理人员。

4.限流保护电路的工作原理

恒电位仪因外部原因,如输出短路等使电流大幅度升高、危及运行安全时,限流保护电路就会自动限制仪器输出电流不超过最大允许值,从而保护仪器安全。仪器输出电流的最大允许值一般规定为不超过仪器额定输出的 1.2 倍。

(二)恒电位仪的操作调整方法

恒电位仪的操作调整方法按各型号恒电位仪的使用说明书给出的方法进行操作。

> ZBA001 恒电位仪的调整方法

本项目以典型的 PS-1LC 型和 IHF 型恒电位仪为例,对恒电位仪操作调整方法进行介绍。

1.PS-1LC 型恒电位仪的操作调整方法

(1)将控制面板(图 1-1-1)上"控制调节"旋钮逆时针旋到底,将"工作方式"开关置"自动"挡,"测量选择"置"控制"挡。

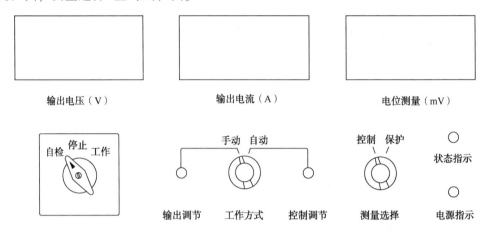

图 1-1-1　PS-1LC 型恒电位仪面板示意图

(2)将电源开关扳到"自检"挡,仪器电源指示灯亮,状态指示灯显示橙色,各面板表应均有显示。顺时针旋动"控制调节"旋钮,将控制电位调到欲控值,此时仪器工作于"自检"状态,"测量选择"开关在"控制"挡与"保护"挡之间切换,电位表显示值基本一致,表明仪器正常。

(3)将电源开关扳至"工作"挡,此时仪器对被保护体通电。根据现场管道实际情况,旋动"控制调节"旋钮使管道电位达到欲控值。

(4)若要"手动"工作,将"工作方式"开关拨至"手动"挡,顺时针旋动"输出调节"旋钮,使输出电流达到欲控值。

(5)恒电流设定:打开后门揿动安装板上恒流设定开关,此时面板状态指示灯显示黄色表明进入恒电流状态,根据现场管道实际电流,调节屏蔽盒内"恒流调节"电位器,使电流达到欲控值(出厂时设定在仪器额定电流的 30%),恒电流设定完毕,将仪器关机再开机。

注意事项:

(1)当仪器需"自检"时,应事先将仪器后板(图 1-1-2)的输出阳极连线断开。

图 1-1-2　PS-1LC 恒电位仪接线板示意图

(2)当仪器需"自检"时,"工作方式"开关应置"自动"挡,禁止置"手动"挡。因机内假负载可承受的功率较小,若置"手动"挡,有可能把机内假负载烧毁。

（3）手动输出调节电位器应逆时针旋到底，以免在由"自动"转为"手动"时输出电流过大。

（4）仪器从"手动"切换到"自动"时，应先关机，将"工作方式"开关置"自动"后再开机。因仪器在"手动"工作时，自动控制部分处于失衡状态，此时如直接切换到"自动"，仪器工作将不正常。

2.IHF 型恒电位仪的操作调整方法

（1）确保电网输入接线正确，快速插头连接良好。

（2）保持恒电位仪断路器在"开"状态。

（3）合上"电源开关"，电源指示灯亮，电压表有数值显示，恒电位仪面板有显示。

（4）根据需要，按照恒电位仪操作步骤，设定恒电位仪的工作方式并进入运行状态。

（5）恒电位仪开始运行。

（6）重新设置运行电位，只需要按照恒电位运行操作步骤操作即可。

（7）如果要求运行在恒电流状态，请按恒电流运行操作步骤操作即可。

说明：系统出现异常时，会发出声光报警，报警原因将显示在液晶屏上。

（8）恒电位运行的操作。

如图 1-1-3 所示，恒电位仪通电→"停止"→"恒电位"→通过方向键设置预置电位→"确定"→"运行"。

①运行：启动恒电位仪工作。

②停止：停止恒电位仪工作。

③确定：选择和保存设置。

④返回：返回上级菜单。

⑤方向键：修改数据，移动光标。

⑥恒电位：恒电位设置快捷键。

⑦恒电流：恒电流设置快捷键。

⑧菜单：调出恒电位仪功能菜单。

⑨测试：断电测试启动与停止。

⑩参数调整：通过左右方向键选择需要修改的数据位，通过上下键修改数据或状态。

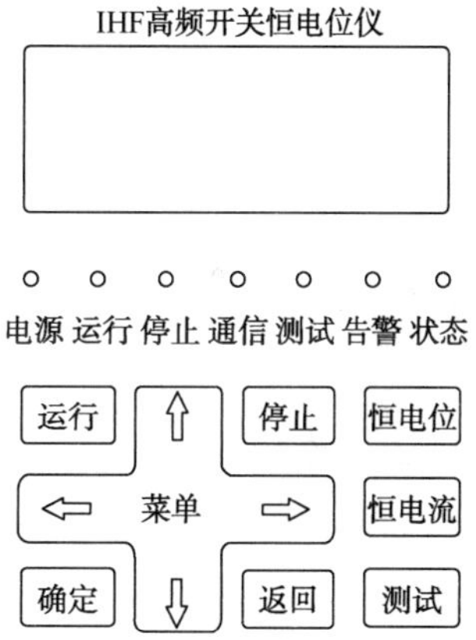

图 1-1-3 IHF 高频开关恒电位仪操作面板

（9）恒电流运行的操作。

恒电位仪通电→"停止"→"恒电流"→通过方向键设置预置电流→"确定"→"运行"。

注意：在进行任何参数或状态调整时，应先按下"停止"键，使恒电位仪处于停止状态，然后进行设置和调整。调整完成后，按"运行"键启动恒电位仪运行。

（10）恒电位仪通信参数的设置。

恒电位仪通电→"停止"→"菜单"→"通信设置"→"通信地址"→通过方向键设置通信地址为 0001→"确定"→"奇偶校验"→通过方向键设置为无校验→"确定"→"返回"→"运行"。

注意：通信地址设置不正确，将导致自动切换功能不正常，同时影响恒电位仪的远传远控数据传输。

二、技能操作

(一)准备工作

1.材料准备

序号	名称	规格	数量	备注
1	测量配线	—	2根	带表笔端子和鳄鱼夹
2	砂纸	—	1张	—
3	水	—	适量	—
4	纸	—	1张	—
5	笔	—	1支	—

2.设备准备

序号	名称	规格	数量	备注
1	恒电位仪	—	1台	—

3.工具和仪表准备

序号	名称	规格	数量	备注
1	万用表	输入阻抗:≥10MΩ	1块	—
2	饱和硫酸铜参比电极	便携式	1支	—
3	电工工具	—	1套	—

4.人员

一人单独操作,劳动保护用品穿戴整齐,用具、量具准备齐全。

(二)操作规程

(1)用万用表和饱和硫酸铜参比电极测量管道阴极保护电位,判定其值是否符合保护电位标准。

(2)若管道保护电位未达到保护电位标准,调整恒电位仪上的控制电位调节钮(按键),提高或降低恒电位仪的控制电位,从而升高或降低汇流点的保护电位。

(3)复测管道保护电位,若还不符合标准,继续进行调整,直到达到标准要求。

(4)记录。

(三)技术要求

(1)恒电位仪运行参数的调整应满足阴极保护准则。

(2)如果管道两端都有阴保站,应该通过电位测试确定该段管道管/地界面极化电位最正和最负的地方,然后通过调整恒电位仪使管道全部管/地界面极化电位都在阴极保护准则范围内。

(3)有时候可能需要与上下游阴保站一起调整,并不是简单调整一台恒电位仪就可以完成的。

(4)需要不断的调整、测试来最终确定管道全部管/地界面极化电位都在阴极保护准则范围内。

(四)注意事项

在调整阴极保护汇流点电位时,应与上、下游加强联系,避免相互影响。

项目二　切换恒电位仪

ZBA002 恒电位仪控制台的功能

一、相关知识

PS-1LC 型恒电位仪、IHF 型恒电位仪的操作调整方法见本模块项目一的相关知识,本项目以典型的 PS-1LC 型和 IHF 型恒电位仪的控制柜为例,对恒电位仪的切换操作方法进行介绍。

(一)PS-1LC 型恒电位仪控制柜

(1)打开控制柜(图 1-1-4)电源开关,控制柜通电时默认开 A 机,此时电源指示灯应亮,交流电压表应正常显示交流电压。同时,"A 机工作"指示灯应亮,表示 A 机处在工作状态,再打开恒电位仪 A 机的电源开关(A 机在左边),可调试 A 机。

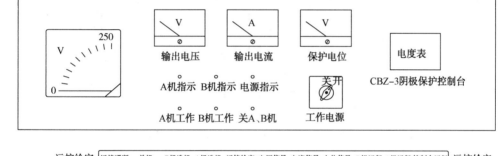

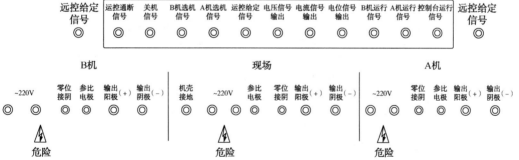

图 1-1-4　CBZ-3 型阴极保护控制柜面板及接线板示意图

(2)如果按一下面板上的"B 机工作"按钮,则关闭 A 机打开 B 机,且"B 机工作"指示灯亮,再打开恒电位仪 B 机的电源开关(B 机在右边),可调试 B 机。

(3)如再要 A 机工作,可按面板上的"A 机工作"按钮,则关闭 B 机打开 A 机。

(4)如要同时关闭 A、B 机,可按面板上"关闭 A、B 机"按钮,不管是 A 机或 B 机处于工作状态,都将被关闭。

(二)IHF 型恒电位仪控制柜

IHF 型恒电位仪机柜(图 1-1-5)的特点是以 IHF 系列高频开关恒电位仪为核心,以数字通信、GPRS 及 GPS 卫星全球定位系统等公用平台为依托,在一个单柜体实现阴极保护系统的交/直流配电、系统监控、数据传输等功能。

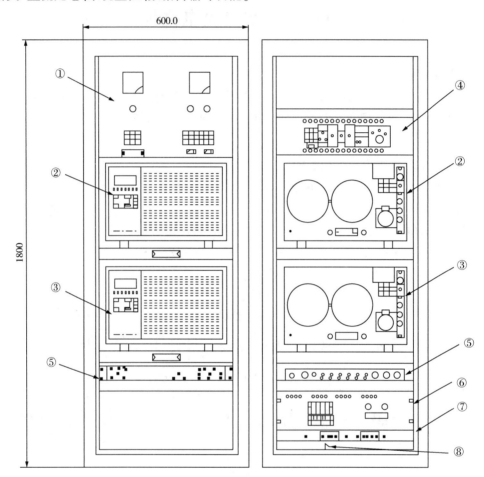

图 1-1-5　IHF 型恒电位仪机柜示意图

1—控制柜操作面板;2—1 号恒电位仪;3—2 号恒电位仪;4—交流配电盘;

5—自动切换控制器;6—综合接线盘;7—输出母排;8—控制柜接地螺栓

1.使用自动切换控制器的自动切换工作方式

将配电盘的"手动切换开关"置"0"。将"双机自动切换器"的"状态选择开关"置"自动"挡。合上控制柜"电源开关",1 号恒电位仪开始运行。

说明:如果 1 号恒电位仪出现故障,将自动切换到 2 号恒电位仪运行。

2.使用自动切换控制器的手动切换工作方式

将配电盘的"手动切换开关"置"0"。将"双机自动切换器"的"状态选择开关"置"手动"挡,将设备选择开关拨到"1 号机"。

合上控制柜"电源开关",1 号恒电位仪开始运行。

3.使用应急手动切换开关的手动切换工作方式

切断自动切换控制器电源。将配电盘的"手动切换开关"置"1",合上控制柜"电源开关",1号恒电位仪开始运行。

二、技能操作

(一)准备工作

1.材料准备

序号	名称	规格	数量	备注
1	测量配线	—	2根	带表笔端子和鳄鱼夹
2	砂纸	—	1张	—
3	水	—	适量	—
4	纸	—	1张	—
5	笔	—	1支	—

2.设备准备

序号	名称	规格	数量	备注
1	恒电位仪	—	2台	—
2	控制台	—	1台	—

3.工具和仪表准备

序号	名称	规格	数量	备注
1	万用表	输入阻抗：≥10MΩ	1块	—
2	饱和硫酸铜参比电极	便携式	1支	—
3	电工工具	—	1套	—

4.人员

一人单独操作,劳动保护用品穿戴整齐,用具、量具准备齐全。

(二)操作规程

(1)合上控制柜后部配电盘上的"总开关",电源指示灯亮。

(2)合上控制柜操作面板上的电源开关,电压表和电流表有显示,运行指示灯亮。

(3)打开控制柜电源开关,按下控制柜面板上的"A机工作"按钮,此时电源指示灯应亮,交流电压表应正常显示交流电压。同时,"A机工作"指示灯应亮,表示A机处在工作状态,再打开恒电位仪A机的电源开关,可调试A机。

(4)按下控制柜面板上的"B机工作"按钮,则关闭A机打开B机,且"B机工作"指示灯亮,再打开恒电位仪B机的电源开关,可调试B机。

(5)调整恒电位仪:调整恒电位仪上的控制电位调节钮(按键),提高或降低恒电位仪的控制电位,从而升高或降低汇流点的保护电位。

(6)测试复核:测试汇流点的保护电位,调整恒电位仪运行参数至汇流点的保护电位达到标准要求。

(7)记录:记录恒电位仪工作状况及数据。

(三)技术要求

(1)开机前应认真检查仪器、设备及线路接线,确保仪器完好,线路正确,接触良好。

(2)严格按操作步骤的顺序,一步接一步地操作,不可违反或错乱。

(3)电源开关遵循送电从总开关逐级下送,断电逐级从下往上关闭。

(4)各种开/关应按照操作规程操作,不可拨错开/关键。

(5)及时、准确地做好开/关机记录。

(6)关机后应认真检查仪器及相关设备和线路,发现问题及时处理,保证下次顺利开机操作。

项目三 采用电位法检查运行中绝缘法兰/绝缘接头的绝缘性能

一、相关知识

对于在役管道绝缘接头/法兰绝缘性能测试有采用电位法、PCM 漏电率测量法,接地电阻测量仪法,本项目重点介绍电位法。

> ZBA003 运行中绝缘法兰/绝缘接头的检查方法

(一)绝缘法兰/绝缘接头电位法测试的步骤

(1)电位法测量接线如图 1-1-6 所示。

(2)在对被保护管道通电之前,用万用表 V 测试绝缘法兰/绝缘接头非保护侧 a 的管/地电位 V_{a1}。

(3)保持硫酸铜参比电极位置不变,对保护管道通电,并调节阴极保护电源,使保护侧 b 点的管/地电位 V_b 达到 $-0.85 \sim -1.50$V。

(4)测试 a 点的管地电位 V_{a2}。

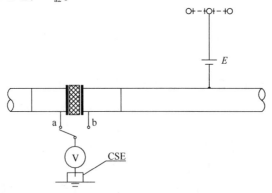

图 1-1-6 电位法测量接线示意图

(二)数据分析

若 V_{a1} 和 V_{a2} 基本相等,则认为绝缘法兰/绝缘接头的绝缘性能良好;若 $|V_{a2}| > |V_{a1}|$ 且 V_{a2}

接近 V_b 值,则认为绝缘法兰/绝缘接头的绝缘性能可疑。若辅助阳极距绝缘法兰/绝缘接头足够远,且判明与非保护侧相连的管道没同保护侧的管道接近或交叉,则可判定为绝缘法兰/绝缘接头的绝缘性能很差(严重漏电或短路);否则应按 PCM 漏电率测量法进一步测量。

二、技能操作

(一)准备工作

1.材料准备

序号	名称	规格	数量	备注
1	测量配线	—	2根	带表笔端子和鳄鱼夹
2	水	—	适量	—
3	纸	—	1张	—
4	笔	—	1支	—

2.设备准备

序号	名称	规格	数量	备注
1	绝缘法兰/绝缘接头	—	1组	在用

3.工具和仪表准备

序号	名称	规格	数量	备注
1	万用表	输入阻抗:≥10MΩ	1块	—
2	饱和硫酸铜参比电极	便携式	1支	—
3	电工工具	—	1套	—
4	锉刀	—	1把	—
5	毛刷	—	1把	—
6	电吹风	—	1个	—

4.人员

一人单独操作,劳动保护用品穿戴整齐,用具、量具准备齐全。

(二)操作规程

(1)清洁绝缘法兰外部污垢杂物并驱除水汽。

(2)在绝缘法兰内外盘表面或绝缘接头两侧测试桩各选一处测试点,绝缘法兰去除防腐层并露出金属本体,测试桩接线点除锈。

(3)断开所有阴极保护电源(包括站场施加区域阴极保护的电源),用万用表测绝缘法兰/绝缘接头站场一侧管/地电位,记录数据。

(4)站场一侧不通电,对保护管道通电,并调节阴极保护电源,使保护管道侧的管/地电位达到-0.85~-1.50V,用万用表测绝缘法兰/绝缘接头站场一侧管/地电位,记录数据。

(5)对比保护管道通电前后站场一侧的管/地变化情况,分析数据,做出检查结论,入档保存。

(三)技术要求

(1)绝缘法兰清洁干燥。

(2)绝缘法兰/绝缘接头接线点除锈干净,测试点接触良好。

(3)在没有可靠的原始资料进行比较时,应先停电,测量自然电位。

(4)采用电位法测试时,对站场施加区域阴极保护的,测试运行中绝缘法兰/绝缘接头绝缘性能时,不能在绝缘法兰/绝缘接头绝缘两侧同时施加阴极保护。

项目四 判断并排除阳极电缆或阴极电缆断线故障

一、相关知识

ZBA005 铝热焊的特点

(一)铝热焊剂焊接技术的优点

铝热焊剂焊接技术是一种用于电缆与管道、电缆与电缆连接的技术,它具有以下优点:

(1)焊接处具有和该连接电缆同等的载流量。

(2)焊接牢固可靠,不会形成高电阻。

(3)设备简单、轻便(不到1kg),价格低廉。

(4)无须电源设备,易于施工。

ZBA006 铝热焊的基本原理

(二)铝热焊剂技术原理

铝热焊剂技术是根据金属铝本身的强氧化性和氧化铜(CuO)进行放热反应,产生熔融金属铜,从而将电缆焊接到钢的表面。其反应的化学方程式如下:

$$3CuO+2Al \xrightarrow{\text{点火}} 3Cu+Al_2O_3+1152kJ/mol$$

焊剂中除氧化铜、铝粉外,还含有辅助添加剂。一般,铝粉中铝的含量不得小于95%,细度为0.15~0.30mm;氧化铜中CuO的含量不得小于95%,细度应在一定范围内。铜和氧化铜的作用在于控制焊接温度和铜液量。辅助添加剂作为一种附加成分来降低熔渣熔点和增加流动性。

ZBA007 铝热焊模具的要求

(三)焊接模具

焊接模具为一石墨坩埚。因石墨可耐3000℃高温,具有良好的热稳定性、化学稳定性和塑性,每个坩埚可使用50次以上。

坩埚上腔的尺寸影响着铝热反应的效果,中部和下部型腔尺寸影响着熔融金属与熔渣的有效分离和熔融金属的流动成型。

ZBA008 铝热焊的焊接方法

(四)焊接方法

将铜片放好(挡住药粉),然后将药粉倒入石墨坩埚上腔中,再将电缆头压在铜管上,用高温火柴或点火剂点火,使药粉发生铝热反应,反应生成的液态金属铜流入石墨坩埚下部,在套有黄铜套的电缆上形成焊点。坩埚盖可防止液态金属外溅,磁钢可使得模具吸附在钢体上。被焊钢管表面应先除去氧化皮,并在焊接冷却后将模具移走,除掉浮渣。整个焊接过程只需3~5min,产生约2500℃的高温。

二、技能操作

(一)准备工作

1.材料准备

序号	名称	规格	数量	备注
1	测量配线	—	2根	带表笔端子和鳄鱼夹
2	电缆	—	适量	—
3	铜管	ϕ10mm	适量	—
4	电工防水胶带	—	1卷	—
5	电工绝缘胶带	—	1卷	—
6	砂纸	—	1张	—
7	水	—	适量	—
8	纸	—	1张	—
9	笔	—	1支	—

2.设备准备

序号	名称	规格	数量	备注
1	阴极保护系统	—	1套	在用

3.工具和仪表准备

序号	名称	规格	数量	备注
1	万用表	输入阻抗：≥10MΩ	1块	—
2	接地电阻测试仪	ZC-8型	1台	—
3	管道探测仪	RD-8000或SL系列	1台	—
4	钢钎电极	—	2只	—
5	电工工具	—	1套	—
6	压接钳	—	1套	—
7	手锤	—	1把	—
8	铁锹	—	1把	—

4.人员

一人单独操作,劳动保护用品穿戴整齐,用具、量具准备齐全。

(二)操作规程

1.判断阳极电缆断线故障

(1)检查辅助阳极是否断线:由恒电位仪实施阴极保护的情况下,当仪器输出电压表满刻度(最大),而电流表显示为零,保护电位低于控制电位,仪器报警,则说明阳极可能断线。

(2)在仪器显示断线状况下,要进一步确定阳极是否断线:断开仪器与阳极端的连接,用接地电阻测量仪测量阳极端的接地电阻,若接地电阻大于正常值很多,则判定阳极可能断线。

2.判断阴极电缆断线故障

(1)检查阴极电缆是否断线:由恒电位仪实施阴极保护的情况下,当仪器输出电压表满刻度(最大),而电流表显示为零,保护电位低于控制电位,仪器报警,则说明阴极断线。

(2)在仪器显示断线状况下,要进一步确定阴极是否断线。

①断开仪器与阴极端的连接,用接地电阻仪测量仪测量阴极端的接地电阻,若接地电阻大于正常值很多,则判定阴极断线。

②从恒电位仪输出接线方式(图1-1-7)可以看出,输出阴极和零位接阴电缆是分别接到管道通电点上的,故断开输出阴极和零位接阴端子,用万用表电阻挡测试这两条电缆之间的通断,如果不通,则说明阴极断线。

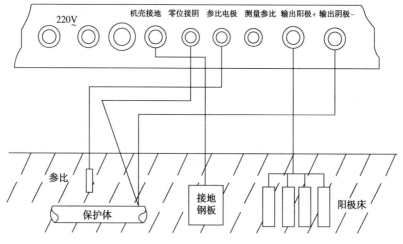

图1-1-7　恒电位仪输出接线示意图

3.查找断线点

(1)1/2查找法:将测量导线的一头接到仪器的阳极(或阴极)端,另一头串联万用表后接到阳极(或阴极)电缆的1/2处,若万用表电阻挡显示为零,则说明全线是导通的,否则说明有断线处。在判定断线段的1/2处依次用万用表测量,直到找到断线点。

(2)调查法:沿电缆走向调查,观察地表变化,有无第三方施工造成意外伤害。

(3)电流法:给电缆加一定大小的电流,探测该电流产生的磁场寻找电缆走向,顺电缆探测直到电磁信号出现哑点,即再向前进方向探测不到电磁信号时,此处即是断线点。代表仪器有RD-8000管道探测仪、SL系列管道探测仪,此类仪器利用电磁原理对管道、电缆走向进行定位探测,具有使用方便、探测效果良好的特点。

(4)音频法:给电缆加一定频率的音频信号,探测该信号的强弱寻找电缆走向,顺电缆探测直到音频信号出现哑点,即再向前进方向探测不到音频信号时,此处即是断线点。音频法具有抗杂散电磁信号干扰的优点,如条件具备可选择此法查找断点。

4.修复断线故障

(1)将电缆采用铜管钳接,然后采用热熔胶及电缆专用热收缩套防腐。

(2)回填,埋好电缆。

(3)收拾工具、仪表并填好维修记录。

(三)技术要求

(1)必须正确使用接地电阻测量仪。

(2)找故障点时宜按电流法或音频法进行排除。

(3)断线连接铜管钳接要压实,做好防腐。

(四)注意事项

如果使用铝热焊剂技术焊接断线电缆,坩埚盖要盖好,防止液态金属外溅伤人。

项目五 启、停汽油发电机

一、相关知识

(一)内燃机的特点

(1)热效率高。

(2)结构紧凑,质量小,尺寸小。

(3)功率范围广,适应性能好。

(4)使用操作方便,启动快。

(5)运行安全,不易引起火灾或爆炸事故。

(二)内燃机的分类

1.按照采用的燃料不同分类

(1)柴油机。

(2)汽油机。

(3)煤气机。

(4)天然气机。

2.按照工作过程分类

(1)二冲程:活塞移动两个冲程,完成一个工作循环。

(2)四冲程:活塞移动四个冲程,完成一个工作循环。

3.按照机体结构型式分类

(1)单缸:一台内燃机只有一个气缸。

(2)多缸:一台内燃机具有两个或两个以上的气缸。

4.按照冷却方式分类

(1)风冷:利用空气作冷却介质。

(2)水冷:利用水作冷却介质。

(3)油冷:利用润滑油作冷却介质。

5.按照进气方式分类

（1）非增压：内燃机没有增压器，空气靠活塞抽吸作用进入气缸。

（2）增压：内燃机上装有增压器，空气通过增压器提高压力后进入气缸。

6.按照点火方式分类

（1）压燃式：空气在气缸内高度压缩后产生高温，使燃料自行着火燃烧。

（2）点燃式：利用火花塞发出的火花点燃燃料，使其着火燃烧。

（三）内燃机的名称及型号

（1）内燃机的名称按照所采用的燃料命名。

（2）内燃机的型号应反映出它的主要结构及性能，由以下四项内容组成（图1-1-8）。

①汽缸数：表示每台内燃机具有的气缸数目。

②机型系列：表示内燃机的气缸直径和冲程数目。

③变型符号：表示该机型经过改进后在结构和性能上发生的变化。

④用途及结构特点：表示内燃机的主要用途和不同结构特点。

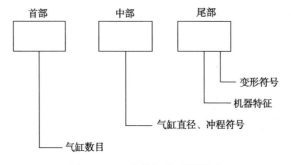

图1-1-8　内燃机的型号说明

（四）汽油发电机工作原理及日常维护

ZBA009 汽油发电机的工作原理

1.汽油发电机工作基本原理

在汽油机汽缸内，混合气体剧烈燃烧，体积迅速膨胀，推动活塞下行做功。各汽缸按一定顺序依次做功，作用在活塞上的推力经过连杆变成了推动曲轴转动的力量，从而带动曲轴旋转。将无刷同步交流发电机与汽油机曲轴同轴安装，就可以利用汽油机的旋转带动发电机的转子，利用"电磁感应"原理，发电机就会输出感应电动势，经闭合的负载回路就能产生电流。

汽油发电机组由于调压方式的不同，分为有刷发电机组和无刷发电机组。汽油发电机组主要由汽油机、发电机定转子、调压器（有刷）或电容（无刷）、控制面板组成。

2.使用方法

（1）操作前检查。

①机油油位检查（推荐使用SAE10W～30机油），将机组放在平坦的平面上，停止引擎来检查机油油位。将机油尺插入加油口，此时不得旋转机油尺，如油位低于机油尺下限添加。

②燃油油位检查:通过燃油油标确认油位,油位低时加注燃油。

③空气滤清器检查:确认空气滤清器滤芯是否干净,如脏请及时用煤油或柴油清洗,才可保证发动机正常运转。

(2)启动发动机步骤。

①关闭交流断路器(切勿带载起动)。

②将燃油阀打开。

③关闭阻风门(冷机状态)。

④将发动机开关打到 ON 位置。

⑤轻轻拉起启动抓手直到感到有阻力为止,然后用力拉起。

⑥当引擎升温时,将阻风门打开。

⑦打开交流断路器。

(3)关闭发动机:使用完毕,先关闭负载再关闭发动机。

3.定期检查与保养

(1)每次使用都必须检查机油,如不足则添加。除此之外还必须定期更换。

①新机首次更换是在机组初次使用 20h 后或一个月后。

②日常更换为每 100h 或每六个月彻底更换一次。

(2)每次使用需检查空气滤清器,必须定期清洗。

①清洗时间为每 50h 和每三个月,在恶劣环境中使用应增加检修频率。

②清洗过程:清洗(有机溶剂)、挤压吹干、浸湿(少量油)挤压。

(3)火花塞检查。

①火花塞的火花状态:火花以蓝色、强劲为佳;如为红色则调整或更换。

②用钢丝刷清除火花塞的积碳。

③火花塞间隙调整,间隙为 0.7~0.8mm。

(4)气门间隙检查与调整。

①气门间隙:进气门 0.15mm±0.02mm,排气门 0.20mm±0.02mm。

②调整:如气门间隙超出标准范围必须调整,调整要在压缩上死点的位置进行调整才可以。

> ZBA010 汽油
> 发电机的维
> 护方法

4.运输与保存

(1)发电机组在运输过程中必须水平放置,否则会造成燃油从油箱溢出可能被点燃或机油流入气缸中导致启动困难。

如无法水平放置,将燃油、机油放尽后运输。

(2)保存(三个月以上不使用按以下步骤进行保管)。

①将油箱和化油器中的汽油放尽。

②将曲轴箱中的机油放尽。

③加注新机油到机油尺的油位上限。

④关闭阻风门,并将启动器手把拉起到感到有阻力的地方。

⑤将机组擦拭干净,用纸箱或塑料罩罩住,防止灰尘。

5.常见故障的处理

通用汽油发动机常见故障的处理见表 1-1-1。

表 1-1-1　通用汽油发动机常见故障的处理

故障现象	故障判断及处理
不能启动或启动后突然熄火	(1)熄火开关没开,熄火线短路。缺机油(有保护器的机型)
	(2)传感器:拔掉机油传感器连接线,汽油机能启动的换机油传感器
	(3)点火系统问题:拔掉火花塞空拉启动,观察火花情况,火花为白红色正常;若无火花则换火花塞或点火器
	(4)供油系统问题:检查燃油是否进水,如进水就用汽油清洗化油器。判断缸体是否进燃油,拔掉火花塞用手指紧按空滤器孔,空拉启动几下,闻手指有无燃油味。判断供油道是否漏气,变换风门位置看能否启动
	(5)能量转换系统、配气系统问题:拔掉火花塞用手指紧按空滤器孔,空拉启动几下如没有压缩气体冲出,说明能量转换系统、配气系统有问题
转速不稳或功率减少	(1)调速系统问题:检查调速弹簧是否脱离、有无干涉。检查汽油机有无怠速(发电机组观察空载频率)来判断摆杆与调速齿轮间隙是否过大,如无怠速、空载频率高,需调整摆杆与调速齿轮间隙
	(2)检查火花塞有无积碳、空滤器是否堵塞,使用时间长的汽油机,检查活塞环是否磨损
无电压输出	(1)用电系统超载或短路,引起输出开关不能打开:观察输出开关位置
	(2)碳刷未能接触或连接线脱落:撤开电动机尾盖检察
	(3)转子磁钢脱磁:用手推动调速臂,加大油门看能否恢复正常
	(4)调压器损坏或电容器(无刷)损坏:换调压器或电容后看能否恢复正常
	(5)电动机定转子烧坏:撤开电动机定转子观察有无烧焦痕迹或换定转子看能否恢复正常
电压过高	(1)调压器损坏或调压器电压调节螺钉松动:先调节调压器电压调节螺钉观察电压有无变化,如调节调压器电压调节螺钉不能恢复正常,就换调压器
	(2)汽油发电机转速变高,调节汽油机调整螺钉看能否恢复正常(最好用频率表测量 53.5～49.5Hz 范围内)
泵体漏水	(1)密封泵体密封损坏:在泵体和箱面漏水,换密封
	(2)水泵水封缺水烧坏:在泵体与汽油机连接处
无电流输出	(1)励磁线圈没发电或励磁线圈整流桥烧坏。测量碳刷两端电压(DC18V)
	(2)发电线圈烧坏或碳磨损未接触。换件处理
发电状态下输出电压低	(1)电焊、发电转换开关没合到位。调整转换开关拉索
	(2)频率过低。调整油门操作手柄调速螺栓,将频率调到 53～53.5Hz
发电状态下焊接电流低	(1)汽油机功率下降或转速下降,观察焊接时汽油机抖动大
	(2)整流桥二极管烧坏,检查整流桥二极管有烧焦痕迹
	(3)控制面板内整流堆烧坏或电流调节器损坏,检查修理
电焊状态下焊接偏弧	电抗绝缘被烧穿,检查修理

二、技能操作

(一)准备工作

1.材料准备

序号	名称	规格	数量	备注
1	燃料油	—	适量	汽油
2	润滑油	—	适量	配套

2.设备准备

序号	名称	规格	数量	备注
1	汽油发电机	—	1台	—

3.工具和仪表准备

序号	名称	规格	数量	备注
1	万用表	输入阻抗：≥10MΩ	1块	—
2	电工工具	—	1套	—

4.人员

一人单独操作,劳动保护用品穿戴整齐,用具、量具准备齐全。

(二)操作规程

操作步骤以 EG-2200 型汽油发电机为例。

(1)检查发电机工况,按要求添加燃料油和润滑油,使发电机处于待机状态。

(2)启动发电机。

①打开燃料阀。

②打开发动机开关。

③关闭阻气杆。

④拉动启动拉绳,启动发电机。

⑤发电机运转平稳后,打开阻气杆。

(3)打开发电机开关,检查发电机电压,通过调节阻气杆使电压值达到 220V。

(4)关掉发电机开关,插好电源接线插板,再打开发电机开关,发电机即投入使用。

(5)关停发电机。

①关发电机开关,去掉用电负荷。

②关发动机开关。

③关燃料阀。

(三)技术要求

(1)操作发电机前要仔细阅读使用说明书,严格遵守注意事项。

(2)发电机工况要良好,油料满足启动要求。

(3)应定期对发电机进行保养。

项目六　操作太阳能电源系统

一、相关知识

ZBA011 太阳能电源系统的结构

（一）太阳能电源系统的组成及结构

太阳能电池电源系统是将太阳能转换为电能，通过太阳能充放电控制器给负载供电，同时给蓄电池组充电；在无光照时，通过太阳能充放电控制器由蓄电池组给直流负载供电，同时，蓄电池还要直接给独立逆变器供电，通过独立逆变器逆变成交流电，给交流负载供电。

1.独立的太阳能电源系统的组成

独立的太阳能电源系统包括三部分：太阳能电池、控制器、蓄电池组。此系统作为无人或少人值守、无市电的输油气管道线路截断阀室自动监控阀动力电源、远程控制仪表电源、恒电位仪电源、照明电源等得到了广泛应用。输油气管道线路截断阀室、阴极保护太阳能电源系统示意图如图1-1-9所示。

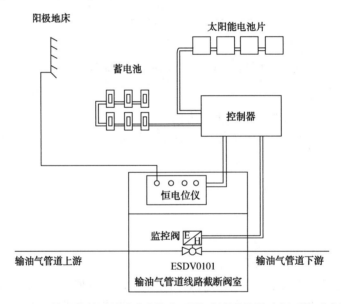

图1-1-9　输油气管道线路截断阀室、阴极保护太阳能电源系统示意图

2.混合太阳能电源系统的组成

混合太阳能电源系统在独立太阳能电源系统的基础上增加了对油机、市电、风力发电机等其他电源系统的控制，其中控制器是太阳能电源系统的核心部分。混合太阳能电源系统示意图如图1-1-10所示。

3.太阳能电源系统的结构及作用

太阳能电源系统由太阳能电池组（太阳能电池板）、太阳能控制器、蓄电池（组）组成。如输出电源为交流220V或110V，还需要配置逆变器。各部分的作用如下：

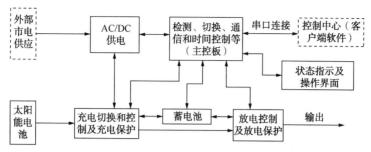

图 1-1-10　混合太阳能电源系统示意图

1）太阳能电池板

太阳能光伏发电的最基本元件是太阳能电池（片），有单晶硅、多晶硅、非晶硅和薄膜电池等。目前，单晶和多晶电池用量最大，非晶电池用于一些小系统和计算器辅助电源等。

太阳能电池板是太阳能发电系统中的核心部分，也是太阳能发电系统中价值最高的部分。其作用是将太阳的辐射能力转换为电能，或送往蓄电池中存储起来，或推动负载工作。

（1）电池片：采用高效率（16.5%以上）的单晶硅太阳能片封装，保证太阳能电池板发电功率充足。

（2）玻璃：采用低铁钢化绒面玻璃（又称为白玻璃），厚度 3.2mm，在太阳电池光谱响应的波长范围内（320~1100nm）透光率达 91%以上，对于大于 1200nm 的红外光有较高的反射率。此玻璃同时能耐太阳紫外光线的辐射，透光率不下降。

（3）EVA：采用加有抗紫外剂、抗氧化剂和固化剂的厚度为 0.78mm 的优质 EVA 膜层作为太阳电池的密封剂和与玻璃、TPT 之间的连接剂。具有较高的透光率和抗老化能力。

（4）TPT：太阳能电池的背面覆盖物—氟塑料膜为白色，对阳光起反射作用，因此对组件的效率略有提高，并因其具有较高的红外发射率，还可降低组件的工作温度，也有利于提高组件的效率。当然，此氟塑料膜首先具有太阳能电池封装材料所要求的耐老化、耐腐蚀、不透气等基本要求。

（5）边框：所采用的铝合金边框具有高强度，抗机械冲击能力强等特点。

2）太阳能控制器

太阳能控制器的作用是控制整个系统的工作状态，并对蓄电池起到过充电保护、过放电保护的作用。在温差较大的地方，合格的控制器还应具备温度补偿的功能。其他附加功能如光控开关、时控开关都应当是控制器的可选项。

3）蓄电池

一般为铅酸电池，通常有 12V 和 24V 这两种，小微型系统中，也可用镍氢电池、镍镉电池或锂电池。其作用是在有光照时将太阳能电池板所发出的电能储存起来，到需要的时候再释放出来。

4）逆变器

在很多场合，都需要提供 AC220V、AC110V 的交流电源。由于太阳能的直接输出一般都是 DC12V、DC24V、DC48V。为能向 AC220V 的电器提供电能，需要将太阳能发电系统所发出的直流电能转换成交流电能，因此需要使用 DC-AC 逆变器。在某些场合，需要使用多种电压的负载时，也要用到 DC-AC 逆变器，如将 24VDC 的电能转换成 5VDC 的电能（注意，不是简单的降压）。

ZBA012 太阳能电源系统的操作方法

（二）太阳能电源系统日常维护方法

1.维护

1）日常巡检

（1）通过网络监控、现场巡检或者两者方式结合的形式对太阳能光伏电源进行日常巡检，以及时发现问题。

（2）通过网络监控系统或本地控制器实时查看告警和事件的记录，判断太阳能装置是否正常。

（3）对于没有数据监控网络的，采用电源系统中"市电故障""紧急告警""非紧急告警"三路无源开关测量信号，接入其他监控系统中传至网管中心可以得到实时最基本的告警，进行远端监视。对于个别重要的或故障频次较高的点，可加装语音告警器，连接到本地的电话线上，实时向维护人员发出告警信息，及时排除故障。

（4）如不具备远传条件，建立巡检制度每天至少巡视 2 次，维护人员定期巡检，对于紧急告警应重点跟踪处理。雷雨季节要加密巡检次数。

2）定期维护

（1）每 6 个月进行维护的内容。

①检查系统各组件包括太阳能电池组合板、蓄电池、充电控制器等外观完好性，并清扫积灰。

②检查设备的电缆与机架连接等电器连接情况是否牢固。

③测量各设备、机房等接地电阻。

④检查防浪涌抑制器模块显示窗口无变红，防雷开关无跳断。雷雨季节需要加密巡检。

⑤检查汇流盒中硅堆、保险应正常。

⑥测量系统电压、蓄电池温度、负载电流、蓄电池电流、交流输入电压、环境温度、环境湿度等数据并记录。

⑦蓄电池的维护见本项目相关知识(六)蓄电池的运行与维护及注意事项。

（2）每 12 个月进行的维护内容。

①检查确认控制器主菜单各单项参数的设置，并做记录。

②测量各个模块的实际输出电压。

③检查模块负载均分特性。

④控制器告警功能测试。

（3）定期维护前的准备。

①工作负责人提前通知有关部门做好设备的切换和停电的准备工作。

②熟悉有关技术资料和运行维护记录，了解在太阳能光伏电源上的工作注意事项，编制维护方案。

③准备有关维护工具和材料。

④做好防尘、防潮、防静电工作。

（4）定期维护注意事项。

①办理工作票许可手续。

②按要求做好安全措施，对相关设备进行锁定。

③检查各接点、电缆接头应无过热或放电痕迹。

④检查吊装结构无松脱。

⑤使用吹扫设备对柜内元器件进行清扫。

⑥检查控制柜内保险、连接插件、端子接线和接地线,应接触良好、牢固可靠。

⑦维护工作完成后整理工具、材料,清扫及恢复现场。

⑧办理工作票终结手续。

⑨填写维护记录并归档。

2.检修

根据日常巡检或定期维护中发现的问题或故障,进行针对性检查维修。

(三)太阳能电源系统维护测试检查方法

1.太阳能控制器的检查

(1)红灯亮均为故障告警,检查控制器状态显示项中现存报警列表,了解实际告警部位,对该部位进行故障排除。

(2)黄灯亮为蓄电池不在浮充状态的标志,黄灯单独出现不是故障,可检查状态显示菜单中电池状态项,了解蓄电池目前情况应为"强充""均充""电池测试"中的一种。

2.控制器参数的检查

(1)使用万用表测量系统正负母排电压值与控制器显示电压值相比较。如果不符,在控制器上进行校准。

(2)测量蓄电池侧壁温度与控制器显示值比较,如果不符,在控制器上进行校准。

(3)控制器显示电压、温度参数与实测值不符,在控制器上进行校准。

3.模块的输出电压的检查

测量时应先断开所测模块输出开关,使用万用表直流 200V 挡,摘掉负载均分信号线,通过模块面板上 U_{out} 测量口测量。可用小一字改锥在模块面板上 U_{out} 调节孔调节输出电压至标准值。

4.模块负载均分特性的检查

(1)负载均分特性的指标是在保证整流器单机 50% ~ 80% 负载输出时,在模块 L_{out} 测量孔,测量单只模块直流输出电流,正常情况下电流差别应小于 5%。

(2)检查调整负载均分度,将个别电流输出高(或低)的模块,对该模块的 U_{out} 调节孔逆时针(或顺时针)轻微调整,同时用万用表监视电流输出值(也可以借助模块面板上的输出指示灯的亮灯位置监视),使之与其他模块相同,最后再统测每个模块的输出电流,使之大致相近。如果还有个别相差较大的,重复上述方法调整,注意 U_{out} 调节电位器应小心微调,不能调得过大。

5.控制器告警功能的测试

关闭一个整流器模块的交流输入开关,该整流器模块停机,等待几秒,控制器上应有非紧急告警(NUA)。

(四)太阳能光伏电源常见故障

太阳能光伏电源常见故障的现象和排除方法见表1-1-2。

表1-1-2 太阳能光伏电源常见故障

故障现象	故障排除方法
低电压	低电压主要分正常低电压和故障低电压:正常低电压是指光伏电源的开路电压的降低。他是由太阳能电池温度升高或辐照度降低造成的;故障性低电压通常是由于终端连接不正确或旁路二极管损坏引起的,检查过程如下: (1)检查所有的电缆连接,确保没有开路,连接良好。 (2)检查每个光伏电源的开路电压,用一块不透明的材料完全覆盖光伏电源,断开光伏电源两端的导线。 (3)取掉光伏电源上的不透明材料,检查并测量终端的开路电压。如果测量的电压只是额定值的一半,说明旁路二极管已坏,应更换旁路二极管。在辐照度不是很低的情况下,如果终端的电压与额定值相差5%以上,说明光伏电源连接不好,应检查光伏电源接线
过电压	对于预设的时间,当电压增加到预设值之上时,会导致跳闸。应检查"过电压跳闸"和"时间继电器"设置,测量三相电压
欠电流	对于预设的时间,当电流下降到预设值之下时,会导致跳闸。应检查"欠电流跳闸"和"时间继电器"设置,测量三相电流
过负荷	当电流超过过负荷跳闸的设置并且过热会导致跳闸。检查"满负荷电流"和"过负荷"设置,检查输出电流,在再次启动之前,等待15min让负荷冷却下来
所带负载不能正常工作	(1)检查太阳能光伏电源所带的负载是否损坏。如果损坏,更换负载,如果没有损坏,进行下一步。 (2)检查负载到控制器、蓄电池到控制器的线路,检查线路是否破损,接头是否接触良好。如果线路损坏,应更换导线,如果接头损坏,应重新连接,使接头接触良好。如果以上正常,进行下一步。 (3)检查蓄电池的电量是否充足,如果电量不足,控制器欠压指示灯亮(红色),应充电后再使用。如果蓄电池电量充足,进行下一步。 (4)检查控制器是否工作正常,太阳能光伏电源对蓄电池充电是否正常,蓄电池对负载的放电是否正常。如果控制器工作不正常,更换控制器,如果充放电不正常,应与厂家联系。如果控制器正常,进行下一步。 (5)检查太阳能电池组件输出电压是否正常,如果电压输出异常(电压过低或正负相反),应检测电池板到控制器的电(缆)线是否良好,接头是否良好,电池板极性是否接反。如果电(缆)线损坏应更换电缆,如果接头不良,请重接接头,如果极性(正负极)相反,应更换极性连接
控制器不能给蓄电池充电	(1)检查控制器到蓄电池的接线是否正常(导线是否损坏,接头接触是否良好),如果以上正常,进行下一步。 (2)检查控制器是否正常,如果异常,请联系厂家。如果控制器正常,进行下一步。 (3)检查电池板导线极性(正负极)是否接反,如果接反,应更换极性
模块"OK"绿灯闪烁	一般是由于模块无载产生的告警,不是模块故障。用万用表直流200V挡测量模块面板上的L_{out}插孔,测量值乘以10得出实际模块输出电流。适当增加单个模块的输出电流即可消除上述现象。可关闭部分模块,并断开信号线连接,观察其他模块的情况,如情况未有改善,联系厂家
模块的交流输入空开跳闸	用万用表的电阻挡测量模块面板上交流输入端子L-N、L-PE之间的电阻值,如有短路现象将模块运回厂家维修

故障现象	故障排除方法
模块前面板 绿灯不亮	将模块输出开关断开,信号线拔下,交流输入开关断开再投,用万用表直流200V挡测量模块面板上的U_{out}插孔有无输出电压。这种现象一般有三种原因: (1)电源模块处于轻载工作状态。可适当加载或不予处理。 (2)电源模块工作中因过欠压保护而关机,必须手动复位。 (3)电源模块故障,应更换模块
更换故障 整流器模块	(1)断开需要更换的整流器模块交直流输入、输出开关。 (2)拔下信号线。 (3)拔下直流输出插头和交流输入插头,拧下固定模块的螺钉取出模块。 (4)安装新模块。 (5)连接交流连接插头。 (6)闭合交流输入开关,启动整流器。 (7)调节模块单体电压。使用万用表直流200V挡,通过模块面板上的U_{out}测量口测量。在模块面板上U_{out}调节孔调节输出电压至标准值(顺时针为调高电压)。 (8)断开模块交流输入开关,关闭整流器。 (9)插上负载信号线。 (10)连接直流输出插头。 (11)闭合交直流开关,启动整流器,模块向系统送电。 (12)检查模块间负载电流是否均分。将各整流器输出电压调整一致,检查模块面板右上角电流输出显示灯位置是否一致,如不一致按"(7)"项所述方法调整,至各模块电流输出显示灯位置一致为止。 　注意:不能带电插拔直流输出插头
更换失效防浪涌 抑制器模块	(1)防浪涌抑制器模块常态时显示窗口为绿色或蓝色,当受到市电浪涌或雷电冲击后变红。 (2)将显示窗口变红的防浪涌抑制器模块从防浪涌抑制器座上拔下。 (3)将备件模块插回防浪涌抑制器座上,模块上字母要为正方向方能插入
拆除故障控制器	(1)将 F50、F51、F52 保险断开,使控制器断电。同时使低电压断路器和太阳能子阵断路器处于闭合状态,防止负载意外断电。 (2)将控制器与接口板之间的连接线断开摘下控制器

(五)太阳能光伏电源维护注意事项

(1)如需拆下太阳能光状电源器件进行除尘处理,应严格遵守技术资料的有关说明,拆卸前应对元器件标注和记录。

(2)拆下的元器件应放在防静电平面上,放置时应按拆卸顺序规则排列,以方便除尘和组装。

(3)在维修太阳能光伏电源时应用不透明的物体或材料遮盖光伏电源的前表面,防止太阳直射产生高压。

(4)接触端子插件的除尘应干净彻底,以避免因接触不良而导致虚接。

(5)在定期清洁太阳能光伏电源的过程中,不得使用粗糙的清洗材料,例如洗涤粉、钢刷刮玻璃表面。

(6)遵守系统使用的所有部件,如支架、充电整流器、逆变器、蓄电池等的维护说明。

（六）蓄电池的运行与维护及注意事项

1.基本要求

（1）蓄电池可以在-15~45℃使用，宜保持在5~35℃，并保持良好的通风和照明。

（2）抗震设防烈度大于或等于7度的地区，蓄电池应有抗震加固措施。

（3）不同类型的蓄电池，不宜放在一个蓄电池柜内。

2.运行及巡检

（1）蓄电池在正常运行中以浮充电方式运行。

（2）蓄电池在运行中应监视蓄电池的端电压值、浮充电流值、每只单体蓄电池的电压值、运行环境温度。

（3）蓄电池的浮充电电压值应随环境温度变化而修正。基准温度为25℃，修正值为±1℃时3mV/2V。即温度每升高1℃，蓄电池浮充电电压值应降低3mV/2V，反之应提高。

（4）每6个月至少一次对蓄电池进行巡视，巡检内容如下：

①电池外壳：清洁盖子上累积的尘埃和水分能形成导电途径，有产生端子之间短路或接地故障的危险。

②接线端子：检查端子弯曲或腐蚀损坏，将产生高的接触电阻或产生带负载下的熔断裂纹、损坏了端子的电池必须换掉。

③检查电池的外壳有无破损、无渗漏与变形指超出该蓄电池的允许范围。

④检查极柱安全阀周围是否有酸液逸出。

⑤检查系统充电电压：电池系统充电电压在电池极柱根部测量并记录。

⑥检查电池间连接件：电池间连接处有无松动腐蚀现象。

⑦浮充电流检查：在25℃下电池在充满电后的充电电流应在1‰C_{10}以下。

⑧电源系统能正常切换到蓄电池供电：切断交流输入系统能否正常切换到蓄电池供电。

⑨每个蓄电池的浮充电压。

⑩做好检查与维护的详细记录。

3.维护保养内容及要求

1）蓄电池的内阻测试

每年至少一次使用蓄电池内阻检测仪进行测试。若内阻较高参见本项目相关知识（七）蓄电池的参考内阻，则着重检查以下各项：

（1）蓄电池的运行方式是否正确。

（2）蓄电池电压和温度是否在规定范围。

（3）蓄电池是否长期存在过充电或欠充电。

（4）运行年限是否超过制造厂家推荐年限。

2）蓄电池的核对性放电

（1）蓄电池容量缺陷宜通过核对性放电发现。新安装或大修后的蓄电池，应进行全核对性放电试验，以后每隔2年进行一次全核对性试验，运行了6年以后的蓄电池，应每年做一次全核对性放电试验。

（2）只有一组电池，不能退出运行、也不能做全核对性放电时，用I10电流以恒流放出额定容量的50%在放电过程中,蓄电池端电压不得低于(放电中止电压×N)V。放电后应立即用I10电流进行恒流限压充电→恒压充电→浮充电,反复放充(2~3)次,蓄电池容量可得到恢复,蓄电池存在的缺陷也能找出和处理。若有备用蓄电池作临时代用,该组蓄电池可做全核对性放电。

UPS电源也可用实际负荷做一次核对性放电试验,试验方法:断开交流电带负载放电放出电池额定容量的30%~40%,此时12V电池单只端压应大于11.70V,2V电池单只端压应大于1.95V。

蓄电池放电终止电压值应符合表1-1-3的规定。

表1-1-3 蓄电池放电终止电压值的规定

蓄电池	标称电压,V		
	2	6	12
开路电压最大最小电压差值	0.03	0.04	0.06
放电终止电压值	1.80	5.40(1.80×3)	10.80(1.80×6)

(3)若具有两组蓄电池,可先对其中一组蓄电地进行全核对性放电,用I10电流恒流放电,蓄电池组端电压不得低于(放电中止电压×N)V,隔1~2h后,再用I10电流进行恒流限压充电→恒压充电→浮充电。反复2~3次,蓄电池存在的问题也能查出,容量也能得到恢复。若经过3次全核对性放充电,蓄电池容量均达不到额定容量的80%以上,可认为此组蓄电池使用年限已到,应安排更换。

3)其他

(1)备用蓄电池存放于阴凉、干燥、远离热源的环境,必须按上下方向、正立放置,并防止异常的强振动与冲击。每3个月进行一次补充充电,补充充电用恒压2.35V/单格限流0.15C10方法,充电时间为24h。

(2)若蓄电池生产厂家有特殊要求,应按厂家要求进行维护。

(3)维护作业应填写记录表,格式见本项目相关知识(八)蓄电池维护记录表。

4)蓄电池组维护注意事项

(1)蓄电池维修作业时,应关掉其回路上开关并进行锁定。

(2)在易燃易爆场所进行核对性放电试验等作业时,应满足防火防爆要求。

(3)进行维护检修时,应穿绝缘鞋,戴安全帽、绝缘手套、护目镜等保护用品。

(4)清扫合成树脂电池壳时,不应使用香蕉水、汽油、挥发油等有机溶剂或洗涤剂,否则有可能使电池壳破裂,导致电解液漏出。

(5)当蓄电池组中某个或某些电池出现故障时,应当对每只电池进行检查测试,更换损坏的电池。更换新的电池时,应该力求购买同一厂家同一型号的电池,禁止蓄电池和非密封电池、不同规格的电池混合使用。

(6)蓄电池常见故障及处理方法见表1-1-4。

表1-1-4 蓄电池常见故障及处理方法

故障特征	原因、处理方法及要求
极板短路或开路	主要由极板的沉淀物、弯曲变形、断裂等造成,当无法修复时应更换蓄电池

续表

故障特征	原因、处理方法及要求
壳体异常	主要由充电电流过大、内部短路、温度过高等原因造成,应: (1)对渗漏电解液的蓄电池应更换或用防酸密封胶进行封堵。 (2)外壳严重变形或破裂时应更换蓄电池
蓄电池反极	主要由极板硫化、容量不一致等原因造成,应将故障蓄电池退出运行,进行反复充电,直至恢复正常极性
极柱、螺栓、连接条爬酸或腐蚀	主要由安装不当、室内潮湿、电解液溢出等原因造成,应: (1)及时清理,做好防腐处理。 (2)严重的更换连接条、螺栓
容量下降	主要由于充电电流过大,温度过高等原因造成蓄电池内部失水干涸、电解物质变质。用反复充放电方法恢复容量,若连续三次充放电循环后,仍达不到额定容量的80%,应更换蓄电池

(七)蓄电池的参考内阻

由于各个蓄电池生产厂家的工艺控制以及原材料的差异,在蓄电池的内阻上会有些差异,但都是在一个数量级,为此表 1-1-5 的内阻数值仅供参考。

表 1-1-5　蓄电池的参考内阻

电池电压,V	电池容量,A·h	电池内阻,mΩ
2	200	0.50
2	300	0.40
2	400	0.35
2	500	0.30
2	600	0.25
2	800	0.20
2	1000	0.15
2	1200	0.12
2	1500	0.1
2	2000	0.08
2	3000	0.07
6	7.2	20
6	12	10
6	200	1.5
12	7	25
12	12	20
12	24	10
12	33	9
12	38	8
12	65	6

续表

电池电压,V	电池容量,A·h	电池内阻,mΩ
12	80	4.0
12	100	3.8
12	200	2.5

(八)蓄电池维护记录表(表1-1-6)

表 1-1-6　蓄电池维护记录表

安装地点					环境温度				
蓄电池型号					负载(千瓦或安培)				
蓄电池组数					系统浮充电压				
每组蓄电池数量					系统浮充电流				
蓄电池组开路总电压					系统放电电流				
厂家名称					安装日期				
编号	外观检查	浮充电压 V	放电电压 V	实际容量 V	编号	外观检查	浮充电压 V	放电电压 V	实际容量 V
蓄电池检查:									
备注与要求:									
说明:在半年度放电维护中所得的放电结束电压可记录在"放电电压"栏中。 在年度容量测试中所得的容量值可记录在"实际容量"栏中									

二、技能操作

(一)准备工作

1.材料准备

序号	名称	规格	数量	备注
1	技术资料	—	1份	—
2	测量配线	—	2根	带表笔端子和鳄鱼夹
3	防静电垫	—	1张	—
4	不透明材料	—	适量	—
5	柔软棉布	—	适量	—

2.设备准备

序号	名称	规格	数量	备注
1	太阳能电源系统	—	1组	—

3.工具和仪表准备

序号	名称	规格	数量	备注
1	电工工具	—	1套	—
2	万用表	输入阻抗：≥10MΩ	1块	—
3	蓄电池内阻检测仪	—	1台	—
4	吸尘器(或吹风机)	—	1台	—
5	柔软刷子	—	1把	—

4.人员

一人单独操作,劳动保护用品穿戴整齐,用具、量具准备齐全。

(二)操作规程

1.启、停太阳能电源系统

(1)启动前的检查。

(2)启动。

①启动独立太阳能电源系统。闭合开关的顺序依次为:控制器开关→子阵控制开关(按顺序)→负载保护开关→子阵输入开关(逐一)→负载开关。

②启动混合太阳能电源系统。闭合开关的顺序依次为:控制器开关→子阵控制开关(按顺序)→负载保护开关→检查控制器中主备用回路设置正确→交流输入开关→整流器输入开关→整流器输出开关→负载开关。

(3)停止。

①停止独立太阳能电源系统。断开开关的顺序依次为:断开所有负载电源开关→将子阵按顺序逐一断开。

②停止混合太阳能电源系统。断开开关的顺序依次为:断开所有负载电源开关→逐一断开整流器输出开关→逐一断开整流器输入开关→断开交流电源开关→将子阵按顺序逐一断开。

2.检查运行中的太阳能电源系统

(1)检查太阳能光伏电源运行参数符合制造商要求。

(2)检查状态指示灯正常。

(3)检查控制面板上电压、电流等参数正常。

(4)检查有无异常声音、异味。

(5)检查光伏电源设备无间歇断路或漏电现象。

3.维护太阳能电源系统

(1)日常巡检。

(2)定期维护。

(三)技术要求

1.启动太阳能电源系统前的检查要求

(1)控制器、整流及逆变模块、太阳能子阵、蓄电池组等设备完好。

(2)检查接线应牢固。

（3）太阳能混合电源一体柜设备和蓄电池房间保证空气流动畅通,室内温湿度应符合:

①环境温度-5~45℃。

②相对湿度 10%~85%。

（4）检查太阳能、蓄电池输出电压值在正常范围内。

2. 太阳能电源系统运行的检查要求

太阳能电源系统运行参数、状态指示灯正常,设备无异常声音、异味,无间歇断路或漏电;蓄电池以浮充电方式运行,蓄电池的端电压值、浮充电流值、每只单体蓄电池的电压值、运行环境温度正常。

3. 日巡检的要求

每天至少巡视 2 次,雷雨季节要加密巡检次数,及时发现问题,及时排除故障;填写巡检记录并归档。

4. 定期巡检、维护的要求

维护人员定期巡检,定期维护。在维护太阳能电源系统时应:

（1）办理工作票许可手续。

（2）按要求做好安全措施,对相关设备进行锁定。

（3）办理工作票终结手续。

（4）填写维护记录并归档。

5. 日常巡检及维护的要求

（1）清扫合成树脂电池壳时,不应使用香蕉水、汽油、挥发油等有机溶剂或洗涤剂。

（2）清理时最好使用吸尘器或者柔软刷子,而且只能用干燥的工具去清理。

（3）除太阳能组件阵列采光面的清洁外,严禁用水或用湿布擦拭其他设备,且避免在白天时光伏组件被阳光晒热的情况下用冷水清洗组件。

（4）在清除光伏组件表面积雪时,请用刷子轻轻清除积雪,不能用坚硬物体清除光伏组件表面上冻结的冰。

（四）注意事项

（1）设备的设定开关,设定后请不要变更,否则有造成设备故障的危险。

（2）设备的运行、操作应按照顺序进行,误操作有造成设备故障的危险。

（3）请不要堵塞通气口,内部过热有发生火灾和设备故障的危险。

（4）逆变器均已在完工后设置好,非专业人士请勿接触逆变器等光伏设备。

（5）断开逆变器交流或直流电压的顺序:首先断开交流电压,然后断开直流电压。

项目七　埋设牺牲阳极

一、相关知识

（一）牺牲阳极施工基本要求

（1）必须要有完整的管道牺牲阳极保护设计和施工图纸,以指导整个施工过程。

ZBA014 牺牲阳极施工的基本要求

（2）严格要求牺牲阳极的冶炼质量，不使用不符合质量要求的阳极。

（3）严密施工组织，严格施工程序，因为油气管道牺牲阳极野外施工作业，埋设点多、线长，如果组织不当，就会影响工程质量和造成浪费。

（4）充分做好室内准备工作。为保证工程质量，加快施工进度，测试桩的制作、袋装牺牲阳极的制作，都应事先在室内做好。一般情况下，野外工作仅包括现场选定牺牲阳极埋设点、组织挖坑、袋装阳极埋设、测试桩的安装和参数测定。其中将野外调配填包料改为室内调配，组装成袋装牺牲阳极是方便施工、提高工效、保证质量的重要环节。

（5）牺牲阳极的埋设深度，一般与保护管道埋设深度相当且应埋设在土壤冰冻线以下。牺牲阳极与管道的距离，视绝缘层质量、埋设点土壤性质等因素决定，一般为 3~6m。牺牲阳极通常埋设在管道的一侧、也可根据管径大小、土壤电阻率高低来确定牺牲阳极应埋设在管道的一侧、两侧或交错排列，目的是使保护电流均匀分布。

（6）可以单独使用一个牺牲阳极，也可以多至十几个并联安装。在同一地方设置两个以上牺牲阳极时，其埋设方式有立式和水平两种方式。对棒状牺牲阳极一般按水平埋设，这样施工容易，而且牺牲阳极电流分布得也较均匀。

（7）在相邻两组牺牲阳极管段的中间部位应设置测试桩，以方便管道阴极保护的检测。

（8）牺牲阳极与管道的连接采用经过测试桩相连接方式。牺牲阳极经过测试桩与管道相连，克服了牺牲阳极与管道直接相连的缺点，是目前普遍采用的方式，测试桩上装有接线装置，用以连接从牺牲阳极和管道引来的导线。对镁阳极，还可安装限流电阻。测试桩的制作、安装应严格按照施工图纸进行。

（二）袋装牺牲阳极的制作

1.牺牲阳极与引出电缆的焊接

（1）将成品牺牲阳极钢芯的短端除去，并称重记录。

（2）将牺牲阳极钢芯的长端用作接线头，表面用砂布打磨干净，要求呈金属光泽，以待焊接。

（3）将牺牲阳极钢芯接线头表面上焊接锡膏，用大电烙铁或喷灯搪上薄薄一层焊锡。

（4）将引出电缆截成适当长度，一端剥出 100~120mm 长度的铜芯，并搪上锡，推荐采用引出电缆的型号为：VV20-500/1×10mm^2，XV29-500/1×10mm^2。

（5）将搪上焊锡的电缆铜芯绕在搪了锡的牺牲阳极钢芯上。

（6）用烙铁或喷灯将电缆芯与牺牲阳极钢芯焊接，焊面要求牢固、光滑，并用丙酮将残留焊液擦洗干净。

（7）用细铁丝把电缆与牺牲阳极钢芯的搭接部分捆扎结实，捆扎长度不小于 20mm。以免拉动电缆时，将芯线折断。

2.防腐处理

（1）用防腐绝缘胶带把焊有电缆的牺牲阳极钢芯整个包缠起来，叠绕不少于三层。包扎由牺牲阳极端面至电缆绝缘层，长度不少于 200mm。

（2）再用黑胶布带将缠过防腐绝缘胶带的接头包扎起来，叠绕不少于三层。

（3）防腐绝缘：防腐处理应首选电缆专用热收缩套，牺牲阳极两端面的防腐目前多采用环氧树脂。

（4）用环氧树脂将牺牲阳极两端面绝缘。

3.填包料的配制

（1）填包料配方由设计部门确定。

（2）按配方规定的比例调配并搅拌均匀。

（3）将配好的填包料装入一定规格的布袋内。待装入约1/3后，即暂停装料，放置一旁待用。

ZBA015 牺牲阳极填包料的配制方法

4.牺牲阳极表面清洁处理、入袋封装

（1）将带有引出电缆（电缆与钢芯接头已做好绝缘处理）的牺牲阳极表面用砂布打磨干净，除去氧化层。

（2）将表面打磨干净的牺牲阳极用脱脂棉花吸湿丙酮溶液擦洗，去掉油污，注意将整个牺牲阳极表面清洗干净。

（3）将清洗干净的牺牲阳极及时插入已装1/3填包料的布袋内。将调制好的填包料继续装袋，直至离袋口约200mm为止。填包料的厚度应在各个方向均保持5~10cm。每袋干粉装的填包料重40~60kg。

（4）装好牺牲阳极和填包料的布袋袋口应与引出电缆扎紧，不使填包料漏出。

（5）用油漆将牺牲阳极质量、型号写在布袋上。

（6）将袋装牺牲阳极置于干燥、安全的地方待用。

（三）牺牲阳极的埋设施工

ZBA016 牺牲阳极的施工工艺

1.埋设前的准备

（1）确定牺牲阳极埋设点。由工程设计施工图规定。

（2）开挖牺牲阳极坑及电缆沟。按照工程设计图规定的地点，用人力或机械挖好牺牲阳极坑及电缆沟。

2.牺牲阳极的埋设步骤

（1）埋点检查：检查牺牲阳极埋设坑和电缆沟是否符合设计要求。确认无误后，清除坑内的石块、杂物，并垫上厚约50mm的一层细土。

（2）导电性检查：袋装牺牲阳极运至现场后，下坑前，用万用表检查引出电缆与牺牲阳极接头是否导电良好。若断定牺牲阳极与电缆连接处已折断，应立即采取措施，更换牺牲阳极或重新焊接及绝缘处理等。

3.牺牲阳极就位

（1）将袋装牺牲阳极按照设计规定的数量、间距、型式（水平或立式）放入牺牲阳极埋设坑内。

（2）管道同侧的牺牲阳极，视其数量和位置，每个或多个为一组，最后用汇流电缆将单支阳极并联在一起，做好接头处防腐，分别沿电缆沟敷设至安装测试桩处。

（3）严格保护各个牺牲阳极引出电缆与连接电缆接头处的搭接质量及绝缘质量，一定要符合要求。

4.测试桩的安装

（1）在设计预定位置，将管道绝缘层剥开，用铝热焊或铜焊把电缆焊在管道上方，当确认焊点牢固无误后,即可将焊接处用补伤片+热收缩带做防腐绝缘处理。防腐绝缘质量要求与管道相同。

(2)把管道测量导线和牺牲阳极电缆穿入测试桩,按要求连接好后,测试桩即可就位固定。

(3)混凝土测试桩一般露出地面0.5m,钢管桩一般为地上2m。

5.阳极回填

当确认各焊接点质量优良、绝缘处理符合要求后,即可开始回填土,待牺牲阳极布袋刚被土全部埋没,就往牺牲阳极坑灌水,使之成饱和状,让牺牲阳极填包料吸足水分后即可继续回填,直至恢复地貌。

ZBA017 牺牲阳极保护参数的测试方法

6.牺牲阳极组的测试

要了解牺牲阳极系统的完好性和有效性,必须做好对牺牲阳极组的相关测试。牺牲阳极组的测试项目有:阳极开/闭路电位;组合阳极输出电流;组合阳极联合接地电阻;阳极埋设点土壤电阻率。

二、技能操作

(一)准备工作

1.材料准备

序号	名称	规格	数量	备注
1	施工图纸	—	1份	—
2	牺牲阳极	—	若干	—
3	测试桩	—	1个	—
4	测试接线和阳极接线	—	若干	—
5	填料	—	适量	未配制
6	填料包	—	适量	天然制品
7	焊剂	—	适量	—
8	防腐绝缘材料	—	适量	—
9	测量配线	—	3根	仪器配套
10	水	—	适量	—
11	纸	—	1张	—
12	笔	—	1支	—

2.设备准备

序号	名称	规格	数量	备注
1	管道	—	1段	—

3.工具和仪表准备

序号	名称	规格	数量	备注
1	万用表	输入阻抗：≥10MΩ	1块	—
2	接地电阻测量仪	ZC-8型	1台	—
3	硫酸铜参比电极	便携式	1支	—
4	钢钎电极	—	2只	—
5	锉刀	—	1把	—
6	焊具	—	1套	—
7	手锤	—	1把	—
8	铁锹	—	1把	—

4.人员

一人单独操作,劳动保护用品穿戴整齐,用具、量具准备齐全。

(二)操作规程

(1)对牺牲阳极体进行检查。

(2)配制填料,制作填料袋。

(3)牺牲阳极装袋,埋入填料,扎口备用。

(4)管道处理:电缆与管道焊接、防腐并引入测试桩接头处。

(5)埋设牺牲阳极:把牺牲阳极袋放入挖好的牺牲阳极坑中,用汇流电缆将单支阳极并联在一起,做好接头处防腐,原土回填,充分渗水。

(6)测试单体、单侧接地电阻、牺牲阳极组开路电位、接地电阻,有问题的立即整改。

(7)在测试桩内连接阳极引线和管道引线,做好电缆接线铜鼻子的安装,与测试桩绝缘接线柱连接固定。

(8)作常规参数测试:牺牲阳极组与管道连通后,进行牺牲阳极组闭路电位、输出电流及管道保护电位的测试。

(9)测试结果合格,盖好桩盖,全部回填,施工完成。

(10)记录所测试的各项参数和施工过程的有关事项。

(三)技术要求

(1)牺牲阳极的设置部位、材料选择、埋设组数、填料配置等,应该根据管道保护的需要和土壤参数的测试,由设计确定。

(2)填料袋要选择棉麻材料制作,牺牲阳极放置在填料袋的正中间,填包料的厚度应在各个方向均保持5~10cm。

(3)牺牲阳极埋设深度应当与管道的埋深一致,且应埋设在冻土层以下。

(4)阳极回填前要向阳极坑灌水,让阳极填包料吸足水分。

(5)当牺牲阳极是多组设置且组距大于1km时,应该在各组中间加设测试桩。

(6)完成牺牲阳极系统的阳极开/闭路电位、组合阳极输出电流、组合阳极联合接地电阻及阳极埋设点土壤电阻率的各项测试。

（7）多根阳极的引线要先接好，做好接头防腐，埋设前要做电连续性测试。

（8）所有资料、测量数据都要记录、填表，归档保存。

（四）注意事项

连接电缆要留足裕量，防止埋设后因土壤的沉降造成电缆断线。

项目八　标准电阻法测量牺牲阳极输出电流

一、相关知识

（一）牺牲阳极输出电流的测试方法

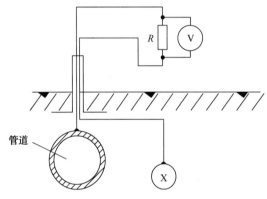

图 1-1-11　标准电阻法测试接线示意图
R—标准电阻；V—万用表；X—牺牲阳极

（1）按图 1-1-11 所示将接线连接好。

（2）将标准电阻 R 的两个电流接线柱分别接到管道和牺牲阳极的接线柱上，再将两个电位接线柱分别接万用表，并将万用表置于 DC 200mV 量程。

（3）将所测电压值和标准电阻值代入 $I = \Delta V/R$ 计算，所得结果即为牺牲阳极的输出电流值。I 表示牺牲阳极（组）输出电流，mA；ΔV 表示万用表读数，mV；R 表示标准电阻阻值，Ω。

（二）牺牲阳极开路电位的测试方法

（1）测量前，应断开牺牲阳极与管道的连接。

（2）测量中，按图 1-1-12 的测量接线方式，将万用表的正极与牺牲阳极连接，负极与硫酸铜参比电极连接。

（3）将硫酸铜参比电极放置在牺牲阳极埋设位置正上方的潮湿土壤上，应保证硫酸铜参比电极底部与土壤接触良好。

（4）将万用表调至适宜的量程上，读取数据，做好电位值及极性记录，注明该电位值的名称。

（5）测量完成后将牺牲阳极与管道恢复连通。

（三）牺牲阳极闭路电位的测试方法

牺牲阳极闭路电位测量应采用远参比法。远参比法主要用于在牺牲阳极埋设点附近的管段，测量管道对远方大地的电位，用于计算该点的负偏移电位值。

（1）远参比法的测量接线如图 1-1-13 所示。

（2）将硫酸铜参比电极朝远离牺牲阳极的方向逐次安放在地表上，第一个安放点距管

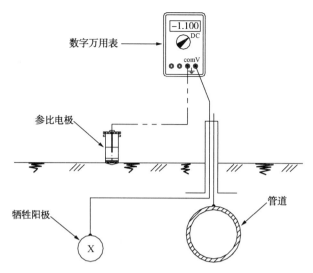

图 1-1-12　牺牲阳极开路电位测量接线图

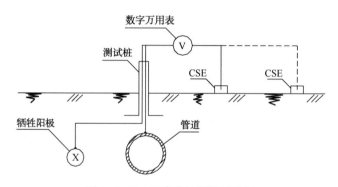

图 1-1-13　远参比法测量接线图

道测试点不小于 20m,以后逐次移动 5m。将万用表调至适宜的量程上,读取数据,做好电位值和极性记录,当相邻两个安放点测试的管/地电位相差小于 2.5mV 时,硫酸铜参比电极不再往远方移动,取最远处的管/地电位值作为该测试点的管道对远方大地的电位值。

二、技能操作

(一)准备工作

1.材料准备

序号	名称	规格	数量	备注
1	测量配线	—	2 根	带表笔端子和鳄鱼夹
2	标准电阻	0.1Ω 或 0.01Ω	1 个	—
3	分流器	—	1 只	—
4	水	—	适量	—
5	砂纸	—	1 张	—

续表

序号	名称	规格	数量	备注
6	纸	—	1张	—
7	笔	—	1支	—

2.设备准备

序号	名称	规格	数量	备注
1	牺牲阳极	—	1组	运行中的

3.工具和仪表准备

序号	名称	规格	数量	备注
1	万用表	输入阻抗:≥10MΩ	1块	—
2	电工工具	—	1套	—

4.人员

一人单独操作,劳动保护用品穿戴整齐,用具、量具准备齐全。

(二)操作规程

(1)首先断开牺牲阳极与管道的连接。

(2)在牺牲阳极和管道的连接中串入标准电阻或分流器。

(3)使用万用表 mV 测量挡位,测量标准电阻或分流器两端电压。

(4)通过标准电阻或分流器两端的电压值,计算得出标准电阻或分流器流过的电流,得到牺牲阳极输出电流。

(5)测量完成后将牺牲阳极与管道恢复连通。

(三)技术要求

(1)选用的标准电阻 R 的电阻值为 0.1Ω,准确度为 0.02 级,接入导线的总长度不大于 1m,截面积不小于 2.5mm^2。

(2)测量牺牲阳极输出电流的目的在于判定牺牲阳极的保护作用是否正常,指标是否有较大变化,因此在记录测试数据的同时,对测试方法和使用的仪器也要进行记录,以利于对数据的比较和分析。

(四)注意事项

牺牲阳极的输出电流应每半年进行一次测量,如发现保护指标异常时要增加测量次数,测量结果要与初始资料进行对比分析,做出评价。

项目九 直测法测量牺牲阳极输出电流

一、相关知识

直测法的电路接线如图 1-1-14 所示,用万用表,在 DC1A 量程下,直接读出的电流值即为牺牲阳极的输出电流值。

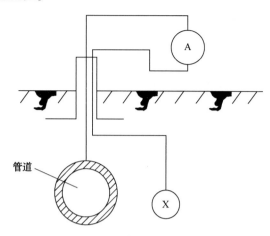

图 1-1-14　直测法接线示意图

A—万用表；X—牺牲阳极

二、技能操作

(一)准备工作

1.材料准备

序号	名称	规格	数量	备注
1	测量配线	—	2根	带表笔端子和鳄鱼夹
2	砂纸	—	1张	—
3	纸	—	1张	—
4	笔	—	1支	—

2.设备准备

序号	名称	规格	数量	备注
1	牺牲阳极	—	1组	—

3.工具和仪表准备

序号	名称	规格	数量	备注
1	万用表	输入阻抗：≥10MΩ	1块	—
2	电工工具	—	1套	—

4.人员

一人单独操作,劳动保护用品穿戴整齐,用具、量具准备齐全。

(二)操作规程

(1)首先断开牺牲阳极与管道的连接。

(2)在牺牲阳极和管道的连接中串入万用表。

(3)用万用表在 DC 1A 量程下,直接读出的电流值即为牺牲阳极的输出电流值。

(4)测量完成后将牺牲阳极与管道恢复连通。

(三)技术要求

(1)因为牺牲阳极输出电流很小,推荐选"1A"挡。

(2)测量牺牲阳极输出电流的目的在于判定牺牲阳极的保护作用是否正常,指标是否有较大变化,因此在记录测试数据的同时,对测试方法和使用的仪器也要进行记录,以利于对数据的比较和分析。

(四)注意事项

牺牲阳极的输出电流应每半年进行一次测量,如发现保护指标异常时要增加测量次数,测量结果要与初始资料进行对比分析,做出评价。

项目十　测量牺牲阳极接地电阻

一、准备工作

(一)材料准备

序号	名称	规格	数量	备注
1	测量配线	—	3 根	仪器配套
2	辅助测量配线	—	若干	—
3	钢钎电极	—	2 支	仪器配套
4	水	—	适量	—
5	砂纸	—	1 张	—
6	笔	—	1 支	—
7	纸	—	1 张	—

(二)设备准备

序号	名称	规格	数量	备注
1	牺牲阳极	—	1 组	—

(三)工具和仪表准备

序号	名称	规格	数量	备注
1	接地电阻测量仪	ZC-8 型	1 台	—
2	手锤	—	1 把	—
3	电工工具	—	1 套	—

(四)人员

一人单独操作,劳动保护用品穿戴整齐,用具、量具准备齐全。

二、操作规程

(1)将牺牲阳极与管道断开。

(2)根据牺牲阳极方位和长度,决定测试方向和放线距离。

(3)测量仪水平放置,调整零位;以 120r/min 以上速度摇测。

(4)用"测量标度盘"的读数乘以"倍率标度",即为所测的接地电阻值。

(5)记录。

(6)接地钢钎电极和测量线装袋;恢复牺牲阳极与管道的连接。

三、技术要求

(1)测量牺牲阳极接地电阻的目的在于判定牺牲阳极的保护作用是否正常,指标是否有较大变化,因此在记录测试数据的同时,对测试方法和使用的仪器也要进行记录,以利于对数据的比较和分析。

(2)牺牲阳极接地电阻是否符合要求要同设计值、初始值相比较,若无大幅度上升,即为合格。若存在大幅度上升,则应对牺牲阳极地床进行降阻处理。

四、注意事项

牺牲阳极的接地电阻应每半年进行一次测量,如发现保护指标异常时要增加测量次数,测量结果要与初始资料进行对比分析,做出评价。

项目十一 等距法测量土壤电阻率

一、相关知识

(一)测量土壤电阻率的意义

土壤电阻率是判断土壤腐蚀性的重要指标之一,它综合反映了土壤中的水分、溶解盐量等腐蚀因素。土壤的腐蚀性与土壤的电阻率成反比。

在我国经常采用表 1-1-7 中的土壤电阻率指标判断土壤的腐蚀性。

表 1-1-7 一般地区土壤腐蚀性分级标准

土壤电阻率,$\Omega \cdot m$	>50	20~50	<20
土壤的腐蚀性	低	中	强

应该指出的是,可以举出大量的例子说明上述对应关系是存在的。但是也可以找出,土壤电阻率与土壤腐蚀性之间没有这种对应关系的实例,在实际应用过程中应注意与其他腐蚀因素相结合来判断。

(二)土壤电阻率的测量方法

可以采用等距法或不等距法来测量土壤电阻率。

1.等距法

(1)等距法主要用于测深从地表至深度为 a 的平均土壤电阻率的测量,测试接线如图 1-1-15 所示。

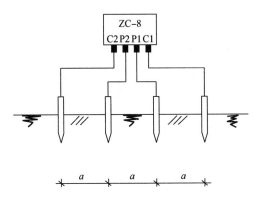

图1-1-15 等距法测量土壤电阻率接线图
a—钢钎电极之间的距离

（2）将测量仪的四个电极以等间距 a 布置在一条直线上,电极入土深度应小于 $a/20$。

（3）转动接地电阻测量仪的手柄,使手摇发电机达到额定转速,调节平衡旋钮,直至电表指针停在黑线上,此时黑线指示的度盘值乘以倍率即为接地电阻值;记录土壤电阻 R 值。

（4）从地表至深度为 a 的平均土壤电阻率按式（1-1-1）计算:

$$\rho = 2\pi a R \qquad (1-1-1)$$

式中 ρ——测量点从地表至深度 a 土层的平均土壤电阻率,$\Omega \cdot m$;

a——相邻两电极之间的距离,m;

R——接地电阻仪示值,Ω。

2.不等距法

（1）不等距法主要用于测深不小于 20m 情况下的土壤电阻率测试,测试接线如图1-1-16所示。

（2）采用不等距法应先计算确定四个钢钎电极的间距,此时 $b>a$。a 值通常情况可取 5~10m,b 值根据测深计算确定,计算见式（1-1-2）。

$$b = h - \frac{a}{2} \qquad (1-1-2)$$

式中 b——为外侧钢钎电极与相邻内侧钢钎电极之间的距离,m;

h——测深,m;

a——相邻两内侧钢钎电极之间的距离,m。

（3）根据确定的间距将测量仪的四个钢钎电极布置在一条直线上,钢钎电极入土深度应小于 $a/20$。

（4）转动接地电阻测量仪的手柄,使手摇发电机达到额定转速,调节平衡旋钮,直至电表指针停在黑线上,此时黑线指示的度盘值乘以倍率即为接地电阻值。若 R 值出现小于零时,应加大 a 值并重新布置钢钎电极。

测深 h 的平均土壤电阻率按式（1-1-3）计算:

$$\rho = \pi R \left(b + \frac{b^2}{a} \right) \qquad (1-1-3)$$

式中 ρ——测量点从地表至深度 h 土层的平均土壤电阻率,$\Omega \cdot m$;

R——接地电阻仪示值,Ω。

二、技能操作

(一)准备工作

1.材料准备

序号	名称	规格	数量	备注
1	测量配线	—	4根	仪器配套

续表

序号	名称	规格	数量	备注
2	钢钎电极	—	4根	仪器配套
3	水	—	适量	—
4	砂纸	—	1张	—
5	纸	—	1张	—
6	笔	—	1支	—

2.工具和仪表准备

序号	名称	规格	数量	备注
1	接地电阻测量仪	四端钮 ZC-8 型	1台	—
2	电工工具	—	1套	—
3	手锤	—	1把	—

3.人员

一人单独操作,劳动保护用品穿戴整齐,用具、量具准备齐全。

(二)操作规程

(1)采用等距法按照图 3-11-15 所示,在需测电阻率的位置,沿直线将 4 根钢钎电极插入土壤中。

(2)断开电阻测量仪与 C_2 和 P_2 间的连接片,分别用导线将 C_2、P_2、P_1、C_1 连接到相应的钢钎电极上。

(3)将接地电阻测量仪水平放置,检查检流计的指针是否位于中心线上。

(4)将"倍率标度"置于最大倍数,慢慢转动发电机摇把,同时旋动测量标度盘,使检流计指针指在中心线上,加快摇柄速度,使其保持在 120r/min 左右,并调整测量标度盘,使指针指在中心线上。

(5)如果测量标度盘的读数小于1,应将"倍率标度"置于较小的倍数,再重新调整测量标度盘,以得到正确读数。

(6)用测量标度盘的读数乘以"倍率标度",即为所测的土壤电阻值 R(仪表读数)。

(7)用公式 $\rho = 2\pi aR$ 计算出该测试地区的土壤电阻率。其中 ρ 为测量点从地表至深度 a 土层的平均土壤电阻率($\Omega \cdot m$),R 为接地电阻仪示的电阻值(Ω),a 为相邻两钢钎电极间的距离(m)。

(8)记录测试读数,并计算相应的土壤电阻率。

(9)记录测试结果、测试时间、地点、土壤概况。

(10)整理仪器、钢钎电极以及工具。

(三)技术要求

(1)相邻两钢钎电极间的距离,a 等于需要测定的土层深度,钢钎电极的插入深度不得超过 a 的1/20。

(2)电阻仪使用前,检流计的指针必须位于中心线上。

（四）注意事项

当检流计的灵敏度过高时，可减小电位钢钎电极插入土壤的深度；反之，可增加电位钢钎电极和电流钢钎电极插入土壤的深度或沿钢钎电极注水使其湿润。

项目十二　开挖检测防腐层质量

一、相关知识

（一）防腐层质量检查的主要内容

（1）防腐层外观检查：表面有无气泡、蚀坑、漏点、裂纹、剥离等现象并切开防腐层，记录其材料和结构。

（2）防腐层厚度检测：常使用磁性防腐层测厚仪，沿每根钢管纵向随机取 3 个位置，测量每个位置圆周方向均匀分布的任意 4 点防腐层厚度，以最薄点为准。

（3）电火花检漏检测：根据不同防腐层标准的厚度要求，按 SY/T 0063—1999《管道防腐层检漏试验方法》的要求计算电压，采用电火花检漏仪进行检测。记录漏点数及漏点分布情况。

（4）防腐层黏结力检测：按不同防腐层标准黏结力检查方法的要求，在管道圆周上取 3 个点进行检查。按"无变化""减少""剥离"三种情况记录。

（5）检测过程中应对防腐层状况进行现场拍照。

（二）相关检查方法

1.防腐层厚度检查方法

1）磁性防腐层测厚仪的检测原理

当测厚仪的探头与防腐层接触时，将和磁性金属基体构成一个闭合的磁回路，随着探头与磁性金属基体间的距离的改变，该磁回路将不同程度的改变，引起磁阻及探头线圈电感的变化。利用这一原理可以精确地测量探头与铁磁性材料间的距离，即涂（镀）层厚度。

2）防腐层厚度测量的注意事项

（1）周围各种电气设备所产生的强磁场，会严重地干扰磁性法测量厚度的工作。因此，使用磁性防腐层测厚仪检测时，应避免电磁干扰。

（2）磁性防腐层测厚仪对那些妨碍探头与防腐层表面紧密接触的附着物质敏感。因此，必须清除灰尘、油污等附着物质，以保证探头与防腐层表面直接接触。

（3）磁性法测量受基体金属磁性变化的影响。为了避免热处理、冷加工等因素的影响，应使用与被测构件基体金属具有相同性质的标准片对防腐层测厚仪进行校准，也可用待涂覆构件进行校准。检测期间关机再开机后，应对防腐层测厚仪重新校准。

（4）探头的放置方式对测量有影响，在测量中使探头与试样表面保持垂直。

（5）测试时，测点距构件边缘或内转角处的距离不宜小于 20mm。

（6）通常防腐层测厚仪的每次读数并不完全相同。因此必须在每一测量面积内取多个测量值，防腐层表面粗糙时更应如此。

2.黏结力的检查方法

胶带防腐层的黏结力的检查方法参照 SY/T 5918—2017《埋地钢质管道外防腐层保温层修复技术规范》附录 C 的内容；液体涂料类防腐层的黏结力检查方法参照 SY/T 5918—2017《埋地钢质管道外防腐层修复技术规范》附录 D 的内容。

> ZBB001 防腐层质量开挖的检测方法

二、技能操作

(一)准备工作

1.材料准备

序号	名称	规格	数量	备注
1	纸	—	1张	—
2	笔	—	1支	—
3	抹布	—	若干	—
4	绝缘手套	不小于10kV	1副	—

2.设备准备

序号	名称	规格	数量	备注
1	管道	—	1段	带防腐层

3.工具和仪表准备

序号	名称	规格	数量	备注
1	测厚仪	—	1台	—
2	电火花检漏仪	—	1台	—
3	弹簧秤	最小刻度为1N	1个	—
4	切刀	—	1把	—
5	钢板尺	最小刻度为1mm	1把	—
6	照相机	—	1台	—

4.人员

穿好工作服、工作鞋,戴上护目镜和手套。

(二)操作规程

(1)清除待检查管段上的泥污等杂物。

(2)进行防腐层外观检查。

(3)用测厚仪进行防腐层厚度检测。

(4)用电火花检漏仪进行防腐层漏点检测。

(5)按不同防腐层黏结力检查要求,进行黏结力检查。

(6)对检查结果进行全面记录。

(三)技术要求

(1)外观检查:检查防腐层表面是否平整、光滑,有无气泡、裂纹、褶皱等外观缺陷。

(2)厚度检测:沿每根钢管纵向随机取 3 个位置,测量同一截面上、下、左、右 4 处防腐层的厚度值。

(3)电火花检漏:在该种防腐等级的检测电压下进行检查。

(4)黏结力检查:在管道圆周上取 3 个点进行检查。

(四)注意事项

(1)检漏人员应戴绝缘手套,严格按操作规程操作,防止触电。

(2)检漏过程中,非操作人员应距离管道 2m 以外,任何人不得触及探头和管道,以防触电。

模块二　杂散电流

项目一　判断直流干扰

一、相关知识

(一)常见直流干扰源

ZBC001 常见直流干扰源的基本特点

1.高压直流输电系统(HVDC)

HVDC 系统一般采用双极模式运行,即在每个终端都包括正负两个回路,且分别与大型接地极相连。如图 1-2-1 所示。

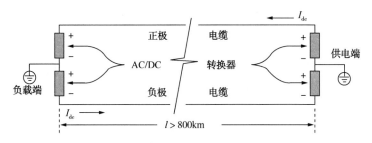

图 1-2-1　HVDC 输电系统电气原理图

直流输电线的负载电流通常在 1000A 的范围内,在正常运行条件下,非平衡电流是不断变化的,是输电线电流的 1%~2%。非平衡电流对埋地金属结构物不会造成严重的杂散电流风险,因为接地极是有意远离其他设施布置的。

在紧急运行情况下,如正极或负极电网出现了故障或者因为维检修而断电,这时输电线电流会通过接地极流入大地。在这种情况下,系统将以单极模式运行。此时,尽管接地极较大且相对偏远,但当其上通过几百安培的电流时,即使在远距离之外,接地极周围的电压梯度也是相当大的。当单极的入地电流为 500A 时,距接地极 1km 处的金属仍会处于 4V 的电压梯度下。

虽然 HVDC 系统只在小部分时间内运行在单极模式下,但是在累积基础上,相当大的电压梯度会对地下金属构筑物带来严重的腐蚀风险。

2.直流牵引系统

直流牵引系统在运行过程中泄漏出来的电流会对埋地管道带来非常严重的腐蚀风险,下面以直流电气化铁路为例来说明。

图 1-2-2 中,负载电流(I_L)在流经有轨电车后,分解成了多条电流路径,电流大小取决于每条路径电阻的大小。

$$I_L = I_R + I_s + I_e \qquad (1-2-1)$$

式中　I_L——负载电流,A;

I_R——返回轨道电流,A;

I_s——进入管道的电流,A;

I_e——进入大地电流,A。

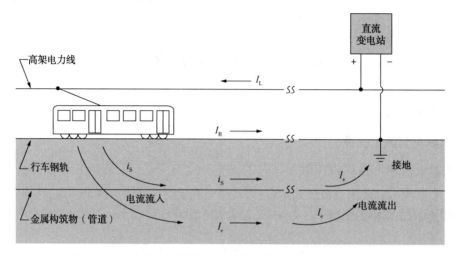

图 1-2-2　直流电气化铁路系统附近典型的直流杂散电流路径

尽管钢轨是电阻相当低的路径,但是经轨道泄漏的电流量仍可达到总负载电流的 5%~10%。这看起来比例较小,但是杂散电流是相当大的,因为对单列有轨电车而言,启动时的负载电流可达几百安培,而对地铁则可达到几千安培。

直流电气化铁路造成的干扰为动态杂散电流干扰,不仅干扰电流的大小每天会随时间发生变化,而且杂散电流流入流出管道的位置都会随电车在轨道上移动而发生变化。因此,所记录的管地电位是动态变化的。

在直流电气化铁路系统造成的直流干扰的影响下,所测的电位—时间曲线有独特的模式。在运行高峰时期,电位的波动较大;而在深夜或凌晨运行频率较低时,电位几乎没有变化。

3.阴极保护系统

一条管道的阴极保护系统可对附近的其他管道产生直流干扰,这种情况下该阴极保护系统进入大地的电流对于其他受干扰的管道及金属构筑物来说就成为一种杂散电流。这种形式的干扰通常是由强制电流阴极保护系统引起,而牺牲阳极系统由于其开路电压较低,保护电流较小,很少会引起阴极保护系统干扰。

阴极保护管道的阳极地床与整流器的正极相连,在阳极地床周围会产生一个明显的电场影响区,该区相对于远地处的电位为正。当外部管道穿越该影响区域时,正的地电位将使得该区域内的管段吸收电流,然后吸收的电流将沿着外部管道流向电位较低的地方。如图 1-2-3 所示,大多数吸收到的电流沿着外部管道流到两管道的交叉处,然后又从交叉处的外部管道流出,该电流进入被保护的管道且回到阴极保护电源的负极。在交叉处附近,电流离开外部管道,外部管道出现加速腐蚀现象。

阴极保护系统造成的干扰通常为静态杂散电流干扰,电流流入和流出的位置相对固定,相对动态杂散电流干扰较难发现。

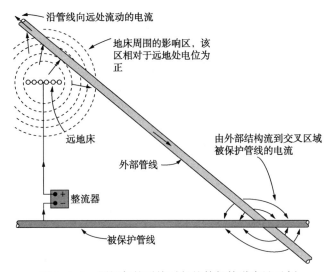

图 1-2-3 阴极保护系统引起的外部管道腐蚀示例

(二)管地电位数据处理

(1)每个测试值的电位偏移值应按式(1-2-2)计算:

$$\Delta V_{PS} = V_{PS} - V_N \tag{1-2-2}$$

式中 　ΔV_{PS}——电位偏移值,V;

　　　V_{PS}——管地电位测试值,V;

　　　V_N——管道自然电位,V。

(2)应通过筛选从所有的电位偏移值中找出最大值和最小值。

(3)管地电位正向或负向偏移值的平均值应按式(1-2-3)计算:

$$\overline{\Delta V_{PS}}(\pm) = \frac{\sum_{i=1}^{n} \Delta V_{PS_i}(\pm)}{k} \tag{1-2-3}$$

式中 　$\overline{\Delta V_{PS}}(\pm)$——规定的测试时间段内管地电位正向或负向偏移值的平均值,V;

　　　i——电位正向或负向偏移值数据的序号;

　　　n——测试数据中电位正向或负向偏移的次数;

　　　$\Delta V_{PS_i}(\pm)$——第 i 个正向或负向电位偏移值,V;

　　　k——规定的测试时间段内全部读数的总次数。

(4)应绘制每个测试点的电位—时间曲线和电位偏移值—时间曲线。该曲线图中直角坐标系的纵轴应分别表示电位和电位偏移值,横轴应表示时间。

(5)应绘制每个干扰管段的电位偏移值—距离曲线。该曲线图中直角坐标系的纵轴应表示电位偏移值,横轴应表示距离。应将各测试点的正向及负向电位偏移值的平均值、最大值和最小值分别记入坐标中。

(三)直流干扰的判断准则

(1)管道工程处于设计阶段时,可采用管道拟经路由两侧各 20m 范围内的地电位梯度判断土壤中杂散电流的强弱,当地电位梯度大于 0.5mV/m 时,应确认存在直流杂散电流;当

ZBC003 直流干扰的判断准则

地电位梯度不小于 2.5mV/m 时,应评估管道敷设后可能受到的直流干扰影响,并应根据评估结果预设干扰防护措施。

(2)没有实施阴极保护的管道,宜采用管地电位相对于自然电位的偏移值进行判断。当任意点上的管地电位相对于自然电位正向或负向偏移超过 20mV,应确认存在直流干扰;当任意点上管地电位相对于自然电位正向偏移不小于 100mV 时,应及时采取干扰防护措施。

(3)已投运阴极保护的管道,当干扰导致管道不满足最小保护电位要求时,应及时采取干扰防护措施。

二、技能操作

(一)准备工作

1.材料准备

序号	名称	规格	数量	备注
1	管地电位测试数据	—	1组	直流干扰状态下
2	笔	—	1支	—
3	纸	—	若干	—

2.人员

一人单独操作,劳动保护用品穿戴整齐,材料准备齐全。

(二)操作规程

(1)管地电位测试数据的处理。

(2)绘制测试点的电位—时间曲线和电位偏移值—时间曲线。

(3)绘制干扰管段的电位偏移值—距离曲线。

(4)判断是否存在干扰及是否应采取干扰防护措施。

(三)技术要求

(1)电位—时间曲线和电位偏移值—时间曲线图中直角坐标系的纵轴应分别表示电位和电位偏移值,横轴应表示时间。

(2)电位偏移值—距离曲线图中直角坐标系的纵轴应表示电位偏移值,横轴应表示距离。应将各测试点的正向及负向电位偏移值的平均值、最大值和最小值分别记入坐标中。

项目二 判断交流干扰

一、相关知识

ZBC002 常见
交流干扰源
的基本特点

(一)常见交流干扰源

1.高压交流输电系统(HVAC)

高压交流输电系统产生交流干扰的原理是:当电流在一条相导线中流动时,在导线周围产生了磁场,这个磁场同时存在于空气和邻近的大地中。对于导线中流动的交变电流而言,它产生的磁场并不是静止的。这个磁场先在导线周围变动,然后以交流系统的固有频率为函数的速度从导线横向向外扩展。

零序电流是强电线路对管道感应影响的主要形式。三相电流平衡时,没有零序电流;不平衡时产生零序电流。在三相输电系统中,如果三相电流相等,而且三相架空导线与管道轴向距离相等,在管道上产生综合感应电压为零。但在大多数结构中,三相导线与管道是不对称的,而且零序电流并不为零,使得磁感应现象不可避免。

2.交流电气化铁路

在电气化铁道上运行的列车由电力机车牵引,所需的能量由输电系统供给。由发电厂、站把电能经电网输送到区域变电所,再经高压输电线路送到铁路部门的牵引变电所,然后用馈电线将它馈送到架设在铁路线上方的接触网上,并以回流连接线与钢轨连接,构成回路。电力机车通过受电弓及车轮,与接触网导线及轨道接触,机车受电。

我国的电气化铁路所用的牵引电流制式为 25kV 的工频(50Hz)单相交流供电方式,这是目前最先进的电气化铁路电流制式。

如图 1-2-4 所示,这是交流电气化铁路对埋地管道的干扰示意图,其中 I_1 和 I_2 为两边变电所向列车的供电电流,I_3 和 I_4 为通过钢轨回流到变电所的电流,I_{Z1} 为泄漏到地下的电流。此时管道上将产生感应电位 U 和感应电流 I_a、I_b,从而引起腐蚀。

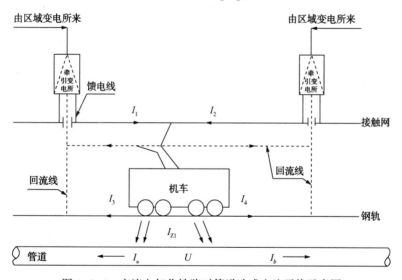

图 1-2-4　交流电气化铁路对管道造成交流干扰示意图

(二)数据处理

(1)测量点干扰电压的最大值、最小值,从已记录的各次测量值中直接选择。平均值按式(1-2-4)计算:

$$U_P = \frac{\sum\limits_{i=1}^{n} U_i}{n} \tag{1-2-4}$$

式中　U_P——测量时间段内测量点交流干扰电压有效值的平均值,V;

$\sum\limits_{i=1}^{n} U_i$ ——测量时间段内测量点交流干扰电压有效值的总和，V；

n ——测量时间段内读数的总次数。

（2）绘制出测量点的电压—时间曲线图。

（3）绘制出干扰管段的平均干扰电压—距离曲线，即干扰电压分布曲线图。

（三）交流干扰的判断准则

（1）当管道上的交流干扰电压不高于 4V 时，可不采取交流干扰防护措施；高于 4V 时，应采用交流电流密度进行评估，交流电流密度可按式（1-2-5）计算：

$$J_{AC} = \frac{8V}{\rho \pi d} \tag{1-2-5}$$

式中　J_{AC} ——评估的交流电流密度，A/m^2；

　　　V ——交流干扰电压有效值的平均值，V；

　　　ρ ——土壤电阻率，Ωm；

　　　d ——漏点直径，m。

注：① ρ 值应取交流干扰电压测试时，测试点处与管道埋深相同的土壤电阻率实测值。

② d 值按发生交流腐蚀最严重考虑，取 0.0113m。

管道受交流干扰的程度可按表 1-2-1 交流干扰程度的判断指标的规定判定。

表 1-2-1　交流干扰程度的判断指标

交流干扰程度	弱	中	强
交流电流密度，A/m^2	<30	30~100	>100

（2）当交流干扰程度判定为"强"时，应采取交流干扰防护措施；判定为"中"时，宜采取交流干扰防护措施；判定为"弱"时，可不采取交流干扰防护措施。

二、技能操作

（一）准备工作

1.材料准备

序号	名称	规格	数量	备注
1	交流电压测试数据	—	1组	交流干扰状态下
2	土壤电阻率测试数据	—	1组	—
3	纸	—	若干	—
4	笔	—	1支	—

2.人员

一人单独操作，劳动保护用品穿戴整齐，材料准备齐全。

（二）操作规程

（1）处理交流电压测试数据。

（2）计算交流电流密度。

（3）绘制测试点的电压—时间曲线。

（4）绘制干扰管段的平均干扰电压—距离曲线。

（5）判断交流干扰程度。

（三）技术要求

（1）交流电压的测试数据在处理时要采用算术平均值方式获取。

（2）测试点的电压—时间曲线的纵轴应表示干扰电压,横轴应表示时间。

（3）干扰管段的平均干扰电压—距离曲线的纵轴应表示平均干扰电压,横轴应表示距离。

模块三 管道巡护及第三方施工管理

项目一 维护跨越设施

一、相关知识

ZBD001 跨越
管道的分类

(一)跨越管道的分类

管道跨越是指管道是从障碍物(如河流、铁路、公路等)的上方通过的一种方式。常见的跨越有以下几种:

1.悬索跨越

悬索式管桥由主索和吊杆作为主要受力构件,它是由主索、吊杆、横担、钢管、温度补偿器、锚固墩和抗风索组成,如图1-3-1和图1-3-2所示。

悬索式跨越的优点是跨度大,缺点是较斜拉索跨越使用材料多,投资大。

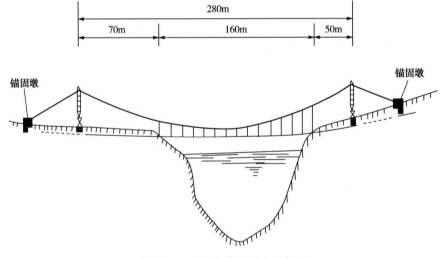

图1-3-1 悬索跨越形式示意图

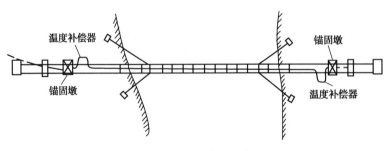

图1-3-2 抗风索平面布置

2.悬垂管跨越

悬垂管跨越就是用强大的地锚和一定高度的钢架,靠管道本身的强度将管道像高压线路一样绷起来。它主要由基础、钢塔架、管道、温度补偿器、地锚等组成,如图1-3-3所示。

这种跨越形式较悬索式跨越结构简单,施工方便,并可以节约大量昂贵的镀锌钢索。

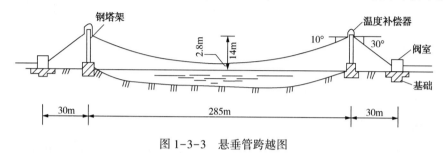

图1-3-3　悬垂管跨越图

注:图中悬垂的管道最低点到塔顶的距离为14m,到水面的距离为2.8m,两个塔架的距离为285m。塔架到阀室的距离为30m。

3.斜拉索跨越

采用多根钢索,每根钢索都以不同斜度与管道连接,钢索是主要受力构件。斜拉索式跨越主要由基础、塔架、管道、斜拉索、支座、温度补偿器、锚固墩等组成。

这种跨越的优点是跨度大、挠度小、结构合理、技术先进、安全可靠,较悬索式跨越能节约大量材料和投资。

4.其他跨越方式

管道跨越的形式很多,除上面介绍的三种方式以外,还有连续梁跨越(单跨或多跨)、八字钢架式跨越、轻型托架式跨越、桁架式跨越、拱式跨越、混合式跨越等等。

(二)管道架空

管道除了采取跨越方式外,在一些不利于敷设地下和日常检查维修的特殊地段(地势低洼,地下常年水位较高),以及在穿越铁路、公路及其他设施时,从地下穿越的条件不具备,就需要采取架空的方式跨越。

1.管架

管道架空应设置管架。管架可分为钢架和钢筋混凝土架,管架下应设置基础,基础应满足冻胀和荷载的要求,基础一般为混凝土,埋置深度应在冻结线下不少于0.25m。

2.管托

管架上应置管托,在管道上设置护板,管托和护板的规格尺寸应满足有关规范的要求。

3.架空管道的防护

1)必须采取保温和防水措施

管道保温一般采用岩棉及其制品(岩棉被、岩棉壳)、珍珠岩水泥块。如用岩棉保温,一般采用镀锌铁皮防水;如用珍珠岩水泥块保温,多采用玻璃钢防水或用玻璃布缠绕后,用防水漆涂刷2~3遍的方式防水。

2）必须设温度补偿器和采取绝缘措施

管道架空长度如果超过200m，按规定应设置温度补偿器，温度补偿器分为π型、T型和拱型，近些年开始使用的是波纹管热力补偿器。同时要做好管道的绝缘处理，保证阴极保护的需要。

3）应设置活动支座和固定墩

为了防止管道发生应力变化，损伤管道，应在管托上设置活动支座，并根据管道架空长度按规定设置固定墩。

4）应满足铁路、公路等部门的规定

管道跨越铁路、公路时，跨越的宽度和高度应符合铁路、公路等部门的规定，并在管道上设置标志，标注距铁路、公路的高度。

（三）跨越管道的管理内容

ZBD002 跨越管道的管理内容

对于大中型跨越管桥，汛前应与水文、气象部门建立预报联系，做好防汛物资的准备工作。水中设有墩台的大型跨越管桥，每年汛期前、后必须对墩台进行检查，并将冲刷情况记录存档，若发现问题必须及时处理。对管桥、钢塔架的钢结构应定期刷漆，以防止锈蚀。

1. 三禁止

（1）禁止在跨越管道附近（水下和岸边）放炮、炸鱼、拴船。

（2）禁止用跨越管桥作人、畜行走通道。

（3）禁止在跨越管道两岸附近拓宽河渠水道。

2. 四检查

（1）检查跨越稳定情况。在大风雨雪天气，在跨越段有大量积液或污物通过时，或在输油（气）压力、流量提高时，应检查跨越管道的振动情况。

（2）检查跨越管道、构件和钢索的连接螺栓、绳卡、花篮螺钉是否松动脱扣。

（3）检查吊挂管道的主索、拉索、吊索是否有断裂。

（4）检查铁架基础、管墩是否受到洪水冲刷而损坏或受地形变化而塌陷。

3. 五防

维护保养工作要注意做到防腐、防松动、防振、防雷击、防基墩冲刷。

1）防腐

跨越管道防腐层应进行防腐处理，可采用石油沥青、聚乙烯及胶黏带等防腐层。跨越管道防腐层容易脱落而受到大气腐蚀，因此应经常补漆，并每隔数年对管道、构件、铁塔进行一次彻底的除锈刷漆作业。

2）防松动

连接螺栓、花篮螺钉、螺纹连接部件可以增加一个螺母作背帽，用双螺母拧紧，这样不易松动。吊挂管道的主索、拉索、吊索应该松紧一致，受力均匀，若松动则应重新拉紧。

3）防振动

测量管道振动一般采用电阻应变测量方法。通过测量和分析确定存在振动危害管道后，应采取防振措施。主要措施有：装防振索、重锤、平衡重锤等。

4) 防雷击

跨越管段(包括塔高)超过15m均应考虑雷击影响,可在铁塔顶做长度为0.3～0.5m的短针,利用铁塔或管道作引线接地,接地电阻应不大于10Ω,接地极常用直径500mm钢管或150mm×5mm角钢成圆环形布置,圆环直径不小于10m,埋深2.5m,引入线用40mm×4mm扁钢,短针用直径25mm圆钢,头部打扁,并经镀锌处理。每年雷雨季节前必须检查接地电阻是否合格、防雷击系统是否完好,并进行整改。

5) 防冲刷

应利用枯水季节检查维修塔架水下基墩及管道支墩,如果基墩受到冲蚀,或者基墩周围河床受到严重冲刷而出现深坑深沟时,必须采取措施。

二、技能操作

(一)准备工作

1.材料准备

序号	名称	规格	数量	备注
1	除锈剂	—	适量	—
2	防腐剂	—	适量	—
3	防腐底漆	—	适量	—
4	防腐面漆	—	适量	—
5	黄油	—	适量	—
6	玻璃布	—	若干	—
7	砂纸	—	若干	—
8	纸	—	1张	—
9	笔	—	1支	—

2.工具和仪表准备

序号	名称	规格	数量	备注
1	刮刀	—	1把	—
2	喷涂工具	—	1套	—
3	应力计	—	1个	—
4	手锤	—	1把	—
5	铁锹	—	1把	—
6	电工工具	—	1套	—
7	接地电阻测试仪	ZC-8	1台	—

3.人员

一人单独操作,劳动保护用品穿戴整齐,用具、量具准备齐全。

(二)操作规程

1.维护悬索式跨越

(1)检查护坡、锚固墩与固定墩等水工保护设施。

(2)检查管道外观。

(3)检查管道支撑物。

(4)检查拉索、吊索、拉线松紧度,塔架顶滑轮、连接螺栓和花篮螺钉润滑。

(5)检查防雷接地设施。

(6)对于检查出的问题,能现场维护的进行维护,不能进行现场维护的,记录并上报。

(7)维护工作结束后清理现场。

2.维护桁架式跨越

1)维护钢结构

(1)检查栓接结构并进行维护。

(2)检查焊接连接构件并进行维护,保证接合杆件间的紧密,松动的螺栓应及时拧固。

(3)检查钢结构杆件并进行维护。

(4)检查涂层并对损坏涂层进行重新涂装。

2)检查管道的防腐、保温及防水

(1)检查管道防腐层。

(2)检查架空管道的保温层。

(3)检查管道的防水层。

(4)管道的防腐、保温及防水层出现缺损时应及时处理。

(三)技术要求

1.维护悬索式跨越

(1)检查护坡、锚固墩与固定墩等水工保护工程,汛期后要仔细检查,发现问题及时处理。检查内容应包括水工保护设施是否完好、有效;截、排、导水设施是否完好、无淘蚀;护岸工程是否完好、有效;护坡工程是否完好、无侵蚀孔洞。

(2)检查管道本体有无变形及腐蚀情况;防腐材料涂刷是否均匀、色彩是否一致,有无漏涂现象;保温结构是否黏结可靠;已实施防腐保温的管段和构件有无局部损坏现象;管道是否有偏离和振动的迹象。检测方法以目测为主,并测量局部损坏的尺寸,详细记录。

(3)检查管道支撑物:橡胶板是否滑出、老化;滑动支座、滚动支座是否能正常移动;轴承转动是否正常,油脂是否挥发、泄漏和失效,密封件是否损坏;支座限位措施是否正常;螺栓连接是否缺失、松动;支座是否变形;管箍位置是否位于支座中心;钢结构是否锈蚀。

(4)检查防雷接地设施的接地电阻值应不大于 10Ω;连接处有无松动;是否锈蚀。

(5)对于跨越管段及塔架构件上涂层局部破损的区域,用刮刀除去锈蚀、污物,再用除锈剂除锈,对包括金属表面和涂层搭接区域表面进行打磨处理露出金属本色。手工除锈的外观应达到 GB/T 8923.2—2008《涂覆涂料前钢材表面处理 表面清洁度的目视评定 第 2 部分:已涂覆过的钢材表面局部清除原有涂层后的处理等级》中规定的 St3 级;喷砂除锈的外观应达到 GB/T 8923.2—2008《涂覆涂料前钢材表面处理 表面清洁度的目视评定 第 2 部分:已涂覆过的钢材表面局部清除原有涂层后的处理等级》中规定的 Sa2.5 级,或按照防腐材料说明书中要求的指标进行施工。

(6)对除锈后的跨越管段及塔架构件重新进行防腐,首先均匀涂抹防腐底漆两遍,然后均匀涂抹防腐面漆两遍,涂刷防腐漆时,每涂刷一道必须待其表干后,再涂第二道漆,表干是指手指轻触防腐层不黏手或虽发黏,但无漆黏在手指上。

(7)调整松动的拉索、吊索和拉线,用应力计测量松紧度值,直到调整到规定值,调整好松紧度后,在拉索、吊索和拉线上涂上防腐剂,并用玻璃布缠绕包扎。

(8)在塔架顶滑轮、连接螺栓和花篮螺钉上涂上黄油。

2.维护桁架式跨越

1)维护钢结构

(1)栓接结构应保证接合杆件间的紧密,松动的螺栓应及时拧固。

(2)焊缝处有裂纹或表面脱落的焊接连接构件,应仔细观察,标明位置,注明日期,并采取必要的补焊、更换或其他措施。

(3)经更换过螺栓或进行修补后的焊缝,应对相应部位进行防腐处理。

(4)钢结构杆件产生局部变形、穿孔或破裂削弱断面,应制定校正、加固或更换方案,经批准后实施。处理时应注意施工顺序,保持跨越结构受力状况维持在允许范围。

(5)钢结构各部件接合点的销轴、螺栓等,如有松动和缺损,应及时拧紧和修补更换;销轴周围应勤涂润滑油,防止雨水进入销孔缝隙;外露的螺杆亦应涂油,防止锈蚀。如发现销钉和栓钉有裂缝、脱皮、弯曲、压损等,应予更换,涂抹润滑油。

(6)涂层有大于 5% 的局部锈蚀或涂层露底漆、龟裂、剥落起泡或锈蚀面积超过 50% 时,应清理全部旧涂层,按涂装体系重新涂装。

(7)底部涂层完整,附着力良好,钢构件无锈蚀。当面漆涂层达到 GB/T 1766—2008《色漆和清漆 涂层老化的评级方法》中规定的 3 级以上明显粉化时,旧涂层应清除污垢、粉化物,经打磨处理后的旧涂层有细微毛面,然后覆盖面漆两道。

(8)表面处理:使用手工或动力工具清理和除锈,应全部清除钢构件表面的油污、灰尘、疏松的氧化物以及旧涂层。钢表面应呈现金属光泽,手工除锈的外观应达到 GB/T 8923.2—2008 中规定的 St3 级;喷砂除锈的外观应达到 GB/T 8923.2—2008 中规定的 Sa2.5级,或按照防腐材料说明书中要求的指标进行施工。

(9)钢结构涂装层修复宜采用与原设计钢结构防腐相同或相近的材料,并按相应产品技术要求进行。

(10)涂层涂装体系应采用耐候性好、抗老化性强的防腐结构。

(11)钢表面清理和涂装时不允许表面有凝水,结露期或其他恶劣气候条件下不得施工。施工过程中应严格按照产品技术要求控制涂层的表干、实干时段。若施工环境条件不具备时,需采取切实可行的措施保证施工质量。

2)检查管道的防腐、保温及防水

(1)管道应保持防腐层完好、有效,并宜采用原设计的防腐材料修复。

(2)保温层修复应符合下列要求:

①保温层应与管体结合牢固,无缺损、无松动。

②保温层厚度不得小于原设计要求,且均匀一致。

③保温层外部结构应具有防紫外线辐射功能。

(3)防水层应表面平整、结合牢固、不渗水。

(四)注意事项

(1)操作人员必须穿戴好防护安全用品,确保人身安全。

(2)防腐作业施工必须选择风小的晴天进行。

(3)除锈方法可灵活掌握,但应保证质量。

(4)防腐涂料应与原有涂层类型一致。

项目二　绘制管道走向图

一、相关知识

通过绘制管道走向图,可以全面掌握管道沿线的地物、地貌和管道经过地段的名称等,从而更有效地加强对管道的管理和维护。

二、技能操作

(一)准备工作

1.材料准备

序号	名称	规格	数量	备注
1	皮尺	—	1把	—
2	导线	—	若干	—
3	砂纸	—	1张	—
4	钢钎电极	—	若干	—
5	鳄鱼夹	—	若干	—
6	笔	—	若干	—
7	记录本	—	1本	—
8	管道调查资料	—	1套	—
9	管道平面图	—	1张	—

2.设备准备

序号	名称	规格	数量	备注
1	管道	>100m	1段	在用

3.工具和仪表准备

序号	名称	规格	数量	备注
1	管道探测仪	RD-8000	1台	—
2	手持GPS	—	1台	—

续表

序号	名称	规格	数量	备注
3	相机	—	1台	—
4	电工工具	—	1套	—
5	手锤	—	1把	—
6	铁锹	—	1把	—
7	皮尺	—	1把	—
8	计算机	—	1台	连接网络

4.人员

一人单独操作,劳动保护用品穿戴整齐,用具、量具准备齐全。

(二)操作规程

(1)开展徒步调查,记录相关信息。

(2)使用手持GPS采集管道中心线坐标值,具体见第二部分模块十项目三。

(3)将采集的GPS坐标值,一一标记到能提供经纬度坐标值的地图上,在地图上用折线连接已经标记的点,如图1-3-4和图1-3-5所示。

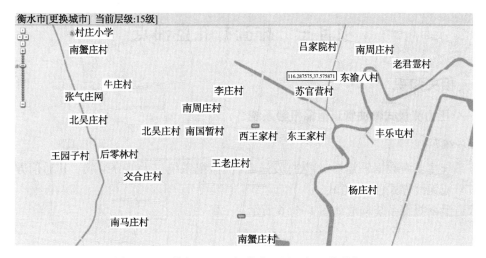

图1-3-4 依据GPS坐标值在地图上标记管道位置

(4)用截图软件或者系统自带的截图工具截出标记后的走向图,保存管道走向图。

(三)技术要求

(1)开展调查时,要携带准备的材料、工具徒步巡线,使用RD-8000管道探测仪定位管道中心线。

(2)至少采集五个GPS坐标值。

(3)在管道平面图上记录管道沿线的地物、地貌和管道经过的地段名称。

(四)注意事项

采集管道信息时,要注意人身安全。

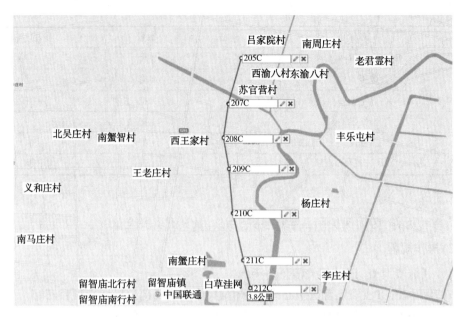

图1-3-5 在地图上连接各个管道中心线标记点

项目三 排查打孔盗油点

一、相关知识

(一)压力流量式输油管道泄漏报警系统

1.系统原理

该系统主要由数据采集系统、数据发送系统、监视系统三大部分组成。其通信方式为：电话拨号或无线方式、网络方式。

管道泄漏报警系统构成如图1-3-6所示。

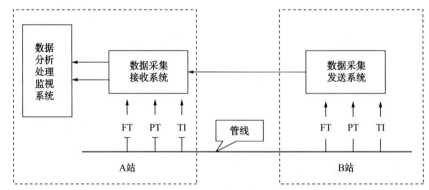

图1-3-6 管道泄漏报警系统构成

FT—流量变送器;PT—压力变送器;TI—数据采集装置

系统原理:在两站分别装有高灵敏的压力传感器、流量传感器、相应的数据采集装置和工控机及调制解调器(或无线通信装置)等;B站所采集到的被输介质的压力、流量等数据信号,通过有线或无线方式传送到A站;A站的工控机将此信号与本站所采集到的压力、流量等参数进行对比分析,根据两站压力波传递的时间差,即可实现泄漏报警及定位。

当A、B两站间某一点发生泄漏时,必然会引起A站出站压力和B站进站压力降低,下降幅度与泄漏速度有关,泄漏速度越快,压力下降幅度越大,反之亦然。通过高灵敏的压力传感器监视两站压力,当管道泄漏时,就可以实现报警。然而,当A、B两站人工调节进出站阀门、调节外输泵转速、化验取样等正常操作,都会引起压力的降低报警。也就是说,管道泄漏会引起压力报警,压力报警不一定表示有泄漏发生,即管道泄漏不是压力下降的充分必要条件。另外,管道泄漏必然会引起输差增大,且具有突然性,其他引起输差增大的所有原因,如原油物理性质的变化、化学性质的变化、流量计准确度的漂移等,都不具有突然性,即泄漏是突然输差增大的充分必要条件。采取压力监视与流量监视相结合的方法,加上科学合理的分析,就可以比较准确地判断是否有泄漏发生,并确定漏点位置。系统通过已建立的理论模型,利用先进的计算机、仪表和通信技术,就可以自动、快速地完成上述检测、分析、判断过程。

其基本的数学理论模型,可参照图1-3-7建立。当然,由于不同管道的工况参数及被输介质的理化性质等差异较大,压力波的传递速度及衰减速度等各不相同,要想准确可靠地报警定位,还必须进行必要的修正处理。

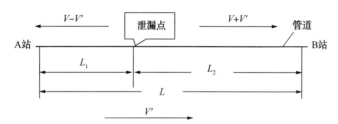

图1-3-7　管道泄漏报警系统数学理论模型示意图

L_1—泄漏点与A站的距离;L_2—泄漏点与B站的距离;V—压力波在静止介质中的传递速度;V'—流速;L—两站间距

由图1-3-7可知:利用L、Δt(时间差)、V、V'为已知,通过数学公式推导,可推算出压力波到达A站的传递时间与压力波到达B站的时间差,再根据实际情况加上不同的修正系数,就可以计算出泄漏点位置。

以上过程有极高的实时性要求,用人工方法无法做到,只有借助于计算机和数学、通信手段,对整个系统进行精确地实时性监测才能实现。

2.主要技术指标

(1)监测长度:<50km。

(2)泄漏孔径:>管道口径×4%。

(3)定位误差:<管道长度×1%+200m。

(4)误报率:<2%。

(5)漏报率:<3%。

(6)环境温度:−25～60℃。

最终完善后的系统具有声光报警、资料查询、打印功能,图像显示泄漏处的地理位置,文字显示外输管道泄漏位置,还有显示泄漏时间及两端压力等功能。

ZBD004 压力波式输油管道泄漏实时监测系统的原理

(二)压力波式输油管道泄漏实时监测系统

1.泄漏检测与定位的原理和技术手段

该系统是针对窃油等较大的泄漏事故而设计的,因此,采用瞬态负压波法对泄漏点定位。

当管道发生泄漏时,泄漏点处由于管道内外压差,流体迅速流失,压力下降。泄漏点两边的液体由于存在压差而向泄漏点处补充,这一过程依次向上下游传递,相当于泄漏点处产生了以一定速度传播的负压力波。瞬态压力波定位方法是根据泄漏产生的瞬态压力波传播到上下游的时间差和管内压力波的传播速度计算出泄漏的位置,压力波在原油中传播的速度一般为1000~1200m/s,只要管道两端的压力传感器准确地捕捉到包含泄漏信息的负压波,就可以检测出泄漏,并能够根据负压波传播到两端的时间差和压力波的传播速度进行定位。该方法具有很快的响应速度和较高的定位精度。瞬态负压波检测泄漏原理及定位图如图1-3-8所示。

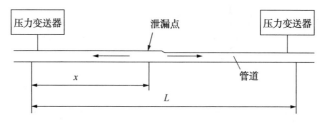

图 1-3-8　瞬态负压波检测泄漏原理及定位图

x—泄漏点距首端测压点的距离;L—两个压力变送器间的管道长度

负压波式泄漏点定位见式(1-3-1):

$$x = \frac{L + a\Delta t}{2} \tag{1-3-1}$$

式中　　x——泄漏点距首端测压点的距离,m;

　　　　L——两个压力变送器间的管道长度,m;

　　　　a——管输介质中压力波的传播速度,m/s;

　　　　Δt——上、下游传感器接收压力波的时间差。

这类方法都是基于管输介质中压力波的传播速度 a 为定值这一前提做出的,a 值取决于管壁的弹性和液体的压缩性,国外针对热输原油管道的研究较少,国内的研究也均忽略了 a 的变化。事实上,随着管道中流体温度的变化,密度和液体的压缩性也会有所变化,α 并不是一个定值。应用式(1-3-1)作定位计算会带来一定的误差。

2.主要性能指标和特点

系统应达到的性能指标如下:

(1)泄漏检测灵敏度:对大于总流量1.5%的泄漏可报警。

(2)报警反应时间:小于200s。

(3)泄漏点最大定位误差:小于被测管段长的2%(对于较大的突发性泄漏)。

（4）具有良好的人机界面。

（5）可长期存储管道的运行数据。

（6）操作方便、简单。

（7）可方便地扩展其他检测功能，可通过局域网或公用网联网使用。

本系统与同类系统相比所具有的特点如下：

（1）采用模式识别技术，仅需要两端站内各有一台压力变送器即可进行泄漏的检测和定位。与国际上常规的压力波泄漏检测装置相比更适于工业现场的应用。

（2）考虑原油沿线温度变化对负压波传播速度的影响，采用小波变换等先进的信号处理方法捕捉负压波拐点，提高了泄漏点的定位精度。

（3）系统监测仪的主机采用工业控制机，提高了系统运行的稳定度。

（4）数据通信链路利用各输油站内已有的微波通信系统，采用多级数据压缩和引错技术，确保数据准确无误传输。

（5）采用独特的内部时间校准方式，由主机的时钟定期通过数据通信链路校准从机的时钟，确保两端监测仪的时钟一致。

（三）振动式输油、输气管道防盗监测报警系统

为防范在输油、输气管道上人为打孔盗窃，给国家和企业造成重大经济损失，将打孔行为提前报警，目前国内已研制出振动式输油气管道防盗监测报警系统。防盗报警系统工作框图如图1-3-9所示。

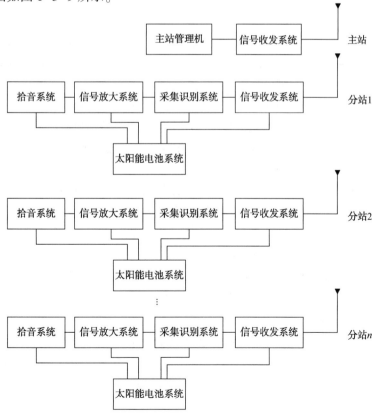

图1-3-9　防盗报警系统工作框图

ZBD005 振动式输油、输气管道防盗监测报警系统的原理

1.系统的工作原理

鉴于偷盗活动实施时,必然会产生声响,因此可以利用声音监听方法监测偷盗活动。当人为地掘开管道地面、在输油气管道上去掉保护层、安装阀门卡子、焊接打孔等过程中,产生的声波会在钢管上高速传播。安装在钢管外壁上的高灵敏度传感器即可检测到该信号。经智能识别系统采集处理后,判定是否向上位机(值班主站)发出报警信息。

本系统采用无线数字传输信道传输数据,速度快、安全可靠、成本低,新老管道皆可使用。

由于系统在野外无市电场所工作,所以系统由太阳能电池供电,蓄电池储存电能,并保证在太阳能电池停止工作后(如连阴天等),可使系统继续工作10d以上。也可以使用有线传输信号,最好在管道设计时,就将防盗监测报警系统作为其中的一部分,在铺设管道的同时,铺设一根四芯钢铠电缆,作为防盗监测报警系统的电源线和信号传输线。这样,可将从站监测设备全都埋入地下,使地面不留痕迹,防止系统被人为破坏。

另外,可在监测主站加装利用电话线进行有线联网的传输部分,将数据送至远方的控制中心或上级管理单位,便于集中管理。

从组成原理上看,本系统是预警系统,在偷盗未遂时发现偷盗活动。这是其他报警系统,如压力报警、流量报警等不能做到的。

系统具有极恶劣气候环境下长期使用的高稳定性、高可靠性及高灵敏度,是防破坏性突出的高科技产品。

2.系统的功能特点

(1)防盗监测范围:每个监测范围≤2km(双向),根据现场情况,如管径大小、管壁厚度、土质情况、埋设深度、有无露出地面、作案频度、周围环境振动噪声情况、有无高大建筑物遮挡等,确定监测从站的实际距离。

(2)报警准确率:在95%以上。按约定方法测定,漏报率较低。

(3)报警方式:画面文字和声光报警。画面文字给出报警地段及必要的说明。

(4)系统自检功能:当系统有故障或遭人为破坏时,也能发出报警信息。

(5)系统正常免维护使用时间:暂定为一年。

(6)报警判断:主站(上位管理机)接到检测点报警信号后,要进一步分析判断,必要时要查询各相关站点,确认是偷盗活动时,即向值班人员发出报警信号。

(7)报警处理:值班人员确认报警后、可根据需要停止声报警,画面继续显示。当现场偷盗活动被制止、恢复正常后解除报警。

(8)数据查询:根据用户需要,管理机最多可储存一年的数据。可随时查询某时、日、周、月的数据,需要时可打印日、周、月报表。

3.系统灵敏度测试

系统的灵敏度是非常高的,据测试,在离传感器2km处轻轻敲击钢管的声音,系统"听得"清清楚楚。可是人为作案现场情况是很复杂的,环境噪声影响更是千变万化,我们的数据采集识别系统是智能型的,被赋予了人的智慧和经验,可以从复杂的环境噪声中识别出偷盗、破坏信号。

系统灵敏度测试的简单方法是:在两个分站中间,挖开钢管,用半磅(小锤轻轻敲击钢管3次,停2min,再轻轻敲击钢管3次,停2min,共做5次。被检查的两个从站都应该向主站报警5次,而主站在接到第5次报警后,才向值班员发布两个从站的报警信息。重复做3次,即可看出系统误报、漏报、正报的准确情况。如有一次误报或漏报,要再补做3次。

4.总站软件功能

总站系统软件在Windows平台下开发,使用简单,启动程序后,即自动运行,检查各遥测站(下位机从站)是否有偷盗报警,如有即发出声光报警,屏幕上出现动画图像。

系统还监测总站电台和各从站电台的工作状态,以及各从站的电池状况,如总站电台有故障,则主站电台无发射波形闪烁;如从站电台有故障,从站变成白色红叉形状;如太阳能电池故障,则相应会出现一个小太阳下带红叉的电池图案。

总站收到从站发来的偷盗、可疑数据时,从站变为黄色,确认为偷盗报警时即发布偷盗报警信息,初次报警时,在声音报警的同时,屏幕上还出现一个"报警确认"按钮,按下确认后,不再发声,图像(闪烁)依旧,直到报警解除。

当鼠标指向"报警确认"按钮,从站、太阳能电池故障图形时,下方会出现一个说明方框,指示相应信息。

主菜单"文件"下有多项功能:

(1)报警查询:查询每天的报警情况。

(2)电源数据:查询每天的遥测站(从站)电源情况。

(3)运行日志:查阅每天的运行情况。

(4)修改参数:修改系统参数必须由系统授权人员进行,并且核对口令后才能修改。

(5)修改口令:修改口令也必须由系统授权人员进行。

(6)系统退出:也需核对口令,以防止误退出。系统的日期格式必须置为yyyy-dd-mm,时间格式为:hh:mm:ss,画面底部状态条显示主电台工作状态及遥测站(从站)电源电压和当前时间,鼠标点击"时间",则显示启动时间。

(7)总站与每个分站最大通信距离(方圆)为30km,每个总站管50个分站。

(8)主站天线架设高度在15m以上,可架设在五层楼上,或用15m水泥杆稍加长一点架设,也可建成铁塔式。分站安装如图1-3-10所示。

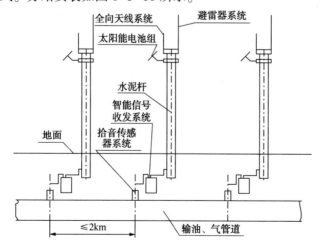

图1-3-10 分站安装示意图

(四)管道光纤安全预警技术

1.系统工作原理

基于相干瑞利的管道光纤安全预警技术,直接利用与管道同沟敷设的通信光缆作为传感器,采用其中一芯光纤采集管道沿线周边振动信号。当管道附近发生威胁事件时,外界振动导致光在光纤中传输时的相位发生改变,通过测量光波相位变化即可获得管道附近的振动信号。通过独特的识别算法,可对振动信号进行定性分析,及时发现管道安全威胁事件并对事件进行跟踪定位。其工作原理图如图 1-3-11 所示。

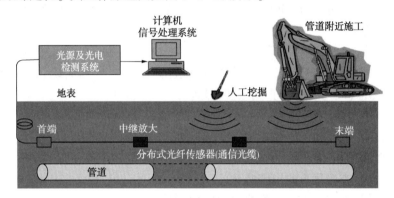

图 1-3-11　光纤预警系统原理图

为补偿光信号在传输过程中的衰减,采用同纤遥泵的中继放大技术保证光功率保持在一定水平,使得系统的监测距离延长至 100km。中继放大技术原理图如图 1-3-12 所示。发射装置和接收装置可根据需要安装在不同位置,二者通过作为振动传感器的同一芯光纤连接,因此整个系统只需占用通信光缆的一芯冗余光纤。

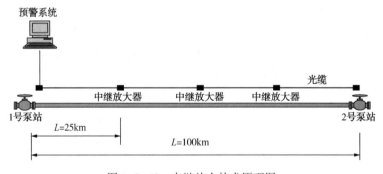

图 1-3-12　中继放大技术原理图

2.系统硬件

管道光纤安全预警系统的硬件装置如图 1-3-13 所示,主要包括:

(1)分布式微振动光纤传感器(同沟敷设光缆)。

(2)光纤振动信号检测装置。

(3)信号分析与识别装置。

(4)人机交互设备。

(5)中继放大装置(发射装置和接收装置)。

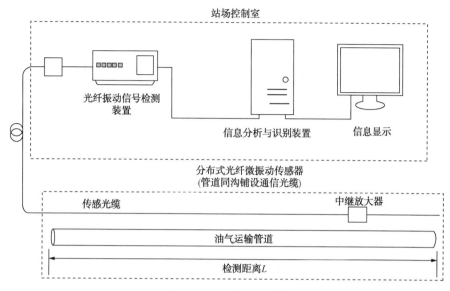

图 1-3-13 系统示意图

3. 系统软件

作为预警系统硬件和终端用户之间交互的桥梁,系统软件负责信号处理、威胁事件识别、数据存储、报警管理等任务。系统软件如图 1-3-14、图 1-3-15、图 1-3-16 所示。系统软件主要包括如下功能模块:

图 1-3-14 管道 GIS 地图界面

(1)系统能够实现管道安全威胁事件的实时检测与自动报警,软件主界面为 GIS 地图显示或管道示意图,形态自动检测到管道威胁事件的发生,立即在地图上显示报警地点并配合声光报警,提醒监控人员进行处理,同时记录报警地点、时间和事件类型。根据客户需要,可提供短信报警功能,对指定手机号码发送报警短信。

（2）报告生成模块可生成地图式和参数式两种报警报告,内容包括系统状态、报警状态、报警位置、报警级别、报警类型、报警时间。

（3）波形回放和分析工具,可对采集到的光纤信号进行深入分析,通过人工方法进行威胁事件判断。

（4）瀑布式监控显示,可清楚显示威胁事件随时间和空间的发展趋势,辅助威胁事件的人工识别。

（5）软件提供报警查询功能,能够根据事件类型、发生日期、操作用户等进行历史报警查询。

（6）3 种用户接入模式:用户、管理员、工程师,可自定义访问权限。

（7）系统软件采用多进程技术,具有自恢复功能,系统软件崩溃后可自动恢复运行。

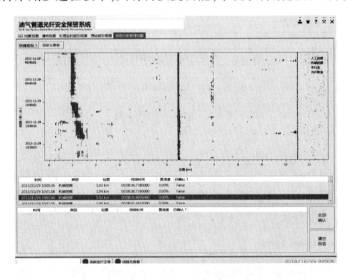

图 1-3-15　软件瀑布图及报警显示界面

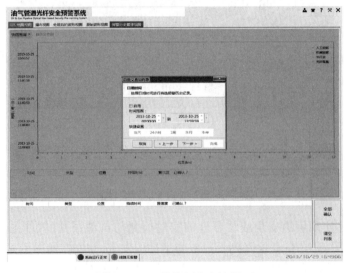

图 1-3-16　报警历史查询界面

二、技能操作

(一)准备工作

1.材料准备

序号	名称	规格	数量	备注
1	导线	—	若干	—
2	砂纸	—	若干	—
3	钢钎电极	—	若干	—
4	鳄鱼夹	—	若干	—
5	标记物	—	若干	—
6	纸	—	1张	—
7	笔	—	1支	—

2.设备准备

序号	名称	规格	数量	备注
1	埋地管道	—	1段	配有泄漏监测系统

3.工具和仪表准备

序号	名称	规格	数量	备注
1	电工工具	—	1套	—
2	铁锹	—	1把	—
3	皮尺	—	1把	—
4	地面检漏仪	—	1台	—

4.人员

一人单独操作,劳动保护用品穿戴整齐,用具、量具准备齐全。

(二)操作规程

(1)根据管道泄漏监测系统发生的定位指示,迅速赶到现场,根据现场的道路、地形、地貌、油气味查找泄漏点。

(2)徒步巡线排查泄漏监测系统报警误差范围内的管段。

(3)利用地面检漏仪查找隐蔽的盗油阀门。

(4)对重点可疑管段,要对管道周边的建筑物进行排查。

(5)做好排查记录。

(三)技术要求

(1)应熟练掌握相关检测仪器的使用方法和维修保养方法。

(2)应熟悉掌握管道沿线的地形、地貌、道路等情况。

(3)查找打孔盗油点要相互配合协作进行。

(4)徒步排查盗油点时,要检查是否有泄漏迹象,如地面溢油、枯死的植物、烟气、响声和油气味道等,检查沿线地形、地貌有无明显变化,如管道周边土壤有无开挖、回填等异常现象。

(5)打孔盗油点发现后,要及时抢修,避免发生次生灾害。

(四)注意事项

有些盗油阀门不进行防腐,它相当于管道上的一个大漏点,利用地面检漏仪能发现盗油阀。

项目四　管理巡线工

ZBD007 管道GPS 巡检管理系统的功能

一、相关知识

预防各类管道事件事故的发生,是管道安全运营管理的重点及难点。在管道日常管理中,管道巡线工作是发现和预防第三方施工、打孔盗油(气)和地质灾害等引起安全事件的重要手段,是管道安全运营的重要保障。目前,管道运营企业用于监督巡线工巡线质量的系统有很多,此处以应用较广泛的管道 GPS 巡检管理系统为例进行介绍。

管道 GPS 巡检管理系统通过运用 GPS/GIS、管道完整性管理、通信等方法和技术,实现了对管道巡护工作的实时监督和有效管理。它可以支持巡线人员对管道隐患及时发现、及时汇报、及时跟踪处理,做到对管道隐患主动预防和全生命周期的管理;辅助管道管理人员在巡检计划、执行与跟踪、考核、标准等环节的受控管理;全面开展管道巡检管理系统的建设工作,为日常巡线业务提供技术支撑。

(一)登录管道 GPS 巡检管理系统

使用中国石油的内部用户名、密码登录管道 GPS 巡检管理系统。管道 GPS 巡检管理系统登录界面如图 1-3-17 所示。

图 1-3-17　管道 GPS 巡检管理系统登录界面

(二)查询巡线工的管道 GPS 在线情况

在管道 GPS 巡检管理系统的"系统监控"页面,选择"人员监控",可以查询巡线工的管道 GPS 在线情况。查询巡线工管道 GPS 在线情况如图 1-3-18 所示。

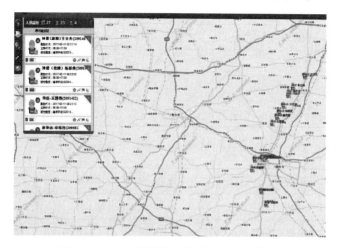

图 1-3-18　查询巡线工管道 GPS 在线情况

(三)查询巡线工的管道 GPS 关键点覆盖情况

在管道 GPS 巡检管理系统的"系统监控"页面,选择"轨迹回放",可以查询巡线工的管道 GPS 的关键点覆盖情况和巡检轨迹。查询巡线工管道 GPS 关键点覆盖情况如图 1-3-19 所示。

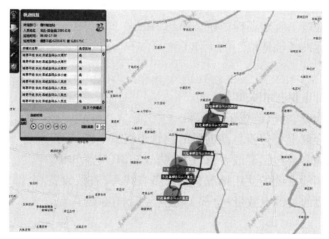

图 1-3-19　查询巡线工管道 GPS 关键点覆盖情况

二、技能操作

(一)准备工作

1.材料准备

序号	名称	规格	数量	备注
1	管道保护知识材料	—	1套	—
2	会议签到表	—	1张	—

续表

序号	名称	规格	数量	备注
3	检查表	—	1张	—
4	考核表	—	1张	—
5	纸	—	1张	—
6	笔	—	1支	—

2.工具和仪表准备

序号	名称	规格	数量	备注
1	计算机	—	1台	连接网络
2	管道巡检系统	—	1个	具备相应权限

3.人员

一人单独操作,劳动保护用品穿戴整齐,用具、量具准备齐全。

(二)操作规程

(1)组织召开巡线工会议,形成会议记录。

(2)对巡线工进行管道保护知识的业务培训。

(3)日常检查巡线工管道巡检系统的使用情况。

(4)根据检查标准考核巡线工的工作。

(三)技术要求

(1)熟练掌握管道保护相关知识。

(2)熟练掌握检查、考核巡线工的标准。

(3)在巡线工会议上要分析总结前段时间管道巡护工作,安排部署下一阶段工作。

(4)业务培训内容要包括巡线要求、法律法规知识、应急知识。

(5)检查管道巡检系统的使用情况包括设备在线率(在线设备/全部设备×100%)、关键点巡检覆盖率(巡检的关键点数量/全部关键点数量×100%)等。

(四)注意事项

要严格按照考核标准进行考核。

项目五　处理第三方施工

一、相关知识

(一)管道安全告知内容

管道运营企业要及时向第三方施工方告知管道安全注意事项,包括管道位置、管道走向、管道输送介质、管道压力、管道安全距离、管道应急知识、管道联系电话等。可以参照如下告知书内容。

_____（单位或个人）：

输油气管道及其附属设施是国家重要基础设施。输油气管道具有高压、易燃、易爆和生产连续性的特点。在管道周边施工将直接或间接危及管道安全运行及周边安全。

贵(单位或个人)实施的施工作业，已经对输油气管道造成潜在威胁，请按照《中华人民共和国石油天然气管道保护法》第三十五、三十六、三十七条等相关条款规定执行。

特此通知(附《中华人民共和国石油天然气管道保护法》)

被告知方签字：_____　　　　　　电话：_____

告知方联系人：_____　　　　　　电话：_____

送达时间：_____

(二)第三方施工管道保护方案

ZBD009 第三方施工管道保护方案的内容

1.第三方施工方案

管道运营企业与施工单位对第三方施工现场进行勘查，依据《中华人民共和国石油天然气管道保护法》以及相关标准规范提出管道保护基本要求，协助县级人民政府主管管道保护工作的部门与第三方协商确定施工作业方案，并签订安全防护协议。

如协商不成或突破行业标准和规范要求的第三方施工工程，由管道运营企业协助县级人民政府主管管道保护工作的部门进行安全评审，并按照政府部门批复的审查意见执行。

施工方案优劣在很大程度上决定了施工组织设计的质量和整体施工任务完成的好坏。因此，必须从若干个方案中选择出一个切实可行的施工方案来。

1)制定和施工方案的基本要求

(1)切实可行:制定施工方案必须从实际出发，选定的方案在人力、物力、技术上所提出的要求，应该是当前已有的条件或在一定时期内可能争取到的，这就要求在制订方案之前，深入细致地做好调查研究工作，掌握主客观情况，进行反复的分析和比较，制定出切实可行的施工方案。

(2)施工期限应满足要求:要保证工程按期或提前完成，迅速发挥其效能，符合管道运营企业提出的要求，这就要求制订方案时，在施工组织上统筹安排，在照顾均衡施工的同时，在技术上尽可能地运用先进的施工技术和经验，力争提高机械化程度。

(3)确保工程质量和安全:工程要求质量第一，保证安全施工，因此在制定施工方案时就要充分考虑到工程的质量与安全，在提出施工方案的同时要提出保证工程质量和安全的技术组织措施，使方案完全符合技术规范和安全规程的要求。

(4)施工费用最低:施工方案在满足其他条件时，必须经济合理，尽力降低施工的一切费用，节约人力、材料、机具，挖掘节约的潜力，使工料消耗和施工费用降低到最低限度。

以上几点是一个统一的整体，是互相联系不可分的，在制定施工方案时应通盘考虑。

2)施工方案的基本内容

施工方案的内容很多，但概括起来主要是四项，即施工方法的确定、施工机具的选择、施工顺序的安排、流水施工的组织。前两项属于施工方案的技术方面;后两项属于施工方案的组织方面。技术是施工方案的基础,但它同时又必须满足组织方面的要求,施工组织把整个施工方案同进度计划联系起来,从而反映进度计划对施工方案的指导作用。两方面是互相联系而又相互制约的。为把各项内容的关系更好地衔接起来,使之更趋完善,为其实现创造更好的条件,施工技术措施也就成为施工方案各项内容必不可少的延续和补充,成了施工方案的有机组成部分。

2.管道保护方案

管道保护方案主要是确定第三方施工相关联管段的保护措施。

管道保护方案中保护措施的确定应该符合以下五个原则。

(1)安全第一、预防为主。

(2)后建服从先建,尽量减少对既有设施的改建。

(3)综合考虑第三方施工和管道行业规划。

(4)保护环境,节约资源,经济合理。

(5)平等协商、互相支持。

管道运营企业协助县级人民政府主管管道保护工作的部门和第三方施工企业根据国家法律法规、标准规范起草管道保护方案相关保护措施,并签订安全防护协议。

如协商不成或突破行业标准和规范要求的第三方施工工程,由管道运营企业协助县级人民政府主管管道保护工作的部门进行安全评审,并按照政府部门批复的审查意见执行。

(三)第三方施工验收

ZBD010 第三方施工验收的内容

1.第三方施工现场验收

第三方施工竣工验收指第三方施工工程项目竣工后,管道运营企业会同第三方施工工程建设、设计、施工、监理单位及县级人民政府主管管道保护工作的部门,对该工程是否符合管道保护方案设计要求进行的检查和评价。第三方施工竣工验收是建立在分阶段验收的基础之上的。

第三方施工竣工验收内容包括,确认管道是否受损,详细记录隐蔽工程的情况,施工是否按照既定方案实施,有无对环境造成损害。

2.第三方施工存档

管道运营企业需要对第三方施工中与管道关联管段相关的施工资料进行存档。存档内容包括施工方案、保护方案、协议、县级主管管道保护部门批复意见、隐蔽工程、协调过程、影像资料等。在保留纸质文件的同时,有条件的还要保存电子档文件。

第三方施工存档文件的要求是:

(1)归档的工程文件应为原件。

(2)内容必须真实、准确,与工程实际相符合。

(3)工程文件字迹应清楚、图样清晰、图表整洁、资料进度必须与工程现场进度一致、做到签字及时、盖章手续完备。

(4)图纸一般采用蓝晒图,竣工图应是新蓝图、所有竣工图均应加盖竣工图章。

(5)竣工图章的基本内容包括:"竣工图"字样、施工单位、编制人、审核人、技术负责人、编制日期、监理单位、现场监理、总监等。

(6)竣工图章应使用不易褪色的红印泥,应盖在图标栏上方空白处。

二、技能操作

(一)准备工作

1.材料准备

序号	名称	规格	数量	备注
1	导线	—	若干	—
2	砂纸	—	1张	—
3	钢钎电极	—	若干	—
4	鳄鱼夹	—	若干	—
5	警示标识	—	若干	—
6	安全告知书	—	若干	—

2.工具和仪表准备

序号	名称	规格	数量	备注
1	电工工具	—	1套	—
2	手锤	—	1把	—
3	铁锹	—	1把	—
4	管道探测仪	RD-8000	1台	—
5	皮尺	—	1把	—

3.人员

一人单独操作,劳动保护用品穿戴整齐,用具、量具准备齐全。

(二)操作规程

(1)对第三方进行安全告知。

(2)督促第三方施工单位向政府有关部门提出作业申请。

(3)督促和协助制定第三方施工关联管段施工方案和管道保护方案。

(4)识别第三方施工过程中的风险,第三方施工过程中要按照第二部分模块六项目一(排查第三方施工信息)的相关知识进行风险识别。

(5)办理第三方施工作业许可,监护第三方施工。

(6)处理第三方强行施工。

(7)对第三方施工进行验收,资料存档。

(三)技术要求

(1)对第三方进行告知要留下书面、影音像资料。

(2)掌握施工方案和管道保护方案的编制方法。

(3)第三方施工单位必须在管道监护人员的监护下实施。监护人到现场应做到:第三方施工内容清、施工单位及建设单位清、管道基本状况清和管道警示标识清。现场监护要清楚第三方施工过程中的风险。

(4)处理第三方强行施工时：

①在保证不发生冲突的前提下,留有证据,立即报告相关政府部门协调制止。

②安排人员进行24h监护第三方施工现场。

③在与第三方施工作业工程相关联的管道上方设置警示标志(设置标识带和警示牌),在管道中心线两侧各5m范围内设置加密警示桩标定警示范围(每1m设置一个警示桩)。如现场风险难以控制,可将加密警示桩设定为限制通行桩,限制车辆通行或施工机具进入。必要时或上述部门处理后第三方施工作业单位仍继续强行施工的,在加强现场保护的同时,向当地公安部门和安监部门报案,留存现场影音像资料存档。

④紧急将有关情况上报至上一级主管管道保护工作的政府部门和上级公司。

⑤当发生第三方施工损伤管道事故时,按相应应急预案参与抢修。

(5)熟悉管道保护施工验收的内容。

(6)熟练掌握行文方法。

(四)注意事项

(1)在协调第三方施工时,既要有原则性,也要有灵活性。

(2)在遇到强行施工时,在保证自身安全的情况下,尽量制止并及时汇报。

(3)从发现第三方施工迹象时,要及时掌握施工动态。

模块四　管道工程

项目一　3PE防腐层补口

一、相关知识

ZBE001防腐层补口材料的要求

(一)补口材料性能及要求

(1)三层结构聚乙烯防腐层补口宜采用无溶剂环氧树脂底漆加辐射交联聚乙烯热收缩带(套)复合结构,无溶剂环氧树脂底漆应由热收缩带(套)厂家配套提供或指定。

(2)辐射交联聚乙烯热收缩带(套)应按管径选用配套的规格,产品的基材边缘应平直,表面应平整、清洁、无气泡、裂口及分解变色。热收缩带的周向收缩率不应小于15%,热收缩套的周向收缩率不应小于50%,轴向收缩率不应大于5%。

(3)对每一牌号的热收缩带(套)及其配套环氧底漆,使用前应进行一次全面检验。

(二)补口环境要求

当存在下列情况之一,且无有效防护措施时,不应进行露天补口施工。

(1)雨天、雪天、风沙天。

(2)风力达到5级以上。

(3)相对湿度大于85%。

(4)环境温度低于0℃。

(三)补口表面处理

ZBE002防腐层补口表面的处理方法

(1)补口处管道表面应采取喷砂处理。

(2)进行喷砂处理前,应对焊口进行清理,环向焊缝及其附近的毛刺、焊渣、飞溅物、焊瘤等应清理干净。补口处的污物、油和杂质应清理干净。

(3)防腐层端部有翘边、生锈、开裂等缺陷时,应进行切除处理,直至防腐层与钢管完全黏附处。

(4)喷砂处理应采用干燥的磨料,且磨料不应被铁锈、盐分和其他杂质污染。

(5)喷砂气源设备中应包含有脱水器、脱油器和过滤器。采用的压缩空气应干燥、洁净。

(6)在进行表面磨料喷砂除锈前,应将补口部位的钢管预热至露点以上至少5℃。正式喷砂之前,应对压缩空气质量进行测试,朝一张白色的纸垫喷气1~2min,确保空气没有可见污染物、油污或水分之后,才能进行喷砂处理。

(7)补口部位的表面除锈等级应达到GB/T 8923.2—2008规定的Sa2.5级,表面锚纹深度达到35~90μm,采用复制胶带法或电子锚纹测量仪测量。

(8)喷砂处理后,进行底漆涂装前,应采用干燥、清洁的压缩空气吹扫或清洁刷扫去表面浮灰。

(9)表面处理与补口施工间隔时间不宜超过 2h,表面返锈时,应重新进行表面处理。

(10)补口搭接部位的聚乙烯防腐层应打磨至表面粗糙,打磨宽度不应小于 100mm。

> ZBE003 防腐层补口质量的检验方法

(四)补口质量检验

1.一般要求

补口质量应检验外观、厚度、漏点及剥离强度四项内容,检测宜在补口安装 24h 后进行。

2.外观检查

补口的外观应逐个目测检查,热收缩带(套)表面应平整、无褶皱、无气泡、无空鼓、无烧焦炭化等现象;热收缩带(套)全部边缘应有胶黏剂均匀溢出。固定片与热收缩带搭接部位的滑移量不应大于 5mm。

3.厚度检测

(1)采用四象限测量法(即时钟位置 12:00、3:00、6:00 和 9:00)对每个补口处防腐层(非焊缝和搭接区)进行测量。

(2)每个测点的读数:在直径为 4cm 的圆内至少要读取三个数据的平均值,舍弃任何不具重现性的高、低读数,取可以接受的作为该测点的测量值,计算平均值。

4.漏点检测

所有补口修复部位应进行电火花检漏。

5.剥离强度测试

(1)补口后热收缩带(套)的剥离强度应进行检测。检测时的管体温度宜为 10~35℃,如现场温度过低,可将防腐层加热至检测温度后进行测试。对钢管和聚乙烯防腐层的剥离强度均不应小于 50N/cm,剥离面的底漆应完整附着在钢管表面。

(2)剥离强度测试应在最初的 10 个现场补口中选取一个,之后每 100 个补口至少应抽查一个口。

6.补口涂层系统的修补

(1)有漏点的补口、破坏性检测造成破损的补口应采用热收缩带进行修复。

(2)对于剥离强度测试不合格的补口应完全去除原有的收缩带(套),并做表面处理后重新安装新收缩带。

(3)修复或重新安装的补口应重新进行检测。

二、技能操作

(一)准备工作

1.材料准备

序号	名称	规格	数量	备注
1	热收缩带及配套无溶剂环氧树脂底漆	—	1 套	—
2	绝缘手套	不小于 10kV	1 副	—

2.设备准备

序号	名称	规格	数量	备注
1	管道	—	1段	带3PE防腐层补口位置

3.工具和仪表准备

序号	名称	规格	数量	备注
1	板锉	—	1把	—
2	毛刷	—	1把	—
3	辊子	—	1把	—
4	红外测温仪	—	1把	—
5	火焰加热器	—	1套	带液化气罐
6	电火花检漏仪	—	1套	—

4.人员

一人单独操作,劳动保护用品穿戴整齐,工具、材料准备齐全。

(二)操作规程

(1)查喷砂除锈及防腐层坡面处理质量,合格后用板锉对原防腐层两侧搭接部位打毛。

(2)用毛刷将待补口部位清理干净。

(3)用火焰加热器对补口部位进行预热,达到预热要求后涂刷底漆。

(4)安装热收缩带,采用喷灯加热,并用辊子均匀压平。

(5)采用测温仪测量加热部位温度。

(6)电火花检漏。

(三)技术要求

1.表面处理

(1)喷砂除锈等级应达到Sa2.5级,表面锚纹深度达到35~90μm。

(2)补口两侧原防腐层100mm范围内需进行坡面处理并打毛,坡面处理角度宜为30°~45°。

2.底漆涂装

(1)宜用火焰加热器或其他合适的加热器对补口部位进行预热,应按热收缩带(套)产品说明书的要求控制预热温度。加热后应采用接触式测温仪或经接触式测温仪比对校准的红外线测温仪测温,至少应测量补口部位表面周向均匀分布的四个点的温度,其结果均应符合热收缩带(套)产品说明书的要求。

(2)环氧树脂底漆应按产品使用说明书的要求调配并均匀涂刷,涂刷时不应出现漏涂、流挂和凹凸不平等缺陷。

(3)涂刷时应采用湿膜测厚规分别测量补口部位钢管周向均匀分布的四点的底漆湿膜厚度,其结果不应小于150μm。

(4)底漆涂装完成后,热收缩带(套)安装时间应遵循材料厂商的说明;对于未明确说明的材料厂商,宜在底漆表干后进行热收缩带(套)安装,表面宜保持洁净、没有水汽。

3.热收缩带(套)安装

(1)热收缩带(套)的安装应符合产品说明书的要求。采用热收缩带时,周向搭接口应朝下。

(2)安装过程中,宜控制火焰强度,缓慢加热,但不应对热收缩带(套)上任意一点长时间烘烤。收缩过程中应用指压法检查胶的流动性,手指压痕应自动消失。按照生产商说明,用火焰加热器从热收缩带(套)中间开始,沿环向进行加热,至收缩带(套)完全贴合在管道表面,并且边缘有热熔胶溢出为止。

(3)热收缩带完全收缩后,沿轴向均匀来回加热,使内层的热熔胶充分融化,以达到更好的黏结效果。回火时间应根据环境气温、温差大小调整。

(4)收缩过程中,应采用适当的非接触式温度计(如红外测温仪)测量收缩过程温度,该温度应满足产品说明书要求。

(5)应采用辊子从中间往两侧辊压平整,将空气完全排除,使之黏结牢固。

(6)收缩后,热收缩带(套)与聚乙烯层搭接宽度不应小于100mm;采用热收缩带时,应采用固定片固定,周向搭接宽度不应小于80mm,搭接处应位于管道上部(时钟位置10点到2点处)。

(四)注意事项

(1)喷灯在使用过程中与被烘烤物体应保持一定距离,附近不应有易燃物。

(2)电火花检漏仪应严格按照操作规程使用,防止发生人员触电及设备损伤。

(3)红外线温度测量仪应经过校验和标定,并在有效期内。

项目二　测量管体外部缺陷深度

一、相关知识

(一)深度游标卡尺概述

深度游标卡尺用于测量凹槽或孔的深度、梯形工件的梯层高度、长度等尺寸,简称为"深度尺"。常见量程:0~100mm、0~150mm、0~300mm、0~500mm。常见精度:0.02mm、0.01mm(由游标上分度格数决定)。

ZBE004 深度卡尺的使用方法

(二)深度游标卡尺使用方法

深度游标卡尺如图1-4-1所示,用于测量零件的深度尺寸或台阶高低和槽的深度。如测量内孔深度时应把基座的端面紧靠在被测孔的端面上,使尺身与被测孔的中心线平行,伸入尺身,则尺身端面至基座端面之间的距离,就是被测零件的深度尺寸,其读数方法和游标卡尺完全一样。

测量时,先把测量基座轻轻压在工件的基准面上,两个端面必须接触工件的基准面,如图1-4-2(a)所示。测量轴类等台阶时,测量基座的端面一定要压紧在基准面,如图1-4-2

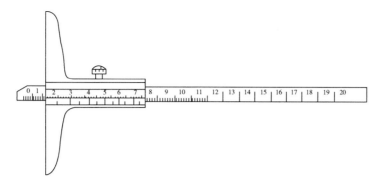

图 1-4-1　深度卡尺结构图

（b）所示。再移动尺身，直到尺身的端面接触到工件的量面（台阶面）上，然后用紧固螺钉固定尺框，提起卡尺，读出深度尺寸。多台阶小直径的内孔深度测量，要注意尺身的端面是否在要测量的台阶上，如图 1-4-2（c）、（d）所示。当基准面是曲线时，如图 1-4-2（e）所示，测量基座的端面必须放在曲线的最高点上，测量出的深度尺寸才是工件的实际尺寸，否则会出现测量误差。

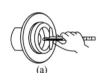 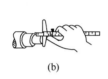

| (a) | (b) | (c) | (d) | (e) |

图 1-4-2　深度卡尺测量图

二、技能操作

（一）准备工作

1.材料准备

序号	名称	规格	数量	备注
1	纸	—	1张	—
2	笔	—	1支	—
3	砂纸	—	若干	—

2.设备准备

序号	名称	规格	数量	备注
1	管道	—	1段	带有管体外部缺陷

3.工具和仪表准备

序号	名称	规格	数量	备注
1	深度游标卡尺	—	1把	—
2	照相机	—	1台	—

序号	名称	规格	数量	备注
3	毛刷	—	1把	—

4.人员

一人单独操作,劳动保护用品穿戴整齐,工具准备齐全。

(二)操作规程

(1)用砂纸对缺陷部位表面锈蚀点进行打磨。

(2)用毛刷清理打磨产生的表面附着物。

(3)用深度卡尺测量缺陷范围内最深点。

(4)记录缺陷点深度测量数据。

(5)对缺陷部位拍照存档。

(三)技术要求

(1)测量前,应将被测量表面清理干净,以免灰尘、杂质磨损量具,影响测量结果。

(2)卡尺的测量基座和尺身端面应垂直于被测表面并贴合紧密,不得歪斜,否则会造成测量结果不准。

(3)测量时,测量基座的端面应置于曲线的最高点上,避免出现测量误差。

(4)应在足够的光线下读数,两眼的视线与卡尺的刻线表面垂直,以减小读数误差。

(5)记录信息应全面,准确无误。

(6)缺陷部位拍照要客观反映缺陷形貌。

(四)注意事项

为减小测量误差,适当增加测量次数,并取其平均值。

项目三　检查水工施工质量

一、相关知识

(一)砌筑砂浆拌制质量控制

1.水泥

(1)当在使用中对水泥质量受不利环境影响或水泥出厂超过 3 个月、快硬硅酸盐水泥超过 1 个月时,应进行复验,并应按复验结果使用。

(2)不同品种、不同强度等级的水泥不得混合使用。

(3)水泥应按品种、强度等级、出厂日期分别堆放,应设防潮垫层,并应保持干燥。

2.砂

(1)人工砂、山砂、海砂及特细砂,应经试配并满足砌筑砂浆技术条件要求。

(2)砂子进场时应按不同品种、规格分别堆放,不得混杂。

3.砂浆

工程中所用砌筑砂浆,应按设计要求对砌筑砂浆的种类、强度等级、性能及使用部位核对后使用,其中对设计有抗冻要求的砌筑砂浆,应进行冻融循环试验。

ZBE005 现场拌制砂浆的质量要求

砌体砂浆中使用的增塑剂、早强剂、缓凝剂、防水剂、防冻剂等外加剂,应符合国家现行标准 GB 8076—2008《混凝土外加剂》、GB 50119—2013《混凝土外加剂应用技术规范》和 JG/T 164—2004《砌筑砂浆增塑剂》的规定,并应根据设计要求与现场施工条件进行试配。

砌体结构施工中,所用砌筑砂浆宜选用预拌砂浆,当采用现场拌制时,应按照砌筑砂浆设计配合比配制。

4.现场拌制砂浆

(1)现场拌制砂浆应根据设计要求和砌筑材料的性能,对工程中所用砌筑砂浆进行配合比设计,当原材料的品种、规格、批次或组成材料有变更时,其配合比应重新确定。

(2)配制砌筑砂浆时,各组分材料应采用质量计量。在配合比计量过程中,水泥及各种外加剂配料的允许偏差为±2%;砂、粉煤灰、石灰膏配料的允许偏差为±5%。砂子计量时,应扣除其含水量对配料的影响。

(3)改善砌筑砂浆性能时,宜掺入砌筑砂浆增塑剂。

(4)现场搅拌的砂浆应随拌随用,拌制的砂浆应在 3h 内使用完毕;当施工期间最高气温超过 30℃时,应在 2h 内使用完毕。对掺用缓凝剂的砂浆,其使用时间可根据其缓凝时间的试验结果确定。

5.砂浆拌合

(1)砌筑砂浆的稠度宜符合表 1-4-1 的规定。

表 1-4-1 砌筑砂浆的稠度

砌筑种类	砂浆稠度,mm
烧结普通砖砌体	70~90
混凝土实心砖、混凝土多孔砖砌体 普通混凝土小型空心砌块砌体 蒸压灰砂砖砌体 蒸压粉煤灰砖砌体	50~70
烧结多孔砖、空心砖砌体 轻骨料小型空心砌块砌体 蒸压加气混凝土砌块砌体	60~80
石砌体	30~50

(2)砌筑砂浆的稠度、保水率、试配抗压强度应同时符合要求;当在砌筑砂浆中掺用有机塑化剂时,应有其砌体强度的形式检验报告,符合要求后方可使用。

(3)现场拌制砌筑砂浆时,应采用机械搅拌,搅拌时间自投料完起算,应符合下列规定:

①水泥砂浆和水泥混合砂浆不应少于 120s。

②水泥粉煤灰砂浆和掺用外加剂的砂浆不应少于 180s。

③掺液体增塑剂的砂浆,应先将水泥、砂干拌混合均匀后,将混有增塑剂的拌合水倒入

干混砂浆中继续搅拌;掺固体增塑剂的砂浆,应先将水泥、砂和增塑剂干拌混合均匀后,将拌合水倒入其中继续搅拌。从加水开始,搅拌时间不应少于210s。

(4)预拌砂浆及加气混凝土砌块专用砂浆的搅拌时间应符合有关技术标准或产品说明书的要求。

6.砂浆试块制作及养护

(1)砂浆试块应在现场取样制作。

(2)同一类型、强度等级的砂浆试块不应少于3组。

(3)砂浆试块制作应符合下列规定:

①制作试块的稠度应与实际使用的稠度一致。

②温拌砂浆应在卸料过程中的中间部位随机取样。

③现场拌制的砂浆,制作每组试块时应在同一搅拌盘内取样。同一搅拌盘内砂浆不得制作一组以上的砂浆试块。

ZBE006 毛石砌筑的质量要求

(二)砌筑质量控制

1.毛石砌筑

(1)毛石砌体所用毛石应无风化剥落和裂纹,无细长扁薄和尖锥,毛石应呈块状,其中部厚度不宜小于150mm。

(2)毛石砌体宜分层卧砌,错缝搭砌,搭接长度不得小于80mm,内外搭砌时,不得采用外面侧立石块中间填心的砌筑方法,中间不得有铲口石、斧刃石和过桥石;毛石砌体的第一层及转角处、交接处和洞口处,应采用较大的平毛石砌筑。

(3)毛石砌体的灰缝应饱满密实,表面灰缝厚度不宜大于40mm,石块间不得有相互接触现象。石块间较大的空隙应先填塞砂浆,后用碎石块嵌实,不得采用先摆碎石后塞砂浆或干填碎石块的方法。

(4)砌筑时,不应出现通缝、干缝、空缝和孔洞。

(5)砌筑毛石基础的第一层毛石时,应先在基坑底铺设砂浆,并将大面向下。阶梯形毛石基础的上级阶梯的石块应至少压砌下级阶梯的1/2,相邻阶梯的毛石应相互错缝搭砌。

(6)毛石基础砌筑时应拉垂线及水平线。

(7)毛石砌体应设置拉结石,拉结石应符合下列规定:

①拉结石应均匀分布,相互错开,毛石基础同层内宜每隔2m设置一块;毛石墙应每0.7m²墙面至少设置一块,且同层内的中距不应大于2m。

②当基础宽度或墙厚不大于400mm时,拉结石的长度应与基础宽度或墙厚相等;当基础宽度或墙厚大于400mm时,可用两块拉结石内外搭接,搭接长度不应小于150mm,且其中一块的长度不应小于基础宽度或墙厚的2/3。

③各种砌筑用料石的宽度、厚度均不宜小于200mm,长度不宜大于厚度的4倍。除设计有特殊要求外,料石加工的允许偏差(mm)为:

a.细料石、半细料石:宽度、厚度±3,长度±5。

b.粗料石:宽度、厚度±5,长度±7。

c.毛料石:宽度、厚度±10,长度±15。

④料石砌体的水平灰缝应平直,竖向灰缝应宽窄一致,其32中细料石砌体灰缝不宜大

于5mm,粗料石和毛料石砌体灰缝不宜大于20mm。

⑤料石墙砌筑方法可采用丁顺叠砌、二顺一丁、丁顺组砌、全顺叠砌。

⑥料石墙的第一层及每个楼层的最上一层应丁砌。

ZBE007 挡土墙砌筑的质量要求

2.挡土墙

砌筑挡土墙除应执行以上内容外,还应满足以下规定:

(1)毛石的中部厚度不宜小于200mm。

(2)每砌3~4层宜为一个分层高度,每个分层高度应找平一次。

(3)外露面的灰缝厚度不得大于40mm,两个分层高度间的错缝不得小于80mm。

(4)料石挡土墙宜采用同层内丁顺相间的砌筑形式。当中间部分用毛石填砌时,丁砌料石伸入毛石部分的长度不应小于200mm。

(5)砌筑挡土墙,应按设计要求架立坡度样板收坡或收台,并应设置伸缩缝和泄水孔,泄水孔宜采取抽管或埋管方法留置。

(6)挡土墙必须按设计规定留设泄水孔;当设计无具体规定时,其施工应符合下列规定:

①泄水孔应在挡土墙的竖向和水平方向均匀设置,在挡土墙每米高度范围内设置的泄水孔水平间距不应大于2m。

②泄水孔直径不应小于50mm。

③泄水孔与土体间应设置长宽不小于300mm、厚不小于200mm的卵石或碎石疏水层。

④挡土墙内侧回填土应分层夯填密实,其密实度应符合设计要求。墙顶土面应有排水坡度。

3.质量检查

(1)料石进场时应检查其品种、规格、颜色以及强度等级的检验报告,并应符合设计要求,石材材质应质地坚实,无风化剥落和裂缝。

(2)应对现场二次加工的料石进行检查。

(3)石砌体工程施工中,应对下列主控项目及一般项目进行检查,并应形成检查记录。

①主控项目包括:

a.石材强度等级。

b.砂浆强度等级。

c.灰缝的饱满度。

②一般项目包括:

a.轴线位置。

b.基础和墙体的顶面标高。

c.砌体厚度。

d.每层及全高的墙体垂直度。

e.表面平整度。

f.清水墙面水平灰缝平直度。

g.组砌形式。

(三)混凝土质量控制

1.一般规定

(1)混凝土生产施工之前,应制订完整的技术方案,并应做好各项准备工作。

(2)混凝土拌合物在运输和浇筑成型过程中严禁加水。

2.原材料进场

(1)混凝土原材料进场时,供方应按规定批次向需方提供质量证明文件。质量证明文件应包括型式检验报告、出厂检验报告与合格证等,外加剂产品还应提供使用说明书。

(2)原材料进场后,应按规定进行进场检验。

(3)水泥应按不同厂家、不同品种和强度等级分批存储,并应采取防潮措施;出现结块的水泥不得用于混凝土工程;水泥出厂超过 3 个月(硫铝酸盐水泥超过 45d),应进行复检,合格者方可使用。

(4)粗、细骨料堆场应有遮雨设施,并应符合有关环境保护的规定;粗、细骨料应按不同品种、规格分别堆放,不得混入杂物。

(5)外加剂的送检样品应与工程大批量进货一致,并应按不同的供货单位、品种和牌号进行标识,单独存放;粉状外加剂应防止受潮结块,如有结块,应进行检验,合格者应经粉碎至全部通过 600μm 筛孔后方可使用;液态外加剂应储存在密闭容器内,并应防晒和防冻,如有沉淀等异常现象,应经检验合格后方可使用。

3.搅拌

(1)混凝土搅拌宜采用强制式搅拌机。

(2)原材料投料方式应满足混凝土搅拌技术要求和混凝土拌合物质量要求。

(3)同一盘混凝土的搅拌匀质性应符合下列规定:

①混凝土中砂浆密度两次测值的相对误差不应大于 0.8%。

②混凝土稠度两次测值的差值不应大于规定的混凝土拌合物稠度允许偏差的绝对值。

(4)冬期施工搅拌混凝土时,宜优先采用加热水的方法提高拌合物温度,也可同时采用加热骨料的方法提高拌合物温度。当拌合用水和骨料加热时,拌合用水和骨料的加热温度不应超过表 1-4-2 的规定;当骨料不拌合用水可加热到 60℃以上。应先投入骨料和热水进行搅拌,然后再投入胶凝材料等共同搅拌。

表 1-4-2 拌合用水和骨料的最高加热温度(℃)

采用的水泥品种	拌合用水	骨料
硅酸盐水泥和普通硅酸盐水泥	60	40

4.浇筑成型

(1)浇筑混凝土前,应检查并控制模板、钢筋、保护层和预埋件等的尺寸、规格、数量和位置,其偏差值应符合现行国家标准 GB 50204—2015《混凝土结构工程施工质量验收规范》的有关规定,并应检查模板支撑的稳定性以及接缝的密合情况,应保证模板在混凝土浇筑过程中不失稳、不跑模和不漏浆。

(2)浇筑混凝土前,应清除模板内以及垫层上的杂物;表面干燥的地基土、垫层、木模板应浇水湿润。

（3）当夏季天气炎热时，混凝土拌合物入模温度不应高于35℃，宜选择晚间或夜间浇筑混凝土；现场温度高于35℃时，宜对金属模板进行浇水降温，但不得留有积水，并宜采取遮挡措施避免阳光照射金属模板。

（4）当冬期施工时，混凝土拌合物入模温度不应低于5℃，并应有保温措施。

（5）在浇筑过程中，应有效控制混凝土的均匀性、密实性和整体性。

（6）当混凝土自由倾落高度大于3.0m时，宜采用串筒、溜串筒、溜管或振动溜管等辅助设备。

（7）浇筑竖向尺寸较大的结构物时，应分层浇筑，每层浇筑厚度宜控制在300~350mm；大体积混凝土宜采用分层浇筑方法，可利用自然流淌形成斜坡沿高度均匀上升，分层厚度不应大于500mm，对于清水混凝土浇筑，可多安排振捣棒，应边浇筑混凝土边振捣，宜连续成型。

（8）自密实混凝土浇筑布料点应结合拌合物特性选择适宜的间距，必要时可以通过试验确定混凝土布料点下料间距。

（9）应根据混凝土拌合物特性及混凝土结构、构件或制品的制作方式选择适当的振捣方式和振捣时间。

（10）混凝土振捣宜采用机械振捣。当施工无特殊振捣要求时，可采用振捣棒进行捣实，插入间距不应大于振捣棒振动作用半径的一倍，连续多层浇筑时，振捣棒应插入下层拌合物约50mm进行振捣；当浇筑厚度不大于200mm的表面积较大的平面结构或构件时，宜采用表面振动成型；当采用干硬性混凝土拌合物浇筑成型混凝土制品时，宜采用振动台或表面加压振动成型。

（11）振捣时间宜按拌合物稠度和振捣部位等不同情况，控制在10~30s内，当混凝土拌合物表面出现泛浆，基本无气泡逸出，可视为捣实。

（12）混凝土拌合物从搅拌机卸出后到浇筑完毕的延续时间不宜超过表1-4-3的规定。

表1-4-3　混凝土拌合物从搅拌机卸出后到浇筑完毕的延续时间（min）

混凝土生产地点	气　温	
	≤25℃	≥25℃
预拌混凝土搅拌站	150	120
施工现场	120	90
混凝土制品厂	90	60

（13）在混凝土浇筑同时，应制作供结构或构件出池、拆模、吊装、张拉、放张和强度合格评定用的同条件养护试件，并应按设计要求制作抗冻、抗渗或其他性能试验用的试件。

（14）在混凝土浇筑及静置过程中，应在混凝土终凝前对浇筑面进行抹面处理。

（15）混凝土构件成型后，在强度达到1.2MPa以前，不得在构件上面踩踏行走。

5.养护

（1）生产和施工单位应根据结构、构件或制品情况、环境条件、原材料情况以及对混凝土性能的要求等，提出施工养护方案或生产养护制度，并应严格执行。

（2）混凝土施工可采用浇水、覆盖保湿、喷涂养护剂、冬季蓄热养护等方法进行养护。

（3）采用塑料薄膜覆盖养护时，混凝土全部表面应覆盖严密，并应保持膜内有凝结水；

采用养护剂养护时,应通过试验检验养护剂的保湿效果。

(4)对于混凝土浇筑面,尤其是平面结构,宜边浇筑成型边采用塑料薄膜覆盖保湿。

(5)混凝土施工养护时间应符合下列规定:

①对于采用硅酸盐水泥、普通硅酸盐水泥或矿渣硅酸盐水泥配制的混凝土,采用浇水和潮湿覆盖的养护时间不得少于7d。

②对于采用粉煤灰硅酸盐水泥、火山灰质硅酸盐水泥、复合硅酸盐水泥配制的混凝土,或掺加缓凝剂的混凝土以及大掺量矿物掺合料混凝土,采用浇水和潮湿覆盖的养护时间不得少于14d。

③对于竖向混凝土结构,养护时间宜适当延长。

(6)对于大体积混凝土,养护过程应进行温度控制,混凝土内部和表面的温差不宜超过25℃,表面与外界温差不宜大于20℃。

(7)对于冬期施工的混凝土,养护应符合下列规定:

①日均气温低于5℃时,不得采用浇水自然养护方法。

②混凝土受冻前的强度不得低于5MPa。

③模板和保温层应在混凝土冷却到5℃方可拆除,或在混凝土表面温度与外界温度相差不大于20℃时拆模,拆模后的混凝土亦应及时覆盖,使其缓慢冷却。

④混凝土强度达到设计强度等级的50%时,方可撤除养护措施。

二、技能操作

(一)准备工作

1.材料准备

序号	名称	规格	数量	备注
1	纸	—	1张	—
2	笔	—	1支	—

2.设备准备

序号	名称	规格	数量	备注
1	水工设施	—	1处	—

3.工具和仪表准备

序号	名称	规格	数量	备注
1	卷尺	—	1把	—
2	照相机	—	1台	—
3	戗刀	—	1把	—
4	铁锹	—	1把	—
5	钢钎	—	1把	—

4.人员

一人单独操作,劳动保护用品穿戴整齐,材料、工具准备齐全。

(二)操作规程

(1)对进场水泥、砂子、石料检查。

(2)查验水泥砂浆配合比。

(3)检查水泥砂浆搅拌工艺流程。

(4)检查基础开挖深度。

(5)查验灰缝的饱满度。

(6)查验组砌形式。

(7)对水工问题拍照并记录。

(三)技术要求

(1)对工程中所使用的原材料、成品及半成品应进行进场验收,检查其合格证书、产品检验报告等,应符合设计及国家现行有关标准要求。

(2)料石材质应质地坚实,无风化、剥落、裂纹、水锈,无细长扁薄和尖锥,毛石应成块状,中间厚度不宜小于 150mm。

(3)水泥强度等级应根据砂浆品种及强度等级的要求进行选择,M15 及以下强度等级的砌筑砂浆宜选用 32.5 级的通用硅酸盐水泥或砌筑水泥;M15 以上强度等级的砌筑砂浆宜选用 42.5 级普通硅酸盐水泥。

(4)砌筑砂浆用砂宜选用过筛中砂,毛石砌体宜选用粗砂。水泥砂浆和强度等级不小于 M5 的水泥混合砂浆,砂中含泥量不应超过 5%;强度等级小于 M5 的水泥混合砂浆,砂中含泥量不应超过 10%。

(5)工程中所用砌筑砂浆,应按设计要求对砌筑砂浆的种类、强度等级、性能及使用部位核对后使用,其中对设计有抗冻要求的砌筑砂浆,应进行冻融循环试验,其结果应符合现行行业标准 JG/T 98—2010《砌筑砂浆配合比设计规程》的要求。

(6)基础埋置于土质基础时,基础埋置深度不小于 1m。当有冻结时,应在冻结线以下不小于 25cm;当冻结深度超过 1m 时,可在冻结线下 25cm 内换填不冻涨材料(例如碎石、卵石、中砂或粗砂等),但埋置深度不小于 1.25m。

(7)毛石砌筑的灰缝应饱满密实,表面灰缝厚度不宜大于 40mm,石块间不得有相互接触现象。

(8)料石墙砌筑方法可采用丁顺叠砌、二顺一丁、丁顺组砌、全顺叠砌。

(9)墙体内侧回填土应分层夯填密实,其密实度应符合设计要求。墙顶土面应有适当坡度使水流向挡土墙外侧面。

(四)注意事项

1.冬季施工

(1)冬期施工所用材料应符合下列规定:

①砌筑前,应清除块材表面污物和冰霜,遇水浸冻后的砖或砌块不得使用。

②石灰膏应防止受冻,当遇冻结,应经融化后方可使用。

③拌制砂浆所用砂,不得含有冰块和直径大于 10mm 的冻结块。

④砂浆宜采用普通硅酸盐水泥拌制,冬期砌筑不得使用无水泥拌制的砂浆。

⑤拌合砂浆宜采用两步投料法，水的温度不得超过80℃，砂的温度不得超过40℃，砂浆稠度宜较常温适当增大。

⑥砌筑时砂浆温度不应低于5℃。

（2）不得使用已冻结的砂浆，严禁用热水掺入冻结砂浆内重新搅拌使用，且不宜在砌筑时的砂浆内掺水。

（3）冬期施工搅拌砂浆的时间应比常温期增加0.5～1.0倍，并应采取有效措施减少砂浆在搅拌、运输、存放过程中的热量损失。

（4）砌筑工程冬期施工用砂浆应选用外加剂法。

（5）冬期施工中，每日砌筑高度不宜超过1.2m，砌筑后应在砌体表面覆盖保温材料，砌体表面不得留有砂浆。在继续砌筑前，应清理干净砌筑表面的杂物，然后再施工。

2.雨季施工

（1）雨期施工应结合本地区特点，编制专项雨期施工方案，防雨应急材料应准备充足，并对操作人员进行技术交底，施工现场应做好排水措施，砌筑材料应防止雨水冲淋。

（2）雨期施工应符合下列规定。

①露天作业遇大雨时应停工，对已砌筑砌体应及时进行覆盖；雨后继续施工时，应检查已完工砌体的垂直度和标高。

②应加强原材料的存放和保护，不得久存受潮。

③应加强雨期施工期间的砌体稳定性检查。

④砌筑砂浆的拌合量不宜过多，拌好的砂浆应防止雨淋。

⑤电气装置及机械设备应有防雨设施。

（3）雨期施工时应防止基槽灌水和雨水冲刷砂浆，每天砌筑高度不宜超过1.2m。

（4）当块材表面存在水渍或明水时，不得用于砌筑。

▶ 第二部分

高级工操作技能及相关知识

模块一　阴极保护及防腐层

项目一　判断并排除恒电位仪外部线路故障

GBA 001 判断并排除恒电位仪外部线路故障的方法

一、相关知识

恒电位仪常见故障分两大类,一类是恒电位仪故障,另一类是恒电位仪外部故障。当阴极保护系统出现故障时,应先判断故障类型,然后进行分析及处理,具体如下:

(一)直观检查

直观检查,就是从恒电位仪显示的数据来判定故障部位。

1.有自动切换时的故障现象

恒电位仪两台面板显示为零,两指示灯不亮。电源开关在 A 机或 B 机,自动切换指示灯亮。开启或关闭电源开关到 A 机或 B 机,恒电位仪开不起来。

原因:两机已自动切换,封死。

处理方法:先关闭恒电位仪电源开关;后关闭自动切换开关;再开启恒电位仪电源开关,直到调整输出正常为止。恒电位仪正常后,再开自动切换开关。

2.无自动切换恒电位仪的故障现象

(1)输出电压、输出电流均为零,机内测量参比表头指针比给定的控制电位指针高出0.2V 以上,(实际参比电极已降到自然电位,有报警响声)。

原因:硫酸铜参比电极溶液流空,零位接阴线断线。

处理办法:换上好的硫酸铜参比电极,或把外接联线开路点找到接好,即正常。

(2)输出电压 = 0,输出电流 = 0,表头测量参比电位在自然电位或比给定电位低 0.5V 左右,有报警。

原因:输出熔断器断或阴极开路。

处理方法:关机放上好的再开机。

(3)拨恒电位仪电源开关,不管开 A 机或 B 机,两机指示灯不亮,两机均不工作。

原因:~220V 电源熔断器或"分时自动切换板"接插不牢。

处理方法:换上好的熔断器并接紧。

(4)输出电流超过额定值,输出电压任意值拨"测量选择"开关,参比指示值比给定指示值低,有报警响声。

原因:输出过流。

处理办法:找出过流原因,如因外短路要拆除,如果给定电位太高,要降低给定电位。

(5)输出电压大于额定值,输出电流不为零。参比电位接近给定电位,有报警或无报警响声。

原因:输出过压,输出电压超过额定值会使变压器饱和,而仪器工作不线性。

处理方法:如因辅助阳极接触电阻太大,要重新处理或更换阳极。如因给定电位太高,则降低一些给定电位使输出电压为30V或额定值。

(6)输出电流=0,参比电位表针比给定电位低约0.5V,输出电压约十几伏,有连续报警或间断报警。

原因:输出开路,阴极断线。

(7)输出电流=0,参比电位表针比给定电位低约0.5V,输出电压不为零。

原因:输出开路,阳极断线。

(二)恒电位仪的内部与外部故障的区分

(1)开恒电位仪工作机和备用机,故障现象相同,一般为现场故障。

(2)开恒电位仪工作机故障,备用机正常,一般为原工作机故障。

(3)当出现故障时,可断开阳极线开"自检"检查,若"自检"正常,一般为现场故障,否则为仪器故障。

(三)恒电位仪外部故障检查

(1)用万用表电阻挡检查"零位"线与"阴极"线是否相通,若不通,则要检查"阴极"线或"零位"线是否开路。

(2)用接地电阻测试仪测"阳极"线的接地电阻,若为无穷大,证明"阳极"线开路。

(3)用便携式硫酸铜参比电极替代现场埋地硫酸铜参比电极,若恒电位仪能正常运行,证明"参比"线开路或现场埋地硫酸铜参比电极损坏。

二、技能操作

(一)准备工作

1.材料准备

序号	名称	规格	数量	备注
1	恒电位仪线路图	—	1套	—
2	恒电位仪说明书	—	1套	—
3	测量配线	—	2根	带表笔端子和鳄鱼夹
4	电缆	—	若干	
5	铜管	—	若干	
6	热熔胶及电缆专用热收缩套	—	1套	
7	熔断器	—	1支	
8	水	—	适量	
9	砂纸	—	1张	
10	纸	—	1张	
11	笔	—	1支	

2.设备准备

序号	名称	规格	数量	备注
1	阴极保护系统	—	1套	在用

3.工具和仪表准备

序号	名称	规格	数量	备注
1	万用表	输入阻抗：≥10MΩ	1块	—
2	接地电阻测试仪	ZC-8型	1台	—
3	管道探测仪	RD－8000或SL系列	1台	—
4	PCM测试仪	—	1台	—
5	饱和硫酸铜参比电极	便携式	1只	—
6	钢钎电极	—	2只	—
7	电工工具	—	1套	—
8	手锤	—	1把	—
9	铁锹	—	1把	—

4.人员

一人单独操作，劳动保护用品穿戴整齐，用具、量具准备齐全。

(二)操作规程

(1)电源无直流输出电流、电压指示故障排除：检查交、直流熔断器，熔断丝是否烧断，若烧断，更换新熔断丝。

(2)参比回路故障：检查硫酸铜参比电极是否失效或硫酸铜参比井土壤干燥，如果硫酸铜参比电极失效则更换硫酸铜参比电极并向硫酸铜参比井注水；检查零位接阴线，如果断路接好零位接阴线。

(3)阴极保护管道异常漏电故障排除。

①绝缘法兰/绝缘接头异常漏电检测及判断。

②管道与其他金属构筑物异常搭接点检测及判断。

(4)对管道与其他金属构筑物异常搭接点进行绝缘处理。

(三)技术要求

(1)应按照仪器说明书的要求正确使用各类仪器。

(2)电缆断点应采用铜管钳接法进行连接，并采用电缆专用热收缩套进行防腐。

(四)注意事项

无输出电压、电流是恒电位仪常见的故障，引起故障的原因很多，检修时应本着先外后内、先易后难的次序。

项目二 安装立式浅埋辅助阳极

GBA002 辅助阳极地床位置的选择方法

一、相关知识

辅助阳极地床有深井型和浅埋型，浅埋式阳极地床又可分为立式、水平式两种，但对于钢铁阳极也有立式与水平式联合组成的结构，在选择时应考虑以下因素：

(1)岩土地质特征和土壤电阻率随深度的变化。

(2)地下水位。

(3)不同季节土壤条件极端变化。

(4)地形地貌特征。

(5)屏蔽作用。

(6)第三方破坏的可能性。

存在下面一种或多种情况时,应考虑采用深井辅助阳极地床:

(1)深层土壤电阻率比地表的低。

(2)存在邻近管道或其他埋地构筑物的屏蔽。

(3)浅埋型地床应用受到空间限制。

(4)对其他设施或系统可能产生干扰。

与深井辅助阳极地床条件相反时应采用浅埋型地床。

立式浅埋阳极地床安装如图2-1-1、图2-1-2所示。

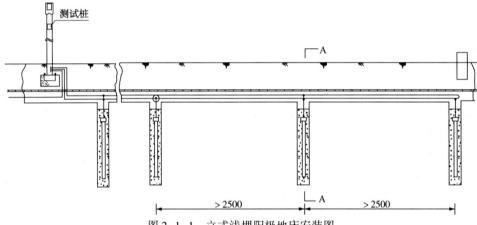

图 2-1-1 立式浅埋阳极地床安装图

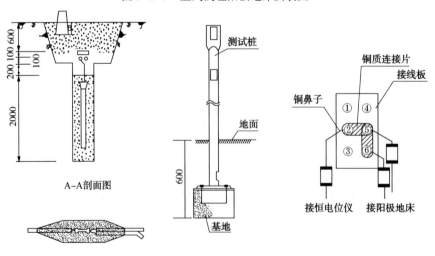

GBA003 浅埋式阳极地床的形式

图 2-1-2 立式浅埋阳极地床安装图

二、技能操作

(一)准备工作

1.材料准备

序号	名称	规格	数量	备注
1	施工图纸	—	1份	—
2	辅助阳极	—	按设计	—
3	连接电缆	—	若干	—
4	测量配线	—	3根	仪器配套
5	阳极填充料	—	若干	
6	碎石	按设计要求	若干	
7	细沙	按设计要求	若干	
8	机砖	按设计要求	若干	
9	铜管	—	若干	
10	测试桩	—	1个	
11	电缆专用热收缩套	—	若干	
12	水	—	适量	
13	纸	—	1张	
14	笔	—	1支	
15	砂纸	—	若干	

2.工具和仪表准备

序号	名称	规格	数量	备注
1	万用表	输入阻抗:≥10MΩ	1只	—
2	接地电阻测量仪	ZC-8型	1台	—
3	压接钳	—	1套	
4	钢钎电极	—	2只	
5	电工工具	—	1套	
6	手锤	—	1把	
7	铁锹	—	1把	

3.人员

一人单独操作,劳动保护用品穿戴整齐,用具、量具准备齐全。

(二)操作规程

(1)进场材料检查:按照设计要求检查辅助阳极、填充料等是否符合要求。

(2)开挖检查:检查辅助阳极埋设坑和汇流电缆沟的开挖尺寸是否符合设计要求。

(3)安装辅助阳极:在辅助阳极洞内填入250mm厚的填料层,辅助阳极体立于正中,继续填入填料。

（4）渗水处理：填料填满后，向沟内放水，渗水后补充填料，在辅助阳极洞上按设计要求敷碎石。

（5）测单体接地电阻，编号记录。

（6）焊接阳极引线和汇流电缆的连接点，把汇流电缆引向辅助阳极地床测试桩，连接妥善后测试总体接地电阻。

（7）在阳极引线和汇流电缆上敷细沙，并盖上机砖，原土回填。

（8）把测试数据和施工过程填入管道档案。

（三）技术要求

（1）每支辅助阳极体都要进行检查和处理：应逐根进行。辅助阳极体应无裂纹等明显缺陷；除去辅助阳极表面的氧化膜及油污。辅助阳极出厂时阳极引出线与阳极的接触电阻应小于 0.01Ω，拉脱力应大于阳极自身质量的 1.5 倍，接头密封可靠；阳极引线长度一般不小于 1.5m。

（2）辅助阳极地床填充料通常采用无杂质的冶金焦炭、石油焦炭及石墨，含碳量宜大于 85%，最大粒径应不大于 15mm。预包装阳极填料应均匀，厚度应≥100mm，填料袋材料应为天然棉、麻织品。

（3）安装阳极时注意防止对辅助阳极体的磕碰，不能拽拉阳极引线。

（4）连接电缆应选用截面积为 $16mm^2$ 以上的铜芯电缆，电缆连接采用铜管钳接方式，接头防腐采用电缆专用热收缩套。应确保连接点导电良好，密封严密。

（5）汇流电缆应留有一定的余量，以适应回填土的沉降。

（6）碎石、细沙、机砖的规格符合设计要求。

（7）回填时，应将回填土进行过筛，防止块状坚物对阳极及阳极电缆的损坏；阳极埋地后应适量浇水，以确保阳极工作环境的湿润。

（四）注意事项

（1）如果辅助阳极区土质不适合挖洞，则可以采用套筒的方式，在足够深的辅助阳极坑内用套筒使辅助阳极就位。

（2）有铁皮预包装的辅助阳极应确保其导电性和透水性，如在铁皮预包装上要求钻有透水孔但不漏填充料（焦炭粉、石墨、人造石墨等）的要求。

（3）测量单体接地电阻值时，要与设计计算值进行核对，发现差异过大时要及时处理，防止施工完成后整体接地电阻不合格。

项目三　安装牺牲阳极

GBA004 牺牲阳极的安装方法

一、相关知识

与外加电流阴极保护相比，牺牲阳极的安装比较简单。当一个位置有几支阳极时，阳极要直线排列以降低电阻。阳极可以与管道垂直，也可以与管道平行。牺牲阳极阴极保护系统的维护很简单，经常检测阳极的开路电位，阳极消耗尽后，及时更换。

（一）牺牲阳极的施工工艺

埋设前的准备：

（1）确定牺牲阳极埋设点。由工程设计施工图规定。

（2）开挖牺牲阳极坑及电缆沟。按照工程设计图规定的地点，用人力或机械挖好牺牲阳极坑及电缆沟。

（二）牺牲阳极的埋设步骤

（1）埋设点检查：检查牺牲阳极埋设坑和电缆沟是否符合设计要求。确认无误后，清除坑内的石块、杂物，并垫上厚约 50mm 的一层细土。

（2）导电性检查：袋装牺牲阳极运至现场后，下坑前，用万用表检查引出电缆与牺牲阳极接头是否导电良好。若断定牺牲阳极与电缆连接处已折断，应立即采取措施，更换牺牲阳极或重新焊接及绝缘处理等。

（三）安装牺牲阳极

（1）将袋装牺牲阳极按照设计规定的数量、间距、型式（水平或立式）放入牺牲阳极埋设坑内。

（2）管道同侧的牺牲阳极，视其数量和位置，1 个或多个为一组，最后各用一根电缆连接起来，分别沿电缆沟敷设至安装测试桩处。

（3）严格保护各个牺牲阳极引出电缆与连接电缆接头处的搭接质量及绝缘质量，一定要符合要求。

（四）测试桩的安装

（1）在设计预定位置，将管道防腐层剥开，把导线焊在管道上方，将测量导线连接在接线柱上。当确认焊点牢固无误后，即可将焊接处作防腐绝缘处理。绝缘质量要求与管道相同。

（2）把管道测量导线和牺牲阳极电缆穿入测试桩，按要求连接好后，测试桩即可就位固定。

（3）测试桩一般露出地面混凝土结构为 0.5m、钢管结构为 2m。

（五）检查片安装

检查片是监测管道阴极保护效果的一种有效手段。如果全线都采用牺牲阳极保护，在设计时应一并考虑埋设检查片；如果只在局部地段作为一种补充保护时，可根据具体情况确定。

（六）牺牲阳极回填

当确认各焊接点质量优良、绝缘处理符合要求后，即可开始回填土，待牺牲阳极袋全部被土埋没，就往牺牲阳极坑灌水，使之成饱和状，让阳极填包料吸足水分后即可继续回填，直至恢复地貌。

（七）牺牲阳极测试

在牺牲阳极埋入地下，填包料浇水 10d 后应进行一系列电气测量来确保系统运行正常，测试项目如下；投入运行半年之后，需要再次进行测量；系统正常运行一年之后，至少每半年测量一次牺牲阳极开路电位、牺牲阳极输出电流和牺牲阳极接地电阻,且可根据需要作不定期测试。

(1)牺牲阳极开/闭路电位。

(2)管道开路电位(投运前为自然电位)。

(3)管道保护电位。

(4)组合牺牲阳极输出电流。

(5)组合牺牲阳极联合接地电阻。

(6)牺牲阳极埋设点土壤电阻率。

测量牺牲阳极常规参数的目的在于判定牺牲阳极的保护作用是否正常,指标是否有较大变化,因此在记录测试数据的同时,对测试方法和使用的仪器也要进行记录,以利于对数据的比较和分析。

二、技能操作

(一)准备工作

1.材料准备

序号	名称	规格	数量	备注
1	施工图纸	—	1份	—
2	牺牲阳极	袋装	按设计	—
3	测试接线	按设计	若干	—
4	电缆	按设计	若干	—
5	测量配线	—	3根	仪器配套
6	细沙	按设计	若干	—
7	机砖	按设计	若干	—
8	测试桩	—	1个	—
9	铝热焊剂	—	适量	—
10	铜管	—	若干	—
11	电缆专用热收缩套	—	若干	—
12	水	—	若干	—
13	纸	—	1张	—
14	笔	—	1支	—
15	砂纸	—	若干	—

2.设备准备

序号	名称	规格	数量	备注
1	管道	—	1段	带测试桩

3.工具和仪表准备

序号	名称	规格	数量	备注
1	万用表	输入阻抗：≥10MΩ	1只	—
2	接地电阻测量仪	ZC-8型	1台	—
3	铝热焊模具	—	1个	—
4	压接钳	—	1套	—
5	饱和硫酸铜参比电极	便携式	1只	—
6	钢钎电极	—	2只	—
7	电工工具	—	1套	—
8	手锤	—	1把	—
9	铁锹	—	1把	—

4.人员

一人单独操作,劳动保护用品穿戴整齐,用具、量具准备齐全。

(二)操作规程

(1)进场材料检查:按照设计要求检查袋装牺牲阳极、测试接线、汇流电缆等是否符合要求。

(2)施工前检查:检查牺牲阳极埋设坑和汇流电缆沟的开挖尺寸是否符合设计要求。

(3)安装测试桩:管道处理、焊接测试线并做防腐绝缘,管道测试接线和牺牲阳极汇流电缆穿入测试桩,测试桩安装固定。

(4)安装牺牲阳极:把袋装牺牲阳极放入挖好的牺牲阳极坑中,接好引线,原土回填,充分渗水。

(5)测试单体:测试牺牲阳极开路电位及接地电阻,有问题立即整改。

(6)连接引线:钳接牺牲阳极引线和汇流电缆的连接点并做防腐绝缘。

(7)常规参数测试:测量牺牲阳极组的开路电位、接地电阻、管道开路电位(牺牲阳极组投运前为自然电位)、闭路电位、输出电流、管道保护电位(牺牲阳极组投运后)、牺牲阳极埋设点土壤电阻率有问题立即整改。

(8)回填:测试结果合格在阳极引线和汇流电缆上敷细沙,并盖上机砖,原土回填。

(9)记录、清理现场:记录所测试的各项参数和施工过程的有关事项,现场清理。

(三)技术要求

(1)牺牲阳极的设置部位、材料选择、埋设组数、填料配置等,应该根据管道保护的需要和土壤参数的测试,由设计确定。

(2)牺牲阳极数量、埋设位置应符合设计规定。牺牲阳极通过电缆连接到测试桩,连接电缆常用电缆型号为 VV-1kV/1×10mm²。牺牲阳极引出电缆与汇流电缆采用铜管钳接,并采用电缆热收缩套防腐。

(3)牺牲阳极表面应无氧化皮、无油污、无尘土,施工前应用钢丝刷或砂纸打磨,清理干净后严禁用手直接拿放。

(4)对于裸牺牲阳极,填包料的施工可在室内准备,按配比调配好之后,根据用量干调、湿调均可。湿调的牺牲阳极装袋后应在当天埋入地下。无论干调还是湿调均要保证填包料的用量足够,阳极四周填料厚度至少应为50mm,并保证回填密实,填料袋要选择棉麻材料制作。

（5）牺牲阳极电缆应通过测试桩与管道连接。电缆和管道采用铝热焊接方式连接,连接处应采用和管道防腐层相容的材料防腐绝缘。电缆要留有一定的余量,以适应回填土的下沉。

（6）牺牲阳极就位后,先回填部分细土,然后往阳极坑中浇一定量的水,再大量回填土壤。

（7）牺牲阳极埋设深度应当与管道的埋深一致且埋深应在冻土层以下。

（8）当牺牲阳极是多组设置且组距大于1km时,应该在各组中间加设测试桩。

（9）所有资料、测量数据都要记录、填表,归档保存。

GBA005 绝缘
法兰/绝缘接
头高电压保
护装置的作用
GBA006 绝缘
法兰/绝缘接
头高电压保
护装置的类型
GBA007 绝缘
法兰/绝缘接
头高电压保
护装置的安
装方法

项目四　安装锌接地电池

一、相关知识

（一）绝缘接头/法兰防电涌保护

（1）绝缘接头/法兰应设置防电涌保护器,避免雷电、故障电流、交流感应电流等引起的过高电压对绝缘接头/法兰造成损坏。

（2）防电涌保护器宜采用避雷器、火花间隙、电解接地电池、极化电池、等电位连接器、去偶隔直装置等其他等效的固定产品。选择防电涌保护器时,应考虑其极限电压标称值的允许偏差,施加到绝缘接头/法兰两侧的电压应低于其击穿电压。安装防电涌保护器后,不应影响绝缘接头/法兰的性能。

（3）当绝缘接头/法兰所处位置存在交流干扰时,可采用具有导通交流电流能力的电容、极化电池、去耦隔直装置等类型的防电涌保护器。当需要将感应交流电、雷电、故障电流或静电积累电流从管道上向大地排放时,接地材料可为锌合金牺牲阳极;当采用非牺牲阳极材料作接地极时,管道与接地极之间应安装极化电池、去耦隔直装置等其他等效的固定产品。

（4）防电涌保护器的连接电缆规格、尺寸和长度应满足引起,连接电缆宜短、直。

（5）防电涌保护器安装时,应严格遵守产品说明书的要求。

（二）双锌棒状接地电池

1.结构

双锌棒状接地电池由两支截面积为40mm×40mm,长1500mm的高纯锌棒组成,两根锌棒之间用绝缘块分开,距离应为25mm。阳极棒置于棉布袋中央(图2-1-3)。

2.化学成分及电化学性能

双锌接地电池化学成分应满足高纯锌的要求,电化学性能应满足土壤中棒状锌阳极电化学性能的要求。

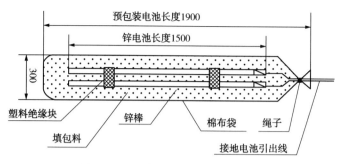

图 2-1-3　双锌接地电池结构示意图

3. 填包料

双锌接地电池填包料配方:石膏粉 75%、膨润土 20% 和工业硫酸钠 5% 组成的混合物。

4. 引出电缆

双锌接地电池引出电缆缆芯截面应不小于 $16mm^2$,电缆长度应不小于 10m;电压等级 0.6/1kV;绝缘层 PVC;绝缘护套 PVC。

5. 工作原理

锌接地电池两支锌棒之间的电阻很小,一般在 0.2~0.5。如遇雷击、故障电流等强电冲击时,锌接地电池会导通,将瞬时强电流通过接地网排放,若有每千安培电流经过时,绝缘接头/法兰两端的电压只有 200~500V,从而使绝缘装置得到有效保护。

锌接地电池还可为非保护侧的管道提供部分保护。

二、技能操作

(一)准备工作

1. 材料准备

序号	名称	规格	数量	备注
1	施工图纸	—	1 份	—
2	双锌接地电池	袋装	按设计	—
3	连接电缆	—	若干	—
4	测量配线	—	3 根	仪器配套
5	阳极填充料	—	适量	—
6	测试桩	—	1 个	—
7	焊剂	—	适量	—
8	环氧树脂	—	适量	—
9	防腐绝缘材料	—	适量	—
10	水	—	适量	—
11	纸	—	1 张	—
12	笔	—	1 支	—
13	砂纸	—	若干	—

2.设备准备

序号	名称	规格	数量	备注
1	管道	—	1段	带埋地绝缘接头

3.工具和仪表准备

序号	名称	规格	数量	备注
1	万用表	输入阻抗:≥10MΩ	1只	—
2	接地电阻测量仪	ZC-8型	1台	—
3	电火花检测仪	—	1台	—
4	锉刀	—	1把	—
5	钢丝刷	—	适量	—
6	焊具	—	1套	—
7	饱和硫酸铜参比电极	便携式	1只	—
8	钢钎电极	—	2只	—
9	电工工具	—	1套	—
10	手锤	—	1把	—
11	铁锹	—	1把	—

4.人员

一人单独操作,劳动保护用品穿戴整齐,用具、量具准备齐全。

(二)操作规程

(1)施工前检查:检查锌电池合格证及出厂检验报告是否齐全,检查锌棒引线是否完整无破损、锌棒在填料袋中是否居中、开挖接地电池坑符合设计要求。

(2)管道处理、连接测试线:清除管道接线点防腐层并除锈至管体露出金属光泽,焊接管道测试线,防腐绝缘处理接点,电火花检测绝缘,并将测试线引入测试桩接线柱上。

(3)安装锌接地电池:把锌接地电池袋放入挖好的锌接地电池坑中,将锌接地电池电缆引线焊接到绝缘接头/法兰两侧的管道上,防腐绝缘处理接点,电火花检测绝缘,并将测试线引入测试桩接线柱上。

(4)常规参数测试:测试双锌接地电池极间电阻、接地电阻、对地电位,有问题立即整改。

(5)回填、清理现场:测试结果合格后原土回填,现场清理干净。

(6)记录:记录所测试的各项参数和施工过程的有关事项。

(三)技术要求

(1)双锌棒型接地电池,由两支锌棒组成,锌棒间用绝缘块分开,距离不小于25mm。

(2)双锌接地电池引出电缆缆芯截面应不小于$16mm^2$,电缆长度应不小于10m。

(3)锌电池填充料配方为:石膏粉75%、膨润土20%、工业硫酸钠5%;填包料袋应为天然棉麻材质。

（4）锌电池引出电缆应直接与绝缘接头两侧的管道相连,焊点距管道焊缝的距离不小于100m。

（5）锌电池的埋设位置应符合设计规定,且应埋设在冻土层以下。

项目五　电压降法测量管道阴极保护电流

一、相关知识

（一）测量管道阴极保护电流的电压降法

1.适用性

具有良好外防腐层的管道,当被测管段无分支管道、无接地极,又已知管径、壁厚、管材电阻率时,可使用电压降法测管内阴极保护电流。

2.测量方法

（1）电压降法测量接线图如图 2-1-4 所示。

（2）测量 a、b 两点之间的管长 L_{ab},误差不大于 1%。L_{ab} 的最小长度应根据管径大小和管内的电流量决定,最小管长应保证 a、b 两点之间的电位差不小于 50μV,一般 L_{ab} 取 30m。

GBA008 测量管道阴极保护电流的方法

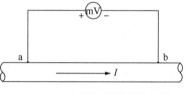

图 2-1-4　电压降法测量接线图

（3）测量 a、b 两点之间的电位差。

如果采用 UJ-33D-1 电位差计测量,应先用万用表判定 a、b 两点的正、负极性并粗测 V_{ab} 值;然后将正极端和负极端分别接到 UJ-33D-1 直流电位差计"未知"端的相应接线柱上,细测 V_{ab} 值。

当采用分辨率为 1μV 的数字电压表,可直接测量 V_{ab} 值。

3.数据处理

（1）ab 段管内的电流按式(2-1-1)计算:

$$I=\frac{V_{ab} \cdot \pi(D-\delta)\delta}{\rho L_{ab}} \tag{2-1-1}$$

式中　I——流过 ab 段的管内电流,A;

V_{ab}——ab 间的电位差,V;

D——管道外径,mm;

δ——管道壁厚,mm;

ρ——管材电阻率,Ω·mm²/m;

L_{ab}——ab 间的管道长度,m。

（2）管段电阻按式(2-1-2)计算:

$$R=\rho L/S=\rho L/\pi(D-\delta)\delta \tag{2-1-2}$$

式中　R——管段电阻,Ω;

ρ——钢管电阻率,Ω·mm²/m;

L——被测管段长,m;

S——管道横截面积,m^2;

D——管道外径,mm;

δ——管壁厚度,mm。

(3)管内电流按式(2-1-3)计算:

$$I = \frac{U}{R} \qquad (2-1-3)$$

式中 I——管内电流,A;

U——两测试点电压,V;

R——管段电阻,Ω。

(二)UJ-33a 型携带式直流电位差计使用方法

图 2-1-5 UJ-33a 型携带式直流电位差计

UJ-33a 型携带式直流电位差计是管内电流测试常用的仪表,其面板结构如图 2-1-5 所示。

(1)校准:将倍率开关 K_1 由断旋到所需位置,K_3 旋向测量,旋动调零电位器,使检流计指针指零。将电键扳向标准,旋动工作电流调节旋钮,使指针指零。

(2)测量:将被测电压按极性接在未知接线柱上,将电键 K_2 扳向未知,调节读数盘,使指针返零,则被测值为读数示值之和与倍率的乘积。

(3)标准毫伏输出:将 K_3 旋向输出,校准标准同上,将电键 K_2 扳向未知,接线柱端便输出读数示值与倍率乘积的电压信号。

(4)注意事项。

①在校准过程中工作电流调节旋钮,如发现检流计指针偏向一边,则更换电池 B_1,测量时检流计灵敏度低则更换电池 B_2。

②测量完毕,倍率开关 K_1 应旋到断位置,避免无谓放电,长期不用则须将电池取出。

二、技能操作

(一)准备工作

1.材料准备

序号	名称	规格	数量	备注
1	测量配线	—	若干	—
2	防腐绝缘材料	—	若干	—
3	纸	—	1张	—
4	笔	—	1支	—

2.设备准备

序号	名称	规格	数量	备注
1	管道	—	>100m	已投用阴极保护

3.工具和仪表准备

序号	名称	规格	数量	备注
1	万用表	输入阻抗：≥10MΩ	1块	—
2	直流电位差计	UJ-33a	1台	—
3	永磁接触针	—	2只	—
4	鳄鱼夹	—	若干	—
5	电工工具	—	1套	—
6	锉刀	—	1把	—
7	卷尺	—	1只	—
8	铁锹	—	1把	—

4.人员

一人单独操作,劳动保护用品穿戴整齐,用具、量具准备齐全。

(二)操作规程

(1)在管道上选取 a、b 两点进行开挖,确保两点之间的的电位差不小于 $50\mu V$,并按照图 2-1-6 进行测量接线。

(2)精确测量管段两测试点间的长度。

(3)用万用表测量两点电压,确定极性和粗估数值。

(4)用 UJ-33a 直流电位差计测量两点电压。

(5)计算管段电阻 R。

(6)计算管内电流 I。

(7)记录测量结果。

(8)防腐回填,恢复原状。

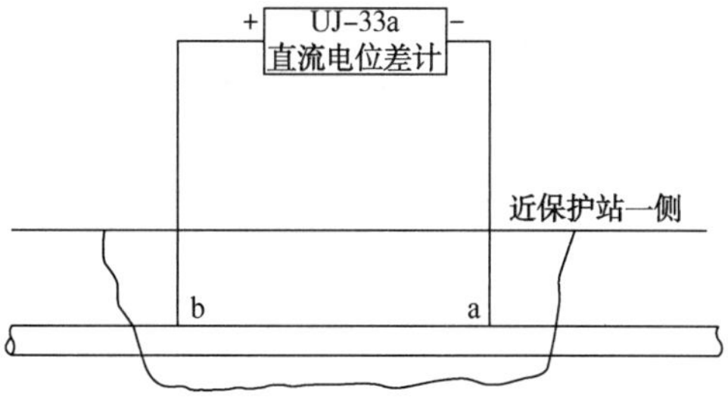

图 2-1-6　电压降法测试接线示意图
a—近保护站一侧测试点；b—远保护站一侧测试点

(三)技术要求

(1)a、b 两点之间最小的距离应根据管径大小和管内电流量决定,最小管长应保证 a、b 两点的电位差不小于 $50\mu V$,一般取 30m。

(2)测量 a、b 之间的管长(准确到 mm),误差不大于 1%。

(3)测点表面要处理干净,保证接触良好。

(4)测量的时间、地点、记录数据和测量结果都要及时地记入管道档案。

(四)注意事项

UJ-33a 直流电位差计为高灵敏高精密仪表,使用时要注意平衡,不要碰撞振动,接线极性要保证正确,挡位要选择合适。

项目六 利用电流测试桩测量管道阴极保护电流

一、相关知识

(一)管道阴极保护电流调查评定方法

如果管线发生腐蚀,电流就会从管线某些部位流入,而在管线的其他部位流出。相对于小的局部腐蚀电池来说,这种电流常被称为"长线电流",可能沿管线长达数百米或数千米,管道阴极保护电流调查中检测的正是这些长线电流。

因为电流回路中的管线本身是有一定电阻的,所以电流流过这个管线电阻就会产生电压降,尽管其值通常很小,但是运用适当的仪器仍然能够测量。钢质管线单位长度电阻不大,而且随着管线的直径和单位长度质量的增加而逐渐变小。很多管线安装固定式测试桩时,使用一定长度的电线(如50m),如图2-1-7所示。

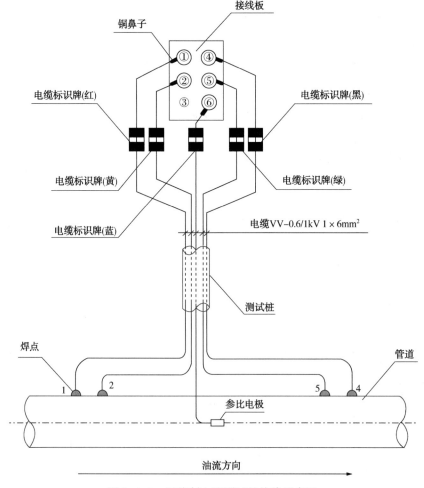

图2-1-7 四线制电流测试桩接线示意图

对测量跨距一定的管线,测量大管径的灵敏度要低于测量小管径,在大管径上用较长测量跨距(增加了跨距内的电阻)可以增加测量的灵敏度。

在管道阴极保护电流调查的每个测量点上,读取并记录电压降及标示电流方向的仪器连接极性(+到-)。知道被测管段电阻后,可以利用欧姆定律把电压降转换为等效的电流[电压降(mV)/管段电阻(Ω)=电流(mA)]。把电流大小和方向对管线长度作图,得到结果一般如图 2-1-8 所示。

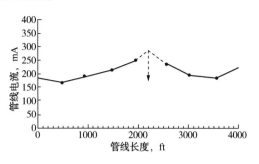

图 2-1-8 管线电流调查曲线图

如图 2-1-8 所示,在某区域电流是从两端流向管线上的某一特定点,那么该点一定是电流泄漏点,除非此处有金属搭接,例如通过其他的金属结构,使电流泄出,否则可以预计腐蚀将在该区域发生。

固定式测试管段通常是在管线建造时实施的。按照所建立的规范确定其长度和颜色编码导线,颜色编码的错误会导致电流方向的指示错误。

计划为新管线系统安装测试桩时(或在旧管线系统上安装测试桩时),设置电流测试管段的好的做法是以两根单独的电线连接管段的两端。这样能够测量实际的管段电阻,如前面所述。

(二)标定法测量管内电流

1.适用性

具有良好外防腐层的管道,当被测管段无分支管道、无接地极,在管径、长度、壁厚、钢材电阻率四项参数中,有未知数时,可使用标定法测量管内电流。

2.测量方法

(1)标定法测量接线图如图 2-1-9 所示,其中 R 宜为 $0\sim10\Omega$ 的磁盘变阻器,E 宜为 12V 直流电源,毫伏表宜采用 UJ-33D-1 电位差计或分辩率为 $1\mu V$ 的数字电压表,$L_{ac}\geqslant \pi D$,$L_{db}\geqslant\pi D$,L_{cd} 的长度不宜小于 10m。

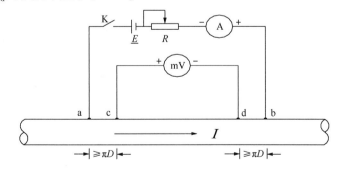

图 2-1-9 标定法测量接线图

K—开关;E—电源;R—变阻器;A—电流表;mV—检流计或电位差计;a、b、c、d—测试点

(2)断开开关 K,测量并记录 c、d 的电位差 V_0,单位为 mV,并注意极性,以识别被测管内电流流向。

（3）合上开关 K，调节变阻器，使电流表的读数 I_1 约为 10A，并同时记录毫伏表测量的 c、d 电位差 V_1。再调节变阻器，使电流表读数 I_2 约为 5A，并同时记录毫伏表测量的 c、d 电位差 V_2，单位为 mV，并注意极性，所施加的标定电流应与被测管内电流的流向相同。

3.数据处理

（1）按式（2-1-4）、式（2-1-5）、式（2-1-6）分别计算施加 I_1 和 I_2 时的校正因子 β_1、β_2 及平均校正因子 β。

$$\beta_1 = \frac{I_1}{V_1 - V_0} \tag{2-1-4}$$

$$\beta_2 = \frac{I_2}{V_2 - V_0} \tag{2-1-5}$$

$$\beta = \frac{\beta_1 + \beta_2}{2} \tag{2-1-6}$$

式中　β_1——施加 I_1 电流时的校正因子，A/mV；

　　　β_2——施加 I_2 电流时的校正因子，A/mV；

　　　β——平均校正因子（c、d 管段管道电阻的倒数），A/mV；

　　　I_1——第一次标定施加的电流，A；

　　　I_2——第二次标定施加的电流，A；

　　　V_0——未施加标定电流时 c、d 电位差，mV；

　　　V_1——施加 I_1 电流时 c、d 电位差，mV；

　　　V_2——施加 I_2 电流时 c、d 电位差，mV。

（2）c、d 段管内电流按式（2-1-7）计算：

$$I = V_0 \cdot \beta \tag{2-1-7}$$

式中　I——c、d 管段管内电流，A。

二、技能操作

(一)准备工作

1.材料准备

序号	名称	规格	数量	备注
1	测量配线	—	若干	—
2	砂纸	—	1张	—
3	纸	—	1张	—
4	笔	—	1支	—

2.设备准备

序号	名称	规格	数量	备注
1	带电流测试桩管道	—	>100m	已投用阴极保护

3.工具和仪表准备

序号	名称	规格	数量	备注
1	万用表	输入阻抗：≥10MΩ	1块	—
2	直流电位差计	UJ-33a	1台	—
3	0~10Ω 磁盘变阻器	—	1套	—
4	12V 直流电源	—	1台	—
5	鳄鱼夹	—	若干	—
6	电工工具	—	1套	—

4.人员

一人单独操作,劳动保护用品穿戴整齐,用具、量具准备齐全。

(二)操作规程

按标定法测量管内电流的操作步骤如下：

(1)按标定法连接测量电路。

(2)在合上测量电路开关前测量电流测试桩内测量管段两内侧接线端子间的电位差。

(3)在合上测量电路开关后,调节变阻器,使电流表的读数分别达到 10A 和 5A,分别测量这两种情况下电流测试桩内测量管段两内侧接线端子间的电位差。

(4)计算。

(5)记录测量结果。

(6)拆除仪器,测试桩恢复原状。

(三)技术要求

(1)测点表面要处理干净,保证接触良好。

(2)电位极性和电流方向要清晰。

(3)测量的时间、地点、记录数据和测量结果都要及时地记入管道档案。

(4)毫伏表宜采用 UJ-33a 电位差计或分辩率为 $1\mu V$ 的数字电压表,$L_{ac} \geqslant \pi D$,$L_{db} \geqslant \pi D$,D 为管道外径,单位为 mm。L_{cd} 的长度不宜小于 10m。

(四)注意事项

UJ-33a 直流电位差计为高灵敏高精密仪表,使用时要注意平衡,不要碰撞振动,接线极性要保证正确,挡位要选择合适。

项目七　埋设失重检查片

一、相关知识

采用失重检查片的目的是对土壤腐蚀性和阴极保护效果进行评价。

失重检查片的定义:通过测定裸露部位质量损失来确定腐蚀速率的检查片,分未施加阴极保护的自然腐蚀失重检查片(简称自腐片)和施加了阳极保护的失重检查片。

GBA009 失重检查片的要求

(一)基本规定

(1)同一管道相同防腐层的检查片材质、裸露面形状、裸露面积、处理方式应保持一致。

(2)失重检查片测量所采用的计量器具应满足测试精度要求,并在测量前对天平、卡尺和其他测量仪器进行校准。

(3)检查片裸露面积、数量等选择时,不应影响阴极保护效果。

(二)检查片选用

(1)检查片用于评价土壤腐蚀性和阴极保护效果。根据测试目的,可分别或同时使用失重检查片和阴极保护电位检查片。

(2)下列情况宜采用失重检查片。

①土壤腐蚀性调查。

②阴极保护效果评价。

(三)检查片尺寸

(1)每组失重检查片应由材质、尺寸、加工条件、表面状况和裸露面积相同的多个检查片组成,或与施加了阴极保护的管道连接,或处于自然腐蚀状况。

(2)失重检查片裸露面形状宜为圆形或方形。

(3)失重检查片裸露面积宜根据土壤腐蚀性和埋设时间确定,一般宜为 $6.5\sim50\,\mathrm{cm^2}$,相同裸露面积尺寸误差不应超过 10%。交流干扰失重片裸露面积应为 $1.0\,\mathrm{cm^2}$。

(4)失重检查片厚度宜为 $3\sim5\,\mathrm{mm}$,其余尺寸宜根据裸露面积分别选用Ⅰ型或Ⅱ型检查片,检查片尺寸应符合图 2-1-10 和图 2-1-11 的要求。

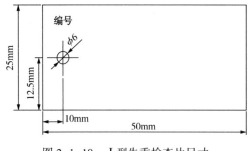
图 2-1-10　Ⅰ型失重检查片尺寸

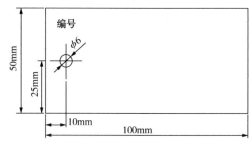
图 2-1-11　Ⅱ型失重检查片尺寸

(四)检查片制备

(1)检查片应采用机加工制备,如果采用气割须去掉热影响区。加工后检查片表面可根据需要保持原始表面状态或保持与其结构相同的表面状态。

(2)检查片材质表面不应有明显的缺陷,如麻点、裂纹、划伤、分层等,边缘不应有毛刺。

(3)检查片应进行编号,宜采用中号钢字模将其打印在图 2-1-10 和图 2-1-11 中所示的位置。

(4)试验前失重检查片表面应清洗,宜采用有机溶剂脱脂,再用自来水冲洗或刷洗,除去不溶污物,吹(擦)干水后再放入无水酒精中浸泡脱水约 5min,取出吹干,再用干净白纸包好,放入干燥器内干燥 24h 后称重。

（5）检查片称重应精确到0.1mg,记录原始重量及编号,并挂编号牌。

（6）用易于被有机溶剂清洗的涂料或易去除的耐水密封材料覆盖编号和多余的裸露面,裸露面应位于检查片阔面的中间部分。

（7）测量、记录裸露边长或直径,精确到0.1mm。

（8）检查片制备应记录,记录内容至少应有:检查片编号、材质、制备方法、表面状态、原始尺寸、原始重量、裸露面边长或直径、制备人、制备时间等。

（9）制备、测试完的检查片宜真空塑封,并应尽快埋入测试点。

（10）失重检查片埋设数量应按埋设种类(与管道连接或不连接)、取出批数、每批取出的数量确定。

GBA010 失重检查片的埋设方法

（五）检查片埋设

（1）用于阴极保护效果评价的失重检查片一般宜优先选择以下位置埋设:污染区、高盐碱地带、杂散电流干扰区、交流干扰严重区、管道阴极保护最薄弱位置、干燥的多岩石高点、低凹的湿地、两座阴极保护站之间的中心点位置、压气站出口、外防腐层破损严重的地段、强土壤腐蚀性地段、环境变化较大或其他特别关注的地段。

（2）用于土壤腐蚀性调查的失重检查片可按国家现行标准SY/T 0087.1—2018《钢制管道及储罐腐蚀评价标准 第1部分:埋地钢质管道外腐蚀直接评价》的规定执行。

（3）检查片阔面应平行于管道且裸露面背对管道埋设,检查片中心应与管道中心处于同一标高,检查片中心与管壁净距离宜为0.1~0.3m,检查片相互间距宜为0.3m,检查片埋设应符合图2-1-12的规定。

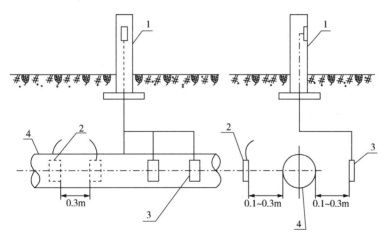

图2-1-12　失重检查片埋设示意图
1—测试桩;2—失重检查片;3—阴极保护电位检查片;4—管道

（4）挖掘埋设点时,挖掘土应分层放置,注意不要破坏原有土层次序,回填时应分层踩实,并尽量恢复原状。埋设过程应严防检查片受到机械损伤,禁止用脚踩等方法将检查片踩入或打入土中,并注意保护导线。

（5）阴极保护失重检查片应通过测试桩导线与被保护结构连接,检查片与电线连接处应做绝缘处理。测试桩应作为检查片埋设点的地面永久性标志,应在测试桩上做好永久性标记。

(6)检查片试验周期一般不小于1年。

(7)检查片埋设记录应包括:日期、埋设点编号、检查片数量及编号、埋设位置及方位、埋设深度、排列顺序、相互间距、土壤剖面、土壤电阻率、杂散电流情况、与地面标志的距离及埋设人姓名等内容。

二、技能操作

(一)准备工作

1.材料准备

序号	名称	规格	数量	备注
1	检查片	—	6对	通电不通电各6片
2	脱脂有机溶剂	—	适量	—
3	无水乙醇	—	适量	—
4	连接导线	—	若干	—
5	耐水密封胶带	—	2卷	—
6	绝缘胶带	—	2卷	—
7	标识桩	—	1个	—
8	纸	—	2张	—
9	笔	—	1支	—

2.设备准备

序号	名称	规格	数量	备注
1	管道	—	1段	带测试桩

3.工具和仪表准备

序号	名称	规格	数量	备注
1	电工工具	—	1套	—
2	干燥箱	—	1台	—
3	分析天平	精确至0.1mg	1台	—
4	游标卡尺	—	1把	—
5	毛刷	—	1把	—
6	方盘	—	1个	—
7	相机	—	1台	—
8	铁锹	—	1把	—

4.人员

一人单独操作,劳动保护用品穿戴整齐,用具、量具准备齐全。

(二)操作规程

(1)制备检查片:选择与管道材质相同的试片,按设计尺寸机械加工成检查片,检查片材质表面不应有明显的缺陷,如麻点、裂纹、划伤、分层等,边缘不应有毛刺。

(2)检查片的处理。

①检查片的数量应符合设计规定,埋设前应统一进行清洁、干燥、称重、编号、记录、归档。

②检查片编号:检查片应进行编号,宜采用中号钢字模将其打印在检查片上,编号位置符合 SY/T 0029—2012《埋地钢质检查片应用技术规范》的规定。

③试验前失重检查片表面应进行清洗,宜采用有机溶剂脱脂,再用自来水冲洗或刷洗,除去不溶污物,吹(擦)干水分后再放入无水乙醇中浸泡脱水约 5min,取出吹干,再用干净白纸包好,放入干燥器内干燥 24h 后称重。

④检查片称重:采用天平进行检查片称重,精确到 0.1mg,记录原始重量及编号,并挂编号牌。

⑤用易于被有机溶剂清洗的涂料或易去除的耐水密封材料覆盖编号和多余的裸露面,裸露面应位于检查片阔面的中间部分。失重检查片裸露面积宜根据土壤腐蚀性和埋设时间确定,一般宜为 $6.5 \sim 50cm^2$,交流干扰失重裸露面积应为 $1.0cm^2$。

⑥测量、记录裸露面的边长或直径,精确到 0.1mm。

⑦检查片制备记录:记录内容至少应包括:检查片编号、材质、制备方法、表面状态、原始尺寸、原始重量、裸露面边长或直径、制备人、制备时间等。

⑧制备、测试完的检查片应真空塑封,并尽快埋入测试点。

(3)检查片的埋设:检查片阔面应平行于管道,裸露面背对管道埋设,检查片中心应与管道中心处于同一标高,检查片中心与管壁净距离宜为 0.1~0.3m,检查片相互间距宜为 0.3m,检查片埋设应符合图 2-1-12 的规定。挖掘埋设点时,挖掘土应分层放置,注意不要破坏原有土层次序,回填时应分层踩实,并尽量恢复原状。埋设过程应严防检查片受到机械损伤,禁止用脚踩等方法将检查片踩入或打入土中,并注意保护导线。

(4)阴极保护失重检查片应通过测试桩导线与管道连接,检查片与电线连接处应进行绝缘处理。测试桩应作为检查片埋设点的地面永久性标志,并在测试桩上做好永久性标记。

(5)检查片埋设记录应包括:日期、埋设点编号、检查片数量及编号、埋设位置及方位、埋设深度、排列顺序、相互间距、土壤剖面、土壤电阻率、杂散电流情况、与地面标志的距离及埋设人姓名等内容。

(三)技术要求

(1)失重检查片应使用与管道材质相同的材料制成,应采用机械加工方式制备,同组检查片应具有相同的表面状态。

(2)失重检查片清洁要彻底,不能有任何油污和锈迹。

(3)失重检查片测量所采用的计量器具应满足测试精度要求,并在测量前对天平、卡尺和其他测量仪器进行校准。

(4)通电失重检查片应通过测试桩与管道连接。

(四)注意事项

电线与失重检查片的连接不能采用焊接方式,连接处应特别做好绝缘处理,否则对测量结果产生影响。

项目八　失重检查片的清洗和称重

一、相关知识

(一)分析天平的使用方法

天平是用来衡量物体质量的一种仪器,根据杠杆原理制成。天平分为一般称量用的粗天平和精确称量用的分析天平,失重检查片分析使用的天平是分析天平。按照称量的范围,分析天平可分为:常量分析天平(称量范围在 0.1mg~100g)、微量分析天平(称量范围为 0.001mg~20g)和称量范围介于两者之间的半微量分析天平。天平的式样很多,最常用的为等臂式天平。此外,还有悬臂式的超微量天平,其灵敏度可达 0.01μg,最大载量为 1mg。天平在使用前要进行校正(回零),对砝码要用专用工具轻拿轻放,天平用完后要做好清洁工作。读数时要按"先大后小"的原则进行量加,保证读数正确。

GBA011 失重检查片的清洗方法

(二)试验后失重检查片表面清洗

(1)除去检查片疏松的腐蚀产物和沉积物,除去编号和安装孔的覆盖层,先用毛刷刷洗,再按表 2-1-1 的方法清除剩余的腐蚀产物和沉积物。

表 2-1-1　埋地钢质检查片腐蚀产物的化学清洗工艺

编号	溶　液	时间	温度,℃	备注
1	0.3L 盐酸(相对密度 1.19),0.7L 水,0.003L 乌洛托品	—	30~40	可清除碳酸盐矿物质和以铁、锰、钙、镁、锌等的氧化物为主的腐蚀沉积物
2	500mL 盐酸(HCl,ρ = 1.19g/mL),3.5g 六次甲基四胺,加蒸馏水配制成 1000mL 溶液	≥10min	20~25	—
3	10%硫酸,0.5%硫脲	2~8h	20~25	—
4	10%柠檬酸胺溶液清洗	2~8h	80	在室温条件下,有力地搅拌溶液或用不含磨料的木制品或橡胶制品摩擦检查片,每次不超过 25min

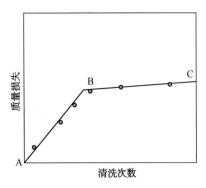

图 2-1-13　检查片质量损失—化学清洗次数图

(2)检查片经化学清洗后,边用流水清洗边用毛刷轻刷。如果腐蚀产物未消除干净,应重复进行化学清洗。在有凹点的表面,腐蚀产物容易聚集在凹点内,宜用低倍显微镜(×7~×10)帮助检验清洗结果。在最后一次冲洗后,坐入无水酒精中浸泡脱水约 5min 后取出吹干,放在干燥器皿中 24h 后称质量。

(3)用化学清洗方法多次清洗检查片,可能使检查片基体金属造成损伤,应按第 4 条的规定进行校正。

(4)用表 2-1-1 中的化学清洗工艺对检查片进行多次重复清洗,每次清洗后应称质量,确定质量损失。记录质量损失与清洗次数,绘制质量损失—化学清洗次数关系图,如图 2-1-13 所示。接近 B 点的拐点处即为腐蚀产物单独引起的质量损失。为了在清洗处理时尽量减少金属腐蚀,应选择 BC 线具有最小斜率(接近水平)的清洗处理方法。

二、技能操作

(一)准备工作

1.材料准备

序号	名称	规格	数量	备注
1	水	—	适量	—
2	清洗剂	符合 SY/T 0029—2012 附录 A 表 A.0.1	适量	—
3	纸	—	2 张	—
4	笔	—	1 支	—

2.设备准备

序号	名称	规格	数量	备注
1	失重检查片	—	一组	通电不通电各一片
2	干燥箱	—	1 台	—

3.工具和仪表准备

序号	名称	规格	数量	备注
1	游标卡尺	—	1 把	—
2	分析天平	精确至 0.1mg	1 台	—
3	除锈工具	—	1 套	—
4	毛刷	—	1 把	—
5	方盘	—	1 个	—
6	橡胶手套	—	1 副	—

4.人员

一人单独操作,劳动保护用品穿戴整齐,用具、量具准备齐全。

(二)操作规程

(1)对失重检查片进行彻底清洁。

(2)检查失重检查片腐蚀状况,判断腐蚀类型,测量腐蚀面积及腐蚀深度。

(3)将失重检查片放入干燥箱干燥。

(4)对失重检查片称重。

(5)按失重检查片的编号对相应的测量和称重数据及对腐蚀产物分布、颜色、厚度进行拍照、登记记录并存档。

(三)技术要求

(1)按 SY/T 0029—2012《埋地钢质检查片应用技术规范》规定的方法进行化学清洗,清除剩余的腐蚀产物和沉积物。

(2)化学清洗后,用流水及毛刷进行刷洗。

(3)如果腐蚀产物未清除干净,可重复进行化学清洗,为避免多次清洗导致的金属质量损失,应按 SY/T 0029—2012 附录 A.0.4 的方法进行校正。

(4)试片最后一次冲洗后,放入无水乙醇中浸泡脱水约 5min 后取出吹干,放入干燥器中 24h 后称重。

(四)注意事项

除去失重检查片表面疏松的腐蚀产物和沉积物,除去编号和安装孔的覆盖层,注意不能损伤检查片基材。

项目九　失重检查片法评定管道阴极保护度

一、相关知识

埋设失重检查片是研究、了解埋地管道腐蚀的重要手段。通过它可定量得出埋地管道阴极保护度,从中总结管道阴极保护经验。

(一)失重检查片的取出及处理

(1)按预定时间和位置取出失重检查片,同批同类取出数量宜为 3 片,取出时不得影响其他检查片。

(2)失重检查片取出时,应拍摄失重检查片外观照片、观察并记录腐蚀产物颜色及分布、坑位及编号、日期、负责人姓名等。

(3)取出的失重检查片应尽快按 SY/T 0029—2012 附录 A 的规定进行处理。

(4)失重检查片腐蚀状况应记录及描述的内容如下:

①腐蚀类型(均匀腐蚀、局部腐蚀)、腐蚀面积,对清洗后的失重检查片应进行拍照。

②按 SY/T 0029—2012 附录 B 的规定测量蚀孔或蚀坑,应描述其种类、分布、平均深度、最大深度、点蚀密度。

③对已按 SY/T 0029—2012 附录 A 的规定处理好的失重检查片应采用与测量原始重量时精度相同的分析天平进行称重,精确到 0.1mg。

GBA012 失重
检查片检查
阴极保护度
的计算方法

(二)管道阴极保护度的计算

保护度按式(2-1-8)计算(见 SY/T 5919—2009《埋地钢质管道阴极保护技术管理规程》):

$$保护度 = \frac{G_1/S_1 - G_2/S_2}{G_1/S_1} \times 100\% \tag{2-1-8}$$

式中　G_1——未施加阴极保护失重检查片的失重量,g;

　　　S_1——未施加阴极保护失重检查片的裸露面积,cm^2;

　　　G_2——施加阴极保护失重检查片的失重量,g;

　　　S_2——施加阴极保护失重检查片的裸露面积,cm^2。

(三)局部腐蚀深度测量

(1)在每个试样暴露面上选择 5 个最深的蚀坑,距边缘 5mm 以内的蚀坑不得选取,不足

5个蚀孔,按5个计算。

(2)测量蚀坑坑深应采用标准板作基准面,标准板宜采用玻璃、耐蚀硬质合金制作,厚度应均匀,厚度公差±0.01mm,标准板尺寸:80mm×30mm。

(3)最大坑深:在三块平行试验检查片上测得的15个蚀坑深度的最大值。

(4)点蚀密度:用200mm×100mm划有方格的罩扳(有机玻璃),在试样上计数蚀坑数量,然后再计算成每平方米的数量。

(四)记录

(1)失重检查片原始记录含如下内容。

①失重检查片制备资料。

②失重检查片埋设资料。

③失重检查片现场取样资料。

④失重检查片腐蚀产物及沉积物的清除方法、称量结果。

(2)失重检查片试验结果记录含如下内容。

①失重检查片腐蚀产物描述记录。

②局部腐蚀深度测量,包括最大坑深和点蚀密度。

③管道阴极保护度计算结果。

(3)做出对结果的分析报告。

(五)失重检查片维护及管理

1.维护

失重检查片应在整个服役期得到维护,并应在失重检查片安装、操作、维护、检测过程中进行相关的记录。

2.管理

(1)每个失重检查片的电线上应贴有清晰、永久的标签,应定期失重检查标签是否清晰。

(2)应保持阴极保护失重检测片与管道的电连续性以及使两者之间电阻保持在较小的状态。

(3)宜与阴极保护日常管理相结合,定期校验长效参比电极。

(4)失重检查片应定期更换。

(5)用于检测失重的检查片在安装和移动的时候都必须小心,除非有特殊的处理,否则一旦移动失重检查片就不能再次使用。

二、技能操作

(一)准备工作

1.材料准备

序号	名称	规格	数量	备注
1	水	—	适量	—

续表

序号	名称	规格	数量	备注
2	清洗剂	符合 SY/T 0029—2012 附录 A 表 A.0.1	适量	—
3	无水乙醇	—	适量	—
4	纸	—	1张	—
5	笔	—	1支	—

2.设备准备

序号	名称	规格	数量	备注
1	失重检查片	—	1对	1个通电 1个不通电

3.工具和仪表准备

序号	名称	规格	数量	备注
1	电工工具	—	1套	—
2	分析天平	精确至 0.1mg	1台	—
3	游标卡尺	—	1把	—
4	毛刷	—	1把	—
5	方盘	—	1个	—
6	铁锹	—	1把	—
7	干燥箱	—	1台	—

4.人员

一人单独操作,劳动保护用品穿戴整齐,用具、量具准备齐全。

(二)操作规程

(1)取出失重检查片:按照要求在规定的时间内取出失重检查片,对失重检查片进行彻底清洁,不能有任何油污和锈迹。开挖点要恢复原貌。

(2)处理检查片。

(3)称重:对取出的失重检查片进行称重处理,检查失重检查片的失重情况,并做好记录。

(4)计算:用计算管道保护度的公式计算保护度。

(5)记录:记录操作过程、测量数据、计算结果并描述腐蚀状况。

(三)技术要求

(1)计算管道保护度的失重检查片埋设在管段最末端,一般每年开挖检查一次,应同时取出 2 对失重检查片(通电不通电各一片),记录外观腐蚀情况后清洗除去腐蚀物,清洁后称重,测量腐蚀深度和面积,进行拍照记录和照片归档。

(2)挖掘失重检查片时,现场应对其外观拍照并做好腐蚀产物分布、颜色、厚度等方面的描述。

(3)挖掘出的失重检查片要保持原状带回室内。

（4）阴极保护度应大于85%。

（四）注意事项

挖掘时，应避免破坏其余不取出的检查片。

项目十　用 PCM 设备检测埋地管道防腐层漏点

一、相关知识

（一）PCM 管道电流测绘系统

1.仪器主要功能

能在不开挖管道的情况下，方便而准确的获取埋地管道的走向、深度和防腐层漏点的精确位置。

2.仪器组成

本仪器由发射机和接收机两部分组成，为了准确定位防腐层缺陷，一般还会配备 A 字架。

1）发射机

发射机用于向埋地管道施加特定频率的交流信号，与接收机配合使用。

2）接收机

接收机接收发射机施加在管道上的电流信号，探测管道的位置、走向及埋深。

3）A 字架

A 字架实质上是两个电极，与接收机配合使用，能够测量土壤中的交流电位梯度，用来精确定位防腐层漏点位置。

（二）防腐层漏点检测的原理

在埋地管道施加特定频率的交流信号，信号沿管道传播。当管道防腐层出现漏点时，漏点处管道金属本体与周围土壤介质直接连通，在漏点处形成电流通道。以漏点为中心，在管道周围形成叠加的"点源"电场，使 A 字架与土壤接触，通过接收机便可测量到这种电场，从而精确定位防腐层漏点。

（三）防腐层漏点检测的方法

> GBB001 防腐
> 层漏点地面
> 的检测方法

1.发射机操作

（1）将仪器放置到信号施加点处，找一个干净平坦的地方放置仪器，打开仪器的箱盖，拧开信号和电源接口盖。

（2）将信号线和电源线取出，连接相应的接口，由于接口的类型是不同，所以不会连接错误。

（3）将接地极（棒）打在垂直于管道尽量远的位置，使用信号延长线将信号线的绿线与接地极（棒）连接，白线与管道的信号施加点连接。

（4）将电源线与蓄电池连接，红线连接正极、黑线连接负极。如果是交流电源供电，只需将交流电源线的三项插头插入插座即可。

（5）将电流输出调到最小挡位 100mA，打开发射机开关。仪器将进行自检，自检完成后电流值将显示在发射机液晶显示板上，根据实际检测需要选择发射机的输出电流和信号频率挡。

（6）观察发射机上的指示灯，是否有红灯亮起，如果有红灯亮起，说明发射机不能正常工作。依据发射机上红灯指示意义，进行调整使仪器处于正常工作状态。

2.接收机操作

（1）将电池装入接收机，按开关键打开接收机，调整接收机的频率与发射机对应，即可开始检测。

（2）以信号施加点为圆心，在附近地面寻找目标管线。

（3）检测人员在找到目标管线后，应用峰值或谷值的方法来测定管线在地面上的精确位置。定位后需要在管线正上方读取距离、埋深和电流值，并由记录人员记录并在地面做出标记。

（4）记录人员还需要绘制管线路由草图，若遇三通、弯头等特征点需在地面上标定特征点。沿着管线以一定的间距来重复进行以上检测工作。

（5）在检测过程中若发现测量的电流值有异常衰减时，就需要在异常段内使用 A 字架进行交流电位梯度法的检测，精确定位防腐层的破损点，找到破损点后需要在地面上标识破损点并记录破损点的位置。

3.A 字架操作

（1）将 3 针连接线插入 A 字架，将多针连接线插入 PCM+接收机前面的附件插孔。

（2）用功能键选择 8kFF（故障查找），A 字架图表显示。必须使用 T3 或与 8kFF 匹配的发射机给管道施加信号。

（3）A 字架沿管道走向放在管道上方，带绿色标记的脚钉在发射机的反方向，带红色标记脚钉面向发射机。

（4）将 A 字架脚钉插入地里进行测量。系统自动调谐信号水平，并计算电流方向和微伏 dB 读数。在计算过程中，增益数字会闪。

（5）箭头显示的穿过地下的发射机的电流方向，电流指向故障方向。如果没有显示箭头，就证明附近没有故障，因为电流太小，无法激发故障方向箭头。也有可能 A 字架恰巧在故障点正上方。

（6）在显示故障点方向的同时，LCD 上也显示微伏 dB 读数。继续向前移动。如果在一个新位置电流指向前，而第二个位置电流指向后，就证明操作人员走过了故障点。

（7）向回走，每隔 1m 测一次。数字微伏 dB 读数增大，减小，又增大，然后逐渐减小。电流方向在故障点的两侧也发生变化。

（8）重新前后移动进行测量，找到箭头刚发生变化的位置，此时微伏 dB 读数最低。这时就可以确定，故障点就在 A 字架中央正下方，旋转 A 字架 90°，使它横跨管道。

4.仪器使用的注意事项

（1）如果知道被检测管道的保护层状况很好，当电流增大时，电压警告指示有可能亮起来。

（2）在发射机接线前,要断开发射机电源。

（3）发射机电源连接时必须用插头将仪器接地。

（4）为得到准确的深度测量,PCM 必须在目标管道的正上方,而且其底刃必须与管道走向垂直。

（5）读数闪烁意味着读数是临界的,应再次获取读数。这可能由移动的金属或附近的汽车导致。

（6）深度测量的精确与否关系到 PCM 的测量结果。由于在 T 形管道、管道连接处、转弯处和管道深度变化处,磁场可能发生畸变。尽量不要在上述区域测量。

二、技能操作

（一）准备工作

1.材料准备

序号	名称	规格	数量	备注
1	导线	—	40m	—
2	接地棒	—	3 支	—
3	水	—	适量	—
4	标记物	—	若干	—
5	自喷漆	—	1瓶	—

2.设备准备

序号	名称	规格	数量	备注
1	埋地管道	—	1 段	带防腐层缺陷

3.工具和仪表准备

序号	名称	规格	数量	备注
1	PCM	RD-PCM+	1 套	带 A 字架
2	蓄电池	12V	2 块	—
3	干电池	1 号	若干	—
4	手锤	—	1 把	—

4.人员

一人单独操作,劳动保护用品穿戴整齐,用具、量具准备齐全。

（二）操作规程

（1）PCM 发射机的白色信号输出线与管道连接,绿色信号输出线与接地棒连接。

（2）将电源线与蓄电池连接,红线连接正极黑线连接负极。

（3）打开发射机,选择合适的输出电流和信号频率挡。

（4）将电池装入接收机,打开接收机,调整接收机的频率与发射机对应,即可开始检测。

（5）以信号施加点为圆心,在附近地面寻找目标管线。

(6)在找到目标管线后,应用峰值或谷值的方法来测定管线在地面上的精确位置。

(7)在检测过程中若发现测量的电流值有异常衰减时,在异常段内使用 A 字架按一定间距进行交流电位梯度法的检测,精确定位防腐层的破损点。

(8)找到破损点后需要在地面上标识破损点并记录破损点的位置。

(三)技术要求

(1)为得到准确的深度测量,PCM 必须在目标管道的正上方,而且其底刃必须与管道走向垂直。

(2)使用 A 字架时,必须用功能键选择 8kFF(故障查找),此时 A 字架图标会在接收机屏幕上显示。

(3)A 字架沿管道走向放在管道上方,带绿色标记的脚钉在发射机的反方向,带红色标记脚钉面向发射机。

(4)确保 A 字架脚钉和地面接触良好。

(四)注意事项

在发射机接线前不得开机,移动接线时应先关机。

模块二　杂散电流

项目一　判断固态去耦合器工作状态

一、相关知识

(一)典型的交流干扰防护装置

GBC001 固态
去耦合器

在实施交流干扰缓解时,如果将排流地床与管道直接连接,可能会对管道阴极保护产生以下的负面影响:

(1)在使用同类金属或相对惰性的金属材料作为接地时,易导致管道阴极保护电流大量漏失。

(2)在存在直流干扰的区段,直流杂散电流可以通过接地材料进出管道。

因此,近年来工程上普遍采用固态去耦合器连接管道和排流地床的做法。

固态去耦合器一般由电容、晶闸管(或二极管)以及浪涌保护装置并联构成,如图 2-2-1所示。该产品的品名起源于与早期液态极化电池的对比,最早一代的去耦合器产品将不锈钢或者镍板浸入 KOH 溶液,实现"阻直通交"功能,目前固态去耦合器产品内部采用固态电子元件,在性能和免维护方面具有优势。

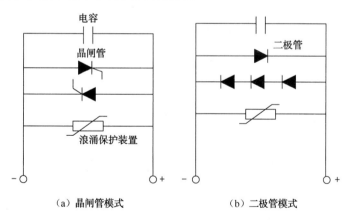

(a) 晶闸管模式　　　　　　　　(b) 二极管模式

图 2-2-1　固态去耦合器内部电路示意图

固态去耦合器内部元件的功能有:电容元件导通稳态交流干扰电流,排流地床对稳态交流干扰的缓解功能即通过此电容来实现;晶闸管或二极管阻止直流电流通过,但是当两端的压差达到阈值(隔离电压)时导通,主要用于故障电流的导通,并为电容提供钳压保护;浪涌保护装置多由气体放电管构成,用于导通雷电、浪涌等大电流。

常见的固态去耦合器隔离电压即直流导通阈值分为+2V/-2V 和+1V/-3V 两种。隔离电压意味着直流电流在该电压范围内无法导通,只有当固态去耦合器两个端子之间电压差超出隔离电压后,直流电流才可能导通。隔离电压为"+2V/-2V"即指当固态去耦合器两个端子之间的电压差超过+2V或者−2V时,直流电流可以通过固态去耦合器导通。固态去耦合器对直流电流的导通/隔离功能是通过晶闸管或者二极管来实现的。晶闸管的直流电流泄漏量较小;而二极管具有伏安特性,即使其两端的电压差没有达到导通电压,也会有少量的直流电流泄漏,因此二极管型固态去耦合器的直流电流泄漏量稍大。

(二)固态去耦合器工作状态判断

(1)分别测试固态去耦合器两端直流电位,一侧是管道电位,另一侧为接地极电位,两端应存在电位差。

(2)分别测试两端交流电位,两端交流电位相同。

上述两个测试结果均符合要求,则证明固态去耦合器性能良好。

(3)如测试中发现固态去耦合器位置交流干扰仍很严重,需要对去耦合器的接地极接地电阻、排流电流等参数进行测试,通过这些参数综合分析去耦合器的工作状态。

二、技能操作

(一)准备工作

1.材料准备

序号	名称	规格	数量	备注
1	水	—	500mL	—
2	测量配线	—	2根	带表笔端子和鳄鱼夹
3	钢钎	—	3根	—
4	纸	—	1张	—
5	笔	—	1支	—
6	砂纸	—	若干	—

2.设备准备

序号	名称	规格	数量	备注
1	埋地管道或模拟装置	—	1段	—
2	管道测试桩	—	1处	—
3	固态去耦合器排流系统	—	1套	含排流地床

3.工具和仪表准备

序号	名称	规格	数量	备注
1	万用表	输入阻抗:≥10MΩ	1块	—
2	饱和硫酸铜参比电极	便携式	1支	—
3	接地电阻测试仪	ZC−8	1台	—
4	活动扳手	—	1把	—
5	内六角套筒	—	1把	—

4.人员

一人单独操作,劳动保护用品穿戴整齐,用具、量具准备齐全。

(二)操作规程

(1)在固态去耦合器运行状态下,测量去耦合器两端的直流电位和交流电位。

(2)停用固态去耦合器,断开接地极与去耦合器的连接。

(3)测量管道的直流电位和交流电位。

(4)测量接地极的接地电阻。

(5)在接地极和去耦合器间串入万用表,测量排流电流。

(6)判断去耦合器工作状态。

(7)恢复接地极与去耦合器的连接,重新运行去耦合器。

(三)技术要求

存在干扰时,直流电位和交流电位数据可能都存在波动,因此测试时最好能记录一段时间的电位,用直流电位和交流电位的平均值来进行比较和评价。

(四)注意事项

(1)测量接线应采用绝缘线夹和插头,以避免与未知高压电接触。

(2)测量操作中应首先连接好仪表回路,然后再连接被测体,测量结束时按相反的顺序操作,并执行单手操作法。

项目二　判断极性排流器工作状态

一、相关知识

GBC002 极性排流器

(一)典型的直流干扰防护装置

将管道中流动的干扰电流,人为使之直接回流到铁轨或回归线,返回整流器,需要将管道与电气化铁路回归线在电气上连接起来,这种防止管道直流腐蚀的方法称为排流法,其连接导线称为排流线。依据电连接回路不同,分为直接、极性、强制和接地排流法四种形式。这四种方法中,最常用的是极性排流法,结构简单、效率高、能防止逆流是其主要特点。

极性排流器在我国尚无定型生产的产品和样式,往往由用户根据需要进行设计制造。典型的极性排流器主回路如图 2-2-2 所示。

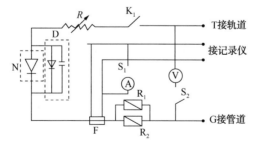

图 2-2-2　极性排流器内部电路示意图

N—防逆流硅二极管;D—防逆流二极管保护回路;R—限流电阻;K₁—总开关;S₁—电流表开关;

S₂—电压表开关;F—分流器;R₁—报警用熔断器;R₂—高速熔断器

排流器应满足下列技术条件:

(1)在管轨电压或管地电位波动范围内,均能可靠工作。

(2)能及时跟随管轨电压或管地电位的急剧变化。

(3)防逆流元件正向电阻小,反向耐压大。

(4)所有动接点应能承受频繁动作的冲击。

(5)具有过载保护功能。

(6)结构简单,安装方便,适应野外,便于维护。

(二)极性排流器工作状态判断

(1)测量排流器的单向导电器件的单向特性,判断是否损坏。

(2)测量极性排流器排流接地极的开路电位和接地电阻,判断其是否失效。

(3)测量极性排流器的排流电流和管地电位,判断其是否处于工作状态。

如果排流器单向导电器件完好,排流极的开路电位和接地电阻正常,又能在管地电位明显正向变化时测量到排流电流的变化,这可确定极性排流器性能良好。

二、技能操作

(一)准备工作

1.材料准备

序号	名称	规格	数量	备注
1	水	—	500mL	—
2	测量配线	—	4根	带表笔端子和鳄鱼夹
3	纸	—	1张	—
4	笔	—	1支	—
5	砂纸	—	若干	—

2.设备准备

序号	名称	规格	数量	备注
1	埋地管道或模拟装置	—	1段	—
2	管道测试桩	—	1处	—
3	极性排流系统	—	1套	含排流地床

3.工具和仪表准备

序号	名称	规格	数量	备注
1	万用表	输入阻抗:≥10MΩ	2块	—
2	饱和硫酸铜参比电极	便携式	1支	—
3	接地电阻测试仪	ZC-8	1台	—
4	活动扳手	—	1把	—

4.人员

一人单独操作,劳动保护用品穿戴整齐,用具、量具准备齐全。

(二)操作规程

(1)测量排流器的单向导电器件的单向特性。

(2)停用排流器,断开接地极与排流器的连接。

(3)测量排流器排流接地极的开路电位。

(4)测量排流器排流接地极的接地电阻。

(5)在接地极和排流器之间串入万用表,运行排流器,测量排流电流。

(6)同时用万用表测量管地电位。

(7)观察管地电位与排流电流的变化趋势。

(8)恢复接地极与排流器的连接,重新运行排流器。

(三)技术要求

(1)如果是动态直流干扰,需要在干扰时段判断排流器的工作状态。

(2)在同步观察管地电位和排流电位的变化时,最好以一定时间间隔进行记录,或者是直接采用带存储功能的记录仪进行测量。

(四)注意事项

(1)测量接线应采用绝缘线夹和插头,以避免与未知高压电接触。

(2)测量操作中应首先连接好仪表回路,然后再连接被测体,测量结束时按相反的顺序操作,并执行单手操作法。

模块三　管道工程

项目一　防腐层大修监护

GBD001 防腐层大修管沟开挖的要求

一、相关知识

(一)防腐层大修施工流程

管道防腐层大修按以下流程进行:测量、放线、定位→清理障碍物→清理施工作业带、平整场地→隐蔽工程调查→开挖探坑→开挖管沟→原防腐层清除→表面处理(修复管体缺陷)→管体表面处理质量检查→重新防腐→防腐层检测→管沟回填→三桩、水工恢复→地貌恢复→地面防腐层检漏→竣工。

(二)前期准备

在施工前将大修管段的位置、埋深、记录在案的外接物、交叉管道或光/电缆及辅助设施等地下隐蔽物情况,向施工单位详细交底。施工单位应根据交底情况进行现场勘查,并对可能存在不明外接物的区段制定相应的应对措施。

(三)管道开挖

1.一般要求

管道防腐层大修采用不停输沟下作业方式,采用机械开挖与人工开挖相结合。首先通过管道探测仪和开挖探坑方式探明管道和光缆实际走向和埋深。对于存在同沟敷设光缆的管道,应沿管道每100m人工开挖探坑1处,确认同沟敷设光缆的位置,确保开挖过程中不损伤光缆。

管沟开挖时,应将挖出的土石方堆放到防腐大修施工设备对面一侧的沟边,堆土应距沟边0.5m以外。耕作区开挖管沟时,应将表层耕作土与下层土分层堆放,以便于回填时恢复原有地貌和利于耕作。

需要移动测试桩、里程桩或标志桩时,应将桩小心移出管沟。移动测试桩时不得损坏连接导线或电缆。施工完毕,应将测试桩、里程桩或标志桩及其他原有附属设施恢复原貌。

大修施工时,管道应分段开挖,分段防腐。上一段完工回填压实后,再开挖下一段。

2.管道开挖方式

埋地管道开挖采用间断开挖、分段修复的方式进行,如图2-3-1所示。首先开挖1段、3段、5段……,2段、4段、6段……作为支撑墩,支撑墩长度不应小于5m,最长不超过允许悬空长度减3m,1段、3段、5段……修复完成并回填后,再开挖修复2段、4段、6段……。

3.管沟尺寸及边坡坡度

(1)管沟开挖底宽为管道直径 $D+1.1$ m(管道向下投影两侧各0.55m),管沟深度一般挖至管底悬空0.55m。

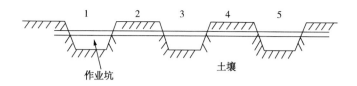

图 2-3-1　管沟分段开挖示意图

（2）管沟边坡坡度应根据土壤类别和管沟开挖深度确定。

（四）回填

1. 一般规定

防腐层大修管段重涂完毕、经检查确认合格并达到规定的稳定时间后，方可进行土方回填。回填时应避免在中午太阳直射的高温状态下进行，并应从管道两边将管底部填土夯实。耕作土地段的管沟应分层回填，表面耕作土置于最上层。管沟内若有积水，应抽干积水后再回填干土。对于弹性敷设的管段，如果管体有较大变形，回填前在应力释放侧全段用干土草袋垒实加固，防止管道进一步变形。

2. 回填步骤

（1）管沟底至管道上方 200mm，用过筛细土进行小回填，细土的粒径应≤5mm。

（2）管道水平中心线以下，必须人工分层回填并夯实，每层厚 200mm，夯 2~3 遍；在管道无法夯实的情况下，应采取加固措施。

（3）小回填完成后方能采用机械大回填。

（4）地面整形：管道水平中心线以上松填，一般应高出地面 30~50cm。有管堤的管道，管堤应统一整形，必须以管道中心线达到面、角整齐。

3. 撼砂

连续修复管段的两端、固定墩、阀室、进出站等处回填时应自然放坡撼砂施工，放坡长度 30m。砂面斜坡以上及撼砂管段以外的其余管沟为人工夯实的回填土。

地下水位较高，且连续较长无法放坡时，连续修复管段两端各撼砂 20m，中间部分每隔 10m 撼砂 2m，不足 10m 以 10m 计。水撼砂至管线中心线处（撼砂点两侧用编织带装砂子垒砌堆实，撼沙长度包括砂袋）。

4. 地貌恢复

管沟回填过程中，沿线施工时破坏的地面设施应按原貌恢复，并检查测试桩的电缆引线是否良好。

（五）旧防腐层清除与表面处理

旧防腐层清除方法可采用溶剂清除、动力工具清除、手工工具清除、水力清除等或几种方法联合。清除后的表面应无明显的旧涂层残留，清除过程中应避免损伤管体金属。

清除下来的旧防腐层不得现场弃置，应收集并按照环保要求统一处理。

动力工具表面处理等级应达到 GB 8923.1—2011 规定的 St3 级。

(六)防腐施工

1.防腐施工前检查

检查管体表面,确认管体表面缺陷处理均已采用适当方式修复,粗糙的焊缝和尖锐凸起已打磨平滑。表面粗糙度和清洁度符合要求。

2.液态涂料施工

防腐施工应严格按照产品说明书的要求进行,应避免出现涂装缺陷。可采用喷涂、刮涂、刷涂或滚涂涂装。为获得良好的层间黏结,修补区域、搭接区域(与已有防腐层或非连续防腐段之间),必须采用适当的喷扫或打磨措施进行打毛处理,处理范围宽度宜为40~80mm。

小范围打磨可采用砂纸、研磨机或锉刀进行,而较大范围的打磨采用空气喷砂设备处理。

(七)质量控制及检验

> GBD002 防腐层大修质量检验的要求

1.表面预处理质量检验

(1)清洁度:在完成表面预处理之后,须目视检查管体表面。

①经过动力工具处理达到 St3 级的表面,在不用放大镜观看时,钢体表面应无油脂、残留的石油沥青、污垢、粉尘、蚀锈、焊渣、毛刺等。

②经 Sa2.5 近白级喷砂处理表面,在不用放大镜观察的情况下,无可见油脂、污垢、粉尘、蚀锈、轧制氧化皮、旧防腐层或其形成的淡淡的阴影等。

(2)粗糙度:经喷砂处理的表面,用表面粗糙度测试仪或其他合适的方法检查,锚纹深度应达到 50~75μm。

2.防腐层检验

1)干性检查

干性检查仅针对反应固化型液态涂料,且按涂料说明书指示的涂料固化时间进行固化检查:

表干—用手轻触防腐层不黏手,或虽发黏但无漆料黏在手指上。

实干—用手指用力推防腐层不移动。

固化—用手指甲用力刻防腐层不留痕迹。

2)防腐层外观

冷缠胶带:应对防腐层 100% 目视检查,防腐层表面应平整、搭接均匀,无永久性气泡、无褶皱、破损。

液态涂料:目视检查防腐层表面应平整,色泽均匀,不应有褶皱、漏涂、流挂、龟裂、鼓泡和分层等缺陷。

3)防腐层厚度

液态涂料施工过程中,施工人员应采用湿膜测厚仪测量厚度,确保厚度达到要求,且均匀一致。湿膜厚度采用四象限测量方法(即时钟位置 0:00、3:00、6:00 和 9:00)。

固化或完成施工后的防腐层应采用无损测厚仪检测厚度,其要求如下:

(1)四象限测量(即时钟位置 0:00、3:00、6:00 和 9:00)。作为最低要求,沿管道长度方向每个作业坑至少测量一组数据。

（2）每个测点一个读数：在直径为4cm的圆内至少要读取三个数据的平均值，舍弃任何不具重现性的高、低读数，取可以接受的作为该测点的测量值，计算平均值。

（3）厚度要求：防腐层的最小厚度应符合要求，每组测量平均值不得低于规定的最小厚度，90%的单个测量点值不得低于规定的最小厚度，单个测量点值不得低于规定最小厚度的90%。

（4）如果任意作业坑内的干膜厚度不符合（3）的要求，则应进行附加测量以确定不符合要求的区域，进行修补。

4）漏点检测

防腐层漏点检测应满足下列要求：

（1）所有防腐大修管段必须100%进行漏点检测。

（2）冷缠胶带施工完成24h后，液态涂料固化后，方可进行漏点检测。

（3）防腐层检漏电压符合规定要求。

（4）单个作业坑：漏点≤5个，进行修补处理；超过5个漏点，全面修复。

（5）施工期间，检漏仪每天校验一次灵敏度及输出电压。

（6）回填完成后，应进行地面二次检漏。

5）黏结力测试

（1）缠带类：包括带/钢、带/带剥离强度测试，每1000m至少抽查1个作业段，每个作业段抽查2处。剥离强度应满足要求，若1处不合格，应在同一作业段再抽查2处，如仍有不合格，该作业段全部返修；同时另外抽查一个作业段，如果不合格，该1000m全部返修。

（2）液态涂料类：每1000m大修段检查3~4处，附着力应满足要求，若1处不合格，应在同一管段再抽查2处，如仍有不合格，全部返修。

（3）黏结力测试所破坏的防腐层，应立即修补。

3.防腐层补涂、修补及复测

（1）大修完工的防腐层，若存在厚度不够、漏点等缺陷或不符合要求都应进行补涂、修补。

（2）对于液态涂料，补涂前应对存在缺陷的表面（如厚度不够、漏点等）进行打毛处理，采用粗砂纸或动力磨砂机打磨露出完好涂层或基体。为了保证层间黏结，缺陷部分周围应呈放射状多处理4cm左右。用干燥的压缩空气或者干布去除处理完表面的松散颗粒和粉尘，然后进行重新涂装。重新涂装的涂层和周围涂层的搭接不少于25mm。

（3）对于缠带类防腐层，修补前应清除缺陷处的旧防腐层，并进行打毛处理，然后用干燥的压缩空气或者干布去除处理完表面的松散颗粒和粉尘。缠带时需将缺陷覆盖并缠绕一周半，和周围涂层的搭接不少于25mm。

（4）修补涂层的漏点检测采用和原涂层相同的检测电压和相同的检测方法。

（八）工程管理

工程开始前，施工单位编制施工方案并提交建设单位审批，一旦获得审批通过，不得随意变动。该方案应该包括但不限于以下内容：

（1）防腐材料的接收与检验。

（2）开挖与回填。

（3）旧涂层的清除。

（4）重新涂装前表面处理。

（5）重新防腐涂装。

（6）质量控制与检验。

（7）HSE 方案。

二、技能操作

(一)准备工作

1.材料准备

序号	名称	规格	数量	备注
1	施工技术方案	—	1份	—
2	纸	—	若干	—
3	笔	—	1支	—
4	绝缘手套	不低于10kV	1副	—

2.设备准备

序号	名称	规格	数量	备注
1	管道	—	1段	大修管段

3.工具和仪表准备

序号	名称	规格	数量	备注
1	锚纹深度仪	—	1台	—
2	电火花检漏仪	—	1套	—
3	防腐层无损测厚仪	—	1套	—
4	涂层测厚仪	—	1台	—
5	卷尺	—	1个	—
6	相机	—	1台	—
7	防腐层地面检漏仪	—	1套	—

4.人员

一人单独操作,劳动保护用品穿戴整齐,工具、材料准备齐全。

(二)操作规程

（1）检查进场材料。

（2）检查进场设备、工器具。

（3）检查管沟开挖、表面处理、底漆涂刷、防腐涂装、表观检查、电火花检漏、管沟回填、地貌恢复、地面检漏等步骤施工质量。

（4）对检查问题拍照并记录。

（三）技术要求

（1）防腐层大修所用施工材料应符合施工要求，经过验收合格后方可使用。

（2）防腐层大修所用设备、工具性能及数量应满足施工要求。

（3）防腐层大修各步骤施工应符合相关技术规范要求。

（四）注意事项

对检查中发现的质量问题应及时向施工方提出整改意见，并监督整改。

项目二　维护水工保护设施

一、相关知识

在管道水工保护设施维修中，干砌块石、浆砌块石、混凝土、钢筋混凝土等稳管措施是应用得最为广泛的施工项目，所以必须掌握其施工技术标准和要求，以便在实践中更好地指导施工，保证施工的质量。

（一）干砌石施工方法

> GBD003 干砌
> 石施工的方法

干砌石应选择适宜的石块形状，使石块互相咬搭紧密，较大石块应砌在底层，大面朝下，突出的边棱应稍加凿打，石块间砌缝宽度应尽量小，宽度不得超过 3cm，空隙要用小石块和碎石填实，不得有石块松动，悬立、坍陷等缺点。

干砌石用作防护，如修筑护基、护底时应大面朝下，按设计标高开挖河床或坡面，夯实后再铺砌。铺砌护基时应由外面向内铺砌，铺砌护底时应由两端向中间铺砌。铺砌时应考虑两边的连接，需要打边去角的要去好边角，以便接砌，不平时可填垫碎石。

护基、护底的基础的垂墙，应先砌外侧，后砌内侧，外侧应高于内侧，以防止下滑现象，如图 2-3-2 所示。

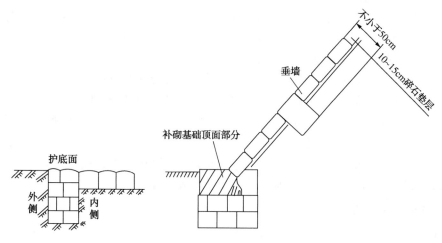

图 2-3-2　护基、护底及基础垂墙砌筑示意图

铺砌护坡时应首先将坡面夯实后,铺碎石垫层100~150mm,然后开始砌石,石料的大面应与坡面垂直,坡面应平顺,用2m长的弦线拉直检查,坡面的凸凹点不应超过50mm。护坡的基础最好采用垂墙式,基础砌到将近标高时,要留一层石头的位置等砌好坡角后,再补砌基础顶面。砌筑坡面时,每隔1m砌丁石一块,廿石可插入垫层内,厚度应大于块石层,一般不小于50cm。

GBD004 石笼
施工的方法

(二)石笼施工方法

石笼就是将石块填充在铁丝、木、竹等材料编织的笼内。石笼主要用于防护、抵御河水对构筑物的冲击,下面介绍通常用的铁丝石笼。

编织铁丝笼并装上石头或卵石等,常用的石笼有方形及圆柱形,编织铁丝笼可用3.2~4.0mm的镀锌铁丝,最好采用4.0mm的镀锌铁丝。铁丝的网孔分为六角形和方形两种,六角形的网孔较为圆滑,损坏后不会变大,容易修复。网孔的孔眼一般不应超过140mm。六角形的网孔多用于编织方形铁丝笼,方孔眼多用于编织圆柱形铁丝笼。为了使石笼不易变形损坏,可用6~8mm的钢筋做骨架。网孔的编法如图2-3-3所示。

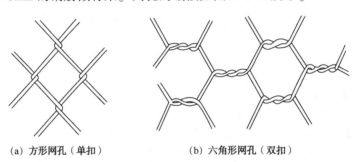

(a) 方形网孔（单扣）　　　　　(b) 六角形网孔（双扣）

图 2-3-3　网孔编法示意图

圆柱形石笼的封口有两种方法:一种是两端用一根波形铁丝连好,中部留缺口,装好石块后以小撬棍扭好;另一种方法为全部开口,每边各插入一根直铁丝,装好石块后将两根铁线扭在一起封口。尽量将大块石装在靠近铁丝笼网孔处,以便石笼变形时,石块不致流出。

石笼间的联结可以用铁丝,也可以用6mm粗的圆钢。相互联结得好坏对石笼的使用寿命有很大影响,所以要特别注意检查相邻石笼的联结情况与石笼孔眼是否有损坏的地方,如有损坏,应立即用铁丝重新编好。

石笼的编织一般在施工现场进行,石笼编织好就位,装好石块封口。

石笼除采用铁丝编织外,也有用木材、竹子等材料制成的,但木材、竹子较铁丝材料腐蚀得快,所以一般不宜使用。如果防护工程是临时性的、数量较小或易于更换而费用不大时,可就地取材用荆条、柳条等材料代替铁丝编织石笼。

石笼防护属于半永久性构筑物,用以防护河岸或管堤边坡的冲刷,可适用于较陡的边坡;用以防护基础的淘冲,可视为具有柔性的平面防淘措施;也适用于防洪抢险方面。

GBD005 浆砌
石施工的方法

(三)浆砌石施工方法

用胶凝材料(如水泥砂浆)使石料相互胶凝的砌体称为浆砌石。

浆砌石分为浆砌片石、浆砌块石、浆砌粗料石、浆砌河卵石,在管道水工保护工程中常用的是浆砌片石、浆彻块石,特殊情况下,重要工程也用浆砌粗料石,在卵石取材方便的地区也有用浆砌河卵石的。

浆砌块（片）石的应用范围很广，如挡水（土）墙、护坡、管涵、过水路面等工程中都需使用浆砌片（块）石。

1.浆砌片石

在砌筑前应首先根据设计要求挂好中线和边线，线要拉紧，距离一般为 3～5m，太长时不容易准确。使用的石料应加以选择，把较大的棱角和较薄的破茬略加修整，有破裂和严重水纹的石料要打开，石料表面的泥土、污垢应清洗干净。片石应按大、中、小分类堆放，片石 2～20kg 的为小号，21～50kg 的为中号，51～150kg 的为大号。要砌筑在面上的片石应选择有较大平面的另外堆放，砌筑前应将片石浸湿，以免吸收砂浆中的水分。

第一层基础如果建筑在不良的地基上时，应用较大的片石干砌，用力压实，以稀灰浆灌缝，然后用小块片石挤入砂浆中，使砂浆充满空隙：如建筑在坚硬岩石地基上时，应先在底层铺上一层砂浆，再接着砌片石，空隙处用砂浆填沟，用灰刀插实，底层铺好后再开始砌石。

如新砌片石松动时，应先把松动部分凿除，把碎渣、粉末及松散的砂浆清除干净，并用水冲洗，使石质潮润，然后进行补砌。

砌石时要选择方正的大块片石，安装在工作面的两端或四角作为走位行列的石块上，然后依次向中线砌筑，砌定位石时表面不得用碎石镶垫，中缝中的空隙应全部充满砂浆。

每缺片石应在砌筑前都要整修好，不准在已砌好的砌体上敲打。整修后在已砌好的相邻片石的侧面与顶面抹上 40～50mm 厚的砂浆，砂浆铺好后实砌片石，并用手揉压，同时用锤向已抹灰的侧面轻轻敲打，把侧缝与底面的灰浆挤实，这样灰缝可保持 20～30mm 的厚度。实砌好的片白不宜再动，以免灰浆外溢过多，造成千缝和空缝：在砌石收工前，用砂浆将灰缝填满，刮平压实，用草袋等覆盖。

浆砌片石可不必按每块石料厚度砌平，但需每隔 0.7～1.2m 为一层，大致找平一次。

2.浆砌块石

对石料应加以修整，外浇面要做到没有明显凸凹。浆砌块石的步骤和浆砌片石大体相同。先砌角石，再砌镶面石，然后填腹（填充石料与基础之间的空隙）：在接砌前应先做浆，并事先把石块浇湿，镶面的垂直缝应先把砂浆分层填入，用灰刀捣实，不能用稀浆灌注。填腹也应用挤浆法，先铺浆，再将石块放入挤紧，这样垂直灰缝中就会挤入 1/2 到 1/3 的砂浆，不满部分再分层插入砂浆，不得用小石块或碎石填塞。每一行列均以一丁一顺或一丁两顺交替的方法砌筑，丁石尾部在阳角处砌成灰缝。

镶面部分需另行勾缝时，应在砌筑时预留 20～30mm 深的空缝，不填砂浆，等砌体砂浆凝固后，再用 M10 号砂浆仔细压实勾缝。勾缝前应将缝内用水冲洗干净，并刷一层纯水泥浆。勾缝一般采用平缝和凸缝，灰缝宽不超过 20mm。

块石砌筑时可不按每块石料厚度分层，但需每隔 0.7～1.2m 高度分为一段找平一次，每段内和两段相接处的垂直错缝均不得小于 80mm。

块石砌筑的灰缝宽度不大于 20mm，块石用灰填腹时水平缝不大于 30mm，垂直灰缝一般不大于 40mm，填腹石的灰缝应彼此错开。

3.浆砌粗料石

粗料石是在采石场根据设计单位提出的规格尺寸加工的。

1) 粗料石砌体的砌筑顺序和要求

(1) 每层镶面石要事先按规定的灰缝宽度及错缝位置等放样配好,在砌筑面石处,铺一层比砌缝稍厚的砂浆,按顺序安砌料石,并随即填塞捣实垂直灰缝。

(2) 每层镶面石从砌体的曲线或拐角处开始安砌,并首先安砌角石。

(3) 一个整层的镶面石砌成后,再填砌腹石使之与镶面石大致同高,有时用混凝土填腹,一般镶面石可先砌筑 2~3 层后再灌筑混凝土。

2) 粗料石砌筑镶面时的规定

(1) 镶面行列应成水平,行列中各邻接石块间灰缝应垂直。

(2) 镶面石行列的高度应固定不变或向中间递减。

(3) 每一行列中均以一丁一顺交替的方法砌筑。

(4) 两个邻接行列中的重缝错开不得小于 10cm,在丁石的上层或下层均不得有等边的垂直灰缝,如错缝确实有困难时,允许在丁石的顶面或顶上只有一面有垂直边缝。

(5) 粗料石砌筑时采用 M10 水泥砂浆,浆砌料石在水工防护工程中采用较少。

4. 浆砌石的冬季施工

当预计连续 10d 的平均气温低于 5℃时,或昼夜最低气温低于-3℃时,砌石工程应按冬季施工办理。

(1) 冬季砌石的主要施工方法如下:

①设置活动式的或固定式的暖棚砌筑,并向暖棚内配给足够的热量和湿气,使地面处的温度不低于 5℃,所用石料应提前运入棚内预热至正温(温度为零度以上),砌筑砂浆的温度不低于 15℃。

②使用抗冻砂浆砌筑。

③采用其他能确保砌体不受冻害的方法(如覆盖蓄热法,掺入防冻快硬附加剂等)。

(2) 在进入冬季施工前,如天气突然寒冷(夜间最低气温不低于-3℃,白天气温高于0℃)时,已开工的砌石工程仍可按正常施工顺序进行,但应采取下列措施:

①用温水拌制砂浆,砂浆温度应符合表 2-3-1 要求。

表 2-3-1　砂浆在拌制和铺砌时的温度（℃）

室外温度	砂浆在铺抹时的最低温度	砂浆在拌制时的最低温度
5~0	10	15
0~-5	15	20
-6~-10	20	30
-11~-15	25	40
-16~-20	30	50
-21~-25	40	55
-26~-30	45	60

②进行快速铺砌,砂浆尽量拌制,在工作中设法加速铺砌。

③已砌成的砌体,夜间应覆盖(用草袋、麻袋、草帘等)保温,当温度低于 5℃时不能洒水。

④施工地点应设置挡风设施。

(3) 为使砂浆达到所需温度,应将砂浆和水加热,其加热温度需通过热计算和拌制予以

调整决定,且应注意下列事项:

①材料加热时,水及砂子的容许最高温度要根据水泥种类确定,使用普通硅酸盐水泥时,水的加热温度不宜超过30℃;如必须加热60℃以上时,应先将砂子和水稍加拌和后再将水泥加入。

当单纯将水加热难使砂浆达到必要温度时,或砂子已冻结、混有冰雪时,砂子必须进行加热,砂子的加热温度一般以不超过40℃为宜。

水泥不得加热,使用前须放在暖棚中。

施工气温在0~5℃时,必须用热水拌制砂浆。

②冬季施工砂浆拌制一般应用砂浆搅拌机在暖棚内进行,但搅拌时间不得少于2min。如砌石体积较小,可以在暖棚中用加热的水人工进行拌制,但是要比夏季拌和时间长,更应搅拌均匀。

③砂浆运送要采用较大的保温容器,中途不得倒装,防止热量散失。砂浆应随拌随用,每次拌制以半小时用量为宜。

(4)抗冻砂浆。

为了增加砂浆的抗冻性,一般采用氯化钙、氯化钠溶液作为防冻剂拌制砂浆,这些具有防冻性能的砂浆称为抗冻砂浆。但是附加剂的渗入量一定要按规范要求、产品说明书或通过试验来确定。

①抗冻砂浆不能用于要求砂浆标号高于M20号的重要工程。

②抗冻砂浆使用时的温度一般不低于5℃,如设计无要求,当日最低气温不高于-15℃时,对砌筑承重砌体的砂浆强度等级应按室温施工时提高1级。

③抗冻砂浆建筑施工规范规定(掺盐法)所用盐类以氯化钠为主,气温过低时,可掺用双盐(氯化钠和氯化钙),掺盐砂浆应符合表2-3-2规定。

表2-3-2　掺盐砂浆的掺盐量(占用水量的百分比)

类　　型		用途	日最低气温			
			≥-10℃	-15~-11℃	-20~-16℃	<-28℃
单盐	氯化钠	砌砖	3%	5%	7%	—
		砌石	4%	7%	10%	—
双盐	氯化钠	砌砖	—	—	5%	7%
	氯化钙		—	—	2%	3%

注:(1)掺盐量以无水氯化钠和氯化钙计。

(2)如有可靠试验依据,也可适量增减盐的掺量。

(3)当日最低气温低于-20℃时,砌石工程不宜施工。

二、技能操作

(一)准备工作

1.材料准备

序号	名称	规格	数量	备注
1	维护方案	—	1份	—

续表

序号	名称	规格	数量	备注
2	纸	—	1张	—
3	笔	—	1支	—
4	水泥	—	适量	—
5	砂	—	适量	—
6	镀锌铁丝	8号	适量	—
7	石料	—	适量	—

2.设备准备

序号	名称	规格	数量	备注
1	水工	—	1处	—

3.工具和仪表准备

序号	名称	规格	数量	备注
1	铁锹	—	1把	—
2	灰刀	—	1把	—
3	钢钎	—	1根	—
4	相机	—	1台	—

4.人员

一人单独操作,劳动保护用品穿戴整齐,材料、工具准备齐全。

(二)操作规程

(1)清理水工设施损毁部位。

(2)对石笼网开裂、石笼填充石风化部位进行更换。

(3)对水工开裂问题采用水泥砂浆进行修补。

(4)对水工基础裸露采取回填或垒砌沙袋补强。

(5)对水工墙身垮塌采取打桩及垒砌沙袋防护。

(6)对堵塞泄水孔进行疏通。

(7)对检查出的问题拍照并记录。

(三)技术要求

(1)对水泥标号认真核对,检查水泥生产日期,不能使用过期的产品。

(2)维修施工时,应注意不能改变原有水工保护的形式。

第三部分

技师技能要求及相关知识

模块一　阴极保护及防腐层

项目一　排除恒电位仪故障

JBA001 恒电位仪常见故障的排除方法

一、相关知识

阴极保护系统常见故障分两大类,一类是恒电位仪故障,另一类是恒电位仪外部故障。当恒电位仪发生故障时,要根据不同仪器生产厂家的相关技术资料对照故障现象做出分析判断及处理,最终的目的要保障恒电位仪能够正常运行。本项目介绍恒电位仪常见故障及排除方法。

二、技能操作

(一)准备工作

1.材料准备

序号	名称	规格	数量	备注
1	恒电位仪说明书	—	1份	—
2	晶闸管	50A,100V	适量	—
3	导线	BV R1.0	2m	—
4	电阻	10Ω,2W	1只	—
5	假负载	0~4Ω,500W	1只	—
6	分压器	—	1只	—
7	插头排	—	—	仪器配套
8	干电池	1号	1节	—
9	维修材料	—	若干	日常通用
10	水	—	适量	—
11	焊接材料	—	适量	—
12	纸	—	1张	—
13	笔	—	1支	—
14	砂纸	—	若干	—

2.设备准备

序号	名称	规格	数量	备注
1	恒电位仪	PS-1	1台	在用

3.工具和仪表准备

序号	名称	规格	数量	备注
1	电工工具	—	1套	—
2	饱和硫酸铜参比电极	便携式	1支	—
3	万用表	输入阻抗:≥10MΩ	1块	—
4	螺丝刀	细杆	1把	—
5	电烙铁	40~60W	1只	—
6	示波器	通用	1台	—

4.人员

一人单独操作,劳动保护用品穿戴整齐,用具、量具准备齐全。

(二)操作规程

(1)故障现象:输出电流、电压为零,各指示灯正常,"保护电位"比"控制电位"高约0.5V,告警连续。

故障原因:"参比电极"或"零位接阴"引线断线;硫酸铜参比电极的溶液流空。

排除方法:将断线接好;更换饱和硫酸铜参比电极。

(2)故障现象:输出电流为零,输出电压最大,"保护电位"比"控制电位"低,告警连续。

故障原因:快速熔断器松动或烧断,连续烧断要检查续流二极管。

排除方法:找出阴极或阳极线断路部位,重新接好。

(3)故障现象:输出电压、电流为零,极化电源指示灯不亮,告警连续。保护电位低于控制电位。

故障原因:极化电源熔断丝松动或烧断。连续烧断要检查可控硅是否短路或极化电源变压器等有关元件是否局部短路。

排除方法:找出有问题的元件更换。

(4)故障现象:输出电流比正常增大,输出电压最大,"保护电位"高于"控制电位",指示灯正常,告警连续。

故障原因:续流二极管开路;比较板故障。

排除方法:更换损坏的元件。

(5)故障现象:输出电压、电流同时增大,各指示灯正常,不启动(雷击以后会发生)。

故障原因:①伏特计场管特性变坏,检查校零点明显偏移,检查参比电流明显增大,拨动"测量""保护"转换开关,输出电压、电流会同时增加和减少。②比较板第一级场管特性变化,拨动转换开关,输出电压、电流不会变化。

排除方法:①更换场效应管。②无场效应管可以用$\beta \geq 100$的3DG6代之,然后伏特计停在"控制"挡上使用(因为阻抗略有降低)。为保护伏特计,人离开时,K1停在"控制"挡位上。

(6)故障现象:输出电压、电流为零,指示灯正常,"保护电位"为自然电位,告警连续。

故障原因:触发极故障;主可控硅触发极短路。

排除方法:找出有问题的元件更换。

（7）故障现象：输出电压达不到额定值，电流在额定值以内。

故障原因：①主可控硅或其中一个控制极开路；②辅助可控硅（在触发板上）阳极阴极间漏电；③电容漏电。

排除方法：找出开路或漏电位置，做连接或绝缘处理。

（8）故障现象：告警间断，输出电流大于或接近于额定值时又截止，间断周期约5s。

故障原因：过流镇定值变小，必须调节电位器（在比较极上面的多圈电位器），向逆时针调节。

排除方法：调整过流保护值。

（9）故障现象：输出电压在7V以下，输出电流在5A以下，输出电压、电流指针发生抖动。

处理办法：调节面板上"消振调节"电位器，直到不抖为止。

（10）故障现象：控制电位和保护电位不一致。

排除方法：①关机检查机械零点，开机检查调零。如调零不在零点，即要检查±12V电源，准确在±12V。往往±12V电源会影响伏特计零点，同时会影响控制电位、保护电位的不一致。②如果伏特计校零在零点上，而控制电位、保护电位不一致，则要调节电位器使之平衡。

（11）故障现象：输出电压超过表头量程，输出电流为零，连续报警。

故障原因：①阴极、阳极回路断线，阳极或阴极电缆断线；②快速熔断电路断线。

排除方法：查出断线位置，接好或更换快速熔断器。

（三）技术要求

（1）对带故障的仪器，要严格按照操作步骤进行检查。

（2）有无触发信号是检修时分割故障的关键。触发信号正常，说明故障出在仪器后部电源部分；无触发信号或信号不正常说明故障出在信号控制变化电路部分。有条件应使用示波器检查，可以提高检查的准确性和效率。

（3）更换损坏元件时，要搞清元件的规格型号，用代用品时，要注意各性能指标的相配性。

（4）判断晶闸管工作正常与否的简便方法是检查发射结的电压，当然这并不说明可以忽视其他参数。

（5）检查要认真仔细，对发现的问题要记录登记，归入仪器档案，属于产品质量问题或其他重要缺陷，要尽快通知厂方，要求解决。

（6）报警电路和过流（限流）保护电路故障是影响比较器正常工作的原因之一，但在以往介绍检修的材料中往往被忽略，应该引起足够注意。

（7）差动放大器的失调有时是故障现象，有时是故障原因（造成整机无输出），所以掌握调整方法是排除故障所必需的。

（四）注意事项

（1）无输出电压、电流是恒电位仪常见的故障，引起故障的原因很多，检修时应本着先外后内、先易后难的次序。

（2）要充分熟悉仪器的工作原理和信号控制流程，建立分析故障的系统思路。

（3）在检修恒电位仪的过程中,要注意安全用电。

（4）恒电位仪的型号不同,但检查排除故障的程序基本相同,注意电路组成和元部件的差别,就可以达到举一反三的目的。

（5）本检修故障的流程按单一故障设计,在实际检修过程中,如果排除一个故障后,仪器还未恢复正常,则应继续按流程向前检查,直至故障排除。

JBA001 恒电位仪常见故障的排除方法

项目二　设计简单的强制电流阴极保护系统

一、相关知识

JBA002 管道沿线电位电流的分布规律-JD

(一)管道沿线电位与电流的分布规律

如图 3-1-1 所示,强制电流阴极保护系统的电源正极接辅助阳极,负极接在被保护管道上,这一点称为汇流点或通电点。电流自电源正极流出,经阳极和大地流至汇流点两侧管道,即在两侧金属管壁中流动的电流是流向汇流点的。因此,沿线电流密度和电位的分布是不均匀的,在汇流点的电流密度和管道电位的绝对值最大,在汇流点两侧的电流密度和管道电位的绝对值随着与汇流点距离的增加而逐渐降低。

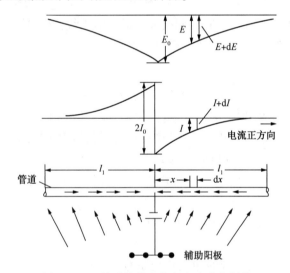

图 3-1-1　管道沿线电位与电流分布规律

l_1—管道阴极保护距离;x—管道上某点距汇流点的距离;dx—管道上某点距汇流点距离的变化值;E—管道电位;E_0—汇流点管道电位;dE—随着与汇流点距离的增加,管道电位的变化值;I—管道内的电流;I_0—汇流点管道内的电流;dI—随着与汇流点距离的增加,管道内电流的变化值

(二)设计参数的选取

强制电流阴极保护系统的设计参数可按下列常规参数选取:

（1）自然电位:-0.55V(CSE)。

（2）最小保护电位:-0.85V(CSE)。

（3）最大保护电位:-1.20V(CSE)。

（4）防腐层电阻。

对于新建管道可按下列参数选取，对已建管道应以实测值为依据。

①石油沥青、煤焦油瓷漆防腐层电阻：$10000\Omega \cdot m^2$。

②塑料防腐层电阻：$50000\Omega \cdot m^2$。

③环氧粉末防腐层电阻：$50000\Omega \cdot m^2$。

④三层复合结构防腐层电阻：$100000\Omega \cdot m^2$。

⑤环氧煤沥青防腐层电阻：$5000\Omega \cdot m^2$。

（5）钢管电阻率。

①低碳钢（20号）钢管电阻率：$0.135\Omega \cdot m^2/m$。

②16Mn钢钢管电阻率：$0.224\Omega \cdot m^2/m$。

③高强度钢钢管电阻率：$0.166\Omega \cdot m^2/m$。

（6）保护电流密度应根据防腐层电阻选取。

①在防腐层电阻为$5000\sim10000\Omega \cdot m^2$时：取$100\sim50\mu A/m^2$。

②在防腐层电阻为$10000\sim50000\Omega \cdot m^2$时：取$50\sim10\mu A/m^2$。

③在防腐层电阻为$50000\Omega \cdot m^2$时：取小于$10\mu A/m^2$。

> JBA003 阴极保护距离的计算方法

（三）强制电流阴极保护的保护长度计算

强制电流阴极保护的保护长度可按式（3-1-1）、式（3-1-2）计算：

$$2L = \sqrt{\frac{8\Delta V_L}{\pi D J_s R}} \qquad (3-1-1)$$

$$R = \frac{\rho_T}{\pi(D'-\delta)\delta} \qquad (3-1-2)$$

式中　L——单侧保护长度，m；

ΔV_L——最大保护电位与最小保护电位之差，V；

D——管道外径，m；

J_s——保护电流密度，A/m^2；

R——单位长度管道纵向电阻，Ω/m；

ρ_T——钢管电阻率，$\Omega \cdot mm^2/m$；

D'——管道外径，mm；

δ——管道壁厚，mm。

（四）强制电流阴极保护系统的保护电流

可按式（3-1-3）计算：

$$2I_0 = 2\pi D J_S L \qquad (3-1-3)$$

式中　I_0——单侧保护电流，A。

> JBA005 辅助阳极有关的计算方法

（五）接地电阻的计算

辅助阳极接地电阻应根据埋设方式分别按式（3-1-4）、式（3-1-5）、式（3-1-6）计算。

1.单支立式阳极接地电阻的计算

$$R_{V1} = \frac{\rho}{2\pi L}\ln\frac{2L}{d}\sqrt{\frac{4t+3L}{4t+L}} \qquad (t \geq d) \qquad (3-1-4)$$

式中　R_{V1}——单支立式阳极接地电阻，Ω；

　　　L——阳极长度（含填料），m；

　　　d——阳极直径（含填料），m；

　　　t——埋深（填料顶部距地面），m；

　　　ρ——阳极区的土壤电阻率，$\Omega \cdot m$。

2. 单支水平式阳极接地电阻的计算

可按式（3-1-5）计算：

$$R_H = \frac{\rho}{2\pi L} \ln \frac{L^2}{td} \qquad (t \geqslant L) \tag{3-1-5}$$

式中　R_H——深埋式阳极接地电阻，Ω；

　　　L——阳极长度（含填料），m；

　　　d——阳极直径（含填料），m；

　　　t——埋深（填料顶部距地面），m；

　　　ρ——阳极区的土壤电阻率，$\Omega \cdot m$。

3. 辅助阳极组接地电阻的计算

可按式（3-1-6）、式（3-1-7）计算：

$$R_Z = F \frac{R_a}{n} \tag{3-1-6}$$

$$F \approx 1 + \frac{\rho}{nsR_a} \ln(0.66n) \tag{3-1-7}$$

式中　R_Z——辅助阳极组接地电阻，Ω；

　　　F——辅助阳极电阻修正系数，可查图 3-1-2；

　　　R_a——单支辅助阳极接地电阻，Ω；

　　　n——阳极支数；

　　　ρ——土壤电阻率，$\Omega \cdot m$；

　　　s——辅助阳极间距，m。

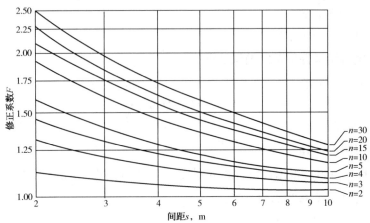

图 3-1-2　由 n 只阳极组成的阳极地床的修正系数 F

(六)阳极的质量

首先应根据实际需要确定阳极的使用寿命,再按式(3-1-8)计算阳极的质量。

$$G = \frac{TgI}{K} \tag{3-1-8}$$

式中　G——阳极总质量,kg;

　　　g——阳极的消耗率,kg/(A·a);

　　　I——阳极工作电流,A;

　　　T——阳极设计寿命,a;

　　　K——阳极利用系数,取 0.7~0.85。

(七)计算电源的功率

JBA004 电源功率的计算方法

电源的功率按式(3-1-9)至式(3-1-13)计算。

$$P = \frac{IV}{\eta} \tag{3-1-9}$$

$$V = I(R_a + R_L + R_C) + V_r \tag{3-1-10}$$

$$R_C = \frac{\sqrt{R_T \gamma_T}}{2\text{th}(\alpha L)} \tag{3-1-11}$$

$$\alpha = \sqrt{\frac{\gamma_T}{R_T}} \tag{3-1-12}$$

$$I = 2I_0 \tag{3-1-13}$$

式中　V——电源设备的输出电压,V;

　　　R_a——阳极地床接地电阻,Ω;

　　　R_L——导线电阻,Ω;

　　　R_C——阴极(管道)/土壤界面过渡电阻,Ω;

　　　α——管道衰减因数,m^{-1};

　　　γ_T——单位长度管道电阻,Ω/m;

　　　R_T——防腐层过渡电阻,Ω;

　　　L——被保护管道长度,m;

　　　V_r——地床的反电动势(V),焦炭填充时取 $V_r = 2\text{V}$;

　　　I——电源设备的输出电流,A;

　　　I_0——单侧方向的保护电流,A;

　　　P——电源功率,W;

　　　η——电源设备效率,一般取 0.7。

选购设备时按计算功率的 2~3 倍选取恒电位仪的额定功率。

二、技能操作

(一)准备工作

1. 材料准备

序号	名称	规格	数量	备注
1	管道资料	—	1份	—
2	相关标准	—	1份	—
3	笔	—	1支	—
4	纸	—	若干	—

2. 人员

一人单独操作,劳动保护用品穿戴整齐,用具、量具准备齐全。

(二)操作规程

(1)画出强制电流阴极保护系统简图。

(2)正确选取阴极保护参数。

(3)计算保护长度。

(4)计算汇流电流。

(5)计算阳极接地电阻值。

(6)计算电源的功率。

(7)编制说明书、设备表、材料表。

(三)技术要求

(1)设计时要考虑到施工的可行性、可操作性。

(2)设计要符合规范要求。

(3)设计要考虑选材范围,尽量选用标准、规范的材料,并且注意节省投资,避免浪费。

(4)要充分考虑到管道防腐层状况,保护电流要留有一定的富裕量。

(5)选取恒电位仪的额定功率要留有一定的富裕量,按计算功率的2~3倍选购。

项目三 设计简单的牺牲阳极阴极保护系统

JBA006 牺牲
阳极阴极保
护的有关计
算方法

一、相关知识

(一)所需保护电流的计算

管道保护电流按式(3-1-14)计算。

$$I = SJ_s = \pi DL \cdot J_s \qquad (3\text{-}1\text{-}14)$$

式中　I——区域内保护电流,A;

　　　S——被保护对象的表面积,m^2;

　　　D——外径,m;

L——长度，m；

J_s——保护电流密度，A/m²。

式(5-1-14)中保护电流密度的选取：对于新建管道，根据防腐层绝缘特性参数选取；旧管道以实测值为依据，没有实测数据时，可按 1~10mA/m² 选取，对接地极以实测值为依据。

(二)阳极接地电阻的计算

(1)单支立式牺牲阳极接地电阻按式(3-1-15)计算：

$$R_v = \frac{\rho}{2\pi L_g}(\ln\frac{2L_g}{D_g} + \frac{1}{2}\ln\frac{4t_g+L_g}{4t_g-L_g} + \frac{\rho_g}{\rho}\ln\frac{D_g}{d_g}) \quad (L_g \geqslant d_g, t_g \geqslant L_g/4) \quad (3-1-15)$$

式中　R_v——立式牺牲阳极接地电阻，Ω；

ρ——土壤电阻率，Ω·m；

L_g——裸牺牲阳极长度，m；

D_g——预包装牺牲阳极直径，m；

t_g——牺牲阳极中心至地面的距离，m；

ρ_g——填包料电阻率，Ω·m；

d_g——裸牺牲阳极等效直径，m，$d_g=\frac{c}{\pi}$，c 为周长，m。

(2)单支水平式牺牲阳极接地电阻按式(3-1-16)计算：

$$R_h = \frac{\rho}{2\pi L_g}(\ln\frac{2L_g}{D_g}[1+\frac{L_g/4t_g}{\ln^2(L_g/D_g)}] + \frac{\rho_g}{\rho}\ln\frac{D_g}{d_g}) \quad (L_g \geqslant d_g, t_g \geqslant L_g/4) \quad (3-1-16)$$

式中　R_h——水平式牺牲阳极接地电阻，Ω；

ρ——土壤电阻率，Ω·m；

L_g——裸牺牲阳极长度，m；

D_g——预包装牺牲阳极直径，m；

t_g——牺牲阳极中心至地面的距离，m；

ρ_g——填包料电阻率，Ω·m；

d_g——裸牺牲阳极等效直径，m，$d_g=(\frac{c}{\pi}$，c 为周长$)$m。

(3)多支牺牲阳极接地电阻按式(3-1-17)计算：

$$R_g = f\frac{R_0}{n} \quad (3-1-17)$$

式中　R_h——多支组合牺牲阳极接地电阻，Ω；

f——牺牲阳极电阻修正系数，可查图3-1-3；

n——阳极支数。

(三)阳极输出电流的计算

阳极输出电流是由阴、阳极极化电位差除以回路电阻来计算的，见式(3-1-18)。

$$I_a = \frac{(E_c-e_c)-(E_a+e_a)}{R_a+R_c+R_w} \approx \frac{\Delta E}{R_a} \quad (3-1-18)$$

式中　I_a——阳极输出电流，A；

E_a——阳极开路电位,V;

E_c——阴极开路电位,V;

e_a——阳极极化电位,V;

e_c——阴极极化电位,V;

R_a——阳极接地电阻,Ω;

R_c——阴极接地电阻,Ω;

R_w——回路导线电阻,Ω;

ΔE——阳极有效电位差,V。

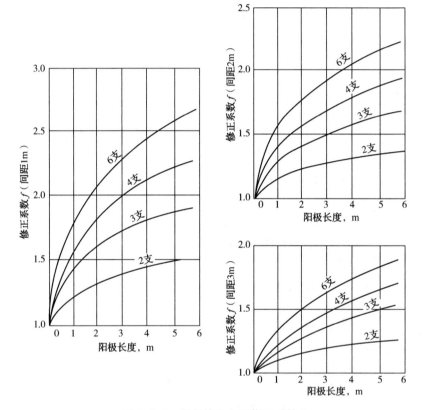

图 3-1-3　阳极接地电阻修正系数 f

一般,可忽略 e_a、e_c、R_w、R_c,利用右边的简式。

(四)阳极根数的确定

阳极根数按式(3-1-19)计算。

$$N = \frac{f I_A}{I_a} \qquad (3-1-19)$$

式中　N——阳极根数,支;

I_A——所需要的保护总电流($I_A = iS$,i 为被保护金属所需的保护电流密度,S 为被保护金属的总面积),A;

I_a——单支阳极输出电流,A;

f——备用系数,取 2~3 倍。

以上求得的阳极根数只是大约的数字,实际能否满足要求,有待投运时通过测量被保护管道的电位及其分布规律,及时进行调整。

阳极使用年限的计算见式(3-1-20):

$$T = 0.85 \frac{W}{\omega I} \qquad (3-1-20)$$

式中　T——阳极工作寿命,a;

W——阳极净质量,kg;

ω——阳极消耗率,kg/(A·a);

I——阳极平均输出电流,A。

总之,牺牲阳极保护系统应力求有较好的阳极性能及较长的工作寿命,因此,正确地选用阳极材料及尺寸,合理地确定阳极输出电流密度,以及阳极位置的选择都是很重要的。

二、技能操作

(一)准备工作

1.材料准备

序号	名称	规格	数量	备注
1	管道资料	—	1 份	—
2	相关标准	—	1 份	—
3	笔	—	1 支	—
4	纸	—	若干	—

2.人员

一人单独操作,劳动保护用品穿戴整齐,用具、量具准备齐全。

(二)操作规程

(1)正确选取阴极保护参数。

(2)选取阳极种类。

(3)计算阳极接地电阻值。

(4)计算所需保护电流。

(5)计算阳极根数。

(6)计算阳极工作寿命。

(7)编制说明书、设备表、材料表。

(三)技术要求

(1)设计时要考虑到施工的可行性、可操作性。

(2)设计要符合规范要求。

(3)所选阳极类型和规格应能连续提供最大电流需要量。

(4)阳极材料的总质量能够满足阳极提供所需电流的设计寿命。

(5)设计要考虑选材范围,尽量选用标准、规范的材料,并且注意节省投资,避免浪费。

(6)要充分考虑管道防腐层状况,保护电流要留有一定的富裕量。

项目四　管理区域性阴极保护系统

一、相关知识

JBA007 区域性阴极保护系统的特点-JD

(一)站(库)区域性阴极保护知识

站(库)区域性阴极保护是阴极保护技术发展中的一个新的方面,同长输油气管道阴极保护相比,其特点是保护对象不是单一的,而是一定区域内金属结构的复合体,如油田的油井、水井套管和相连的油水管道等,如泵站的炉、泵、阀、罐相连。这项技术在 20 世纪 50 年代首先应用于油田的单井保护并逐步发展而来,美国、加拿大等国家早已将此项技术应用于站(库)区,从 1996 年起,我国的管道运营公司就开始了这方面的研究与试验,并在一些站(库)成功地实施了阴极保护,从阴极保护效果来看,完全达到了设计要求,从而使罐、炉、泵、阀合为一体的系统得到腐蚀控制,取得了较好的经济效益。

目前,国内已形成了包括站(库)区域性阴极保护设计、施工验收及管理规程的行业标准 SY/T 6964—2013《石油天然气站场阴极保护技术规范》,为该项技术的推广应用打下了良好的基础。

站(库)区域性阴极保护原理:站(库)区域性阴极保护原理在于将被保护体——站(库)及其地下设施看成是一个整体实施阴极保护。

站(库)区域性阴极保护效果如何主要取决于下面几个因素:

(1)站内、外管线之间应实施电绝缘,埋地管道外防腐层应尽可能完整,地上管道支撑处应加绝缘垫,减少电流消耗。

(2)站内设施防雷、防静电接地应采用镀锌扁钢、锌包钢等比管道电位更负的材料。

(3)辅助阳极或牺牲阳极的分布应合理,以提高保护电流分布的均匀性。

JBA008 区域性阴极保护系统的管理方法

(二)站(库)区域性阴极保护管理规定

1.牺牲阳极系统的测试及运行管理

(1)牺牲阳极测试项目一般有:

①阳极开路电位。

②阳极闭路电位。

③系统保护电位。

④阳极输出电流。

⑤阳极接地电阻。

⑥阳极埋设点土壤电阻率。

(2)阳极输出电流和接地电阻每半年测量一次,阳极开路电位和阳极埋设点土壤电阻率可根据需要做不定期测试。

(3)牺牲阳极保护系统每年应维护一次。

(4)罐内牺牲阳极系统的运行维护执行 SY/T 0047—2012《油气处理容器内壁牺牲阳极

阴极保护技术规范》的要求。

2.强制电流阴极保护系统的测量

(1)强制电流阴极保护系统测试及记录如下。

①管/地电位、罐/地电位。

②电源设备运行参数。

③辅助阳极接地电阻。

④土壤电阻率。

(2)电位测量要求如下。

①区域性阴极保护系统保护电位在条件允许的情况下,宜采用极化探头法测量。

②储罐/地电位测试按 SY/T 0088—2016《钢质储罐罐底外壁阴极保护技术标准》的要求执行。

③在同一段管道测量的电位相差较大,或在同一储罐底板测量的电位相差较大时,应检测阳极区或阴极区的影响。

(3)每季度测量一次各阳极地床的输出电流,必要时根据电位测量结果进行调整。

(4)测量仪器仪表的使用要求如下:

①测量仪器、仪表应按说明书的规定进行操作、保养、维护。

②所有测量连接点,应保证接触良好。

③测量用导线宜用铜芯绝缘软线,当存在电磁干扰时,宜选用屏蔽导线。

④仪器使用完后要擦洗干净,长期不用时应退出表内干电池,以防电解液流出损坏表内零件。

(5)每月应逐桩测量保护电位一次,检查绝缘接头,并进行保护状态分析,将保护电位、保护电流、输出电压等参数填入统一格式的报表。

3.运行资料的管理

收集、整理并妥善保存下列运行资料:

(1)保护电位记录。

(2)阴极保护设备运行记录。

(3)储罐罐底维修记录。

(4)防腐层修补记录。

(5)牺牲阳极输出电流、开路电位记录及维护记录。

(6)阳极地床运行维修记录。

(7)阴极保护电源设备故障及维修记录。

(8)腐蚀记录等。

二、技能操作

(一)准备工作

1.材料准备

序号	名称	规格	数量	备注
1	管理操作规程	—	1份	—

序号	名称	规格	数量	备注
2	测量配线	—	3根	仪器配套
3	砂纸	—	1张	—
4	水	—	适量	—
5	纸	—	1张	—
6	笔	—	1支	—

2.设备准备

序号	名称	规格	数量	备注
1	恒电位仪	—	1台	—
2	区域阴保系统	—	1处	带测试点若干

3.工具和仪表准备

序号	名称	规格	数量	备注
1	电工工具	—	1套	—
2	饱和硫酸铜参比电极	便携式	1支	—
3	钢钎电极	—	2支	—
4	手锤	—	1个	—
5	万用表	输入阻抗：≥10MΩ	1块	—
6	接地电阻测试仪	ZC-8型	1台	—

4.人员

一人单独操作,劳动保护用品穿戴整齐,用具、量具准备齐全。

(二)操作规程

1.电源设备管理

(1)电源设备的运行管理按规定执行。

(2)若电源设备出现问题,要按恒电位仪维护程序排查处理。

(3)运行和备用的电源设备应做到无缺件、无杂物,技术状况良好。各种技术指标应符合说明书的规定。

(4)运行和备用的电源设备应定期切换运行。切换周期为每月一次,备用设备应完全切断与阴极保护系统的电连接。

(5)电源设备在首次投运或切换时,应先将仪器设在准备挡。将控制电位调低,接近自然电位。切换后再缓慢将电位调到预定值。

(6)电源设备应每月维护保养一次、每季度检查维修一次。

（7）每半年检查一次电源设备的避雷设施，雷雨季节增加检查次数。

（8）建立设备档案，认真填写运行、维修、故障记录。

（9）阴极保护间应保持清洁、通风、干燥；仪器、设备、工具摆放整齐；区域性阴极保护总平面图、外加电流系统接线图、电源电路图齐全。

2.阳极地床管理

（1）阳极地床每年检查一次，做好检查记录。

（2）阳极地床发生故障时要及时处理。

（3）阳极地床的地面标志及防护设施应保持完好。

（4）阳极地床的接地电阻每半年测试一次。

3.系统运行与维护

（1）区域阴极保护系统不得任意中断，因故停运 7d 以上，应由上级主管部门批准。管道阴极保护系统全年运行率不应小于 98%，保护率应达到 100%，保护效果应符合 GB/T 21448—2017《埋地钢制管道阴极保护技术规范》的规定。

（2）应定期进行区域阴极保护有效性的专项测试，每年至少一次。

（3）每月应测量管道通电电位一次，并进行保护状态分析。

（4）每日进行恒电位仪等电源设备的输出参数检查，对通电点电位的异常偏移及时进行调整，记录通电点电位、输出电流、输出电压等，并填写运行记录表。

（5）对于新安装的牺牲阳极系统，应在系统充分极化后，进行一次系统的管/地电位测试，测点可不局限于测试桩。

（6）对稳定的牺牲阳极系统，常规管道电位测量一般每半年一次。

4.资料汇编

按规定做好资料汇编。

（三）技术要求

（1）区域阴极保护系统的测试及系统设备的维护应符合 SY/T 6964—2013《石油天然气站场阴极保护技术规范》及公司相关规定的要求。

（2）检查中若发现故障要按检查程序检查。恒电位仪检查程序同长输管道一致，外线故障要逐步排查，发现问题要及时处理。

（3）测量仪要用标准型测量仪表，测量仪器的检查、维护要按规定执行。

（四）注意事项

（1）测量阳极接地电阻时，应断电操作。

（2）电源设备的维修应在假负载上进行，不得在电源设备运行中进行维修。在设备维修时，不得擅自改变结构和线路，需要改变时，应提出申请，报主管部门批准，并将绘制改装后的图纸资料存档。

（3）电器设备的接地线和避雷接地线应远离阳极地床。

项目五　编写阴极保护系统施工及投运方案

一、相关知识

(一)强制电流阴极保护系统施工方案

1.编制依据

(1)工程招标文件。

(2)工程线路施工图纸。

(3)工程线路施工技术要求。

(4)管道工程施工组织设计。

(5)现场及其周围环境进行调查所掌握的有关资料。

(6)相关标准及规范。

GB/T 21448—2017《埋地钢质管道阴极保护技术规范》。

SY/T 6964—2013《石油天然气站场阴极保护技术规范》。

GB/T 21246—2007《埋地钢质管道阴极保护参数测试方法》。

2.工程概况

(1)工程简介:主要有工程名称、管道线路沿途路径、管道长度、设计压力、材质、管径、线路监控阀室、穿跨越等;阴极保护系统主要包括阴极保护的方式、阴极保护站的分布、采用的极化电源设备及辅助阳极类型、阴极保护测试系统等。

(2)工程主要内容:阴极保护线路部分施工包括临时阴极保护安装、牺牲阳极安装、测试桩安装和电缆与管道连接等,根据工程特点,测试桩及临时阴极保护的安装、牺牲阳极安装、测试桩安装和电缆与管道连接等工作与主体管道保持同步施工,严格做到安装一处,确保一处。临时阴极保护测试及全线测试桩打号和阴极保护站投产测试由安装组抽调人员统一完成。

(3)阴极保护施工组织机构及成员。

3.主要施工方法及措施

施工程序:施工准备→临时阴极保护安装→测试桩安装→阀室阴极保护装置安装→强制电流阴极保护系统安装→阴极保护参数测试→试运行→正式运行→备品备件移交→竣工资料提交→交工。

1)施工准备

(1)提交工程用料,确保工程开工前落实到位,进行设备材料进场验收并做好记录。

(2)完成人员及设备机具的调迁。

(3)进行全线实地勘察,对地下水位、地质、地貌及进出道路充分了解并做好记录,以便对全线进行统筹施工,切实做好人员的调配和对工程进度的合理安排。

(4)进行全员技术交底,并做好记录。

(5)下发关键工序作业指导书,并责任到人。

2）临时阴极保护安装

（1）带状锌阳极的安装。

①按照设计图纸要求安装临时阴极保护系统。

②带状锌阳极产品质量证书所标成分应符合设计要求。

③对于暂时不安装的锌带阳极，单独设立储存库进行保管，严禁沾染油污、油漆和接触酸、碱、盐等化工产品。

④锌带电缆引线与锌带钢芯的连接采用铜焊法，焊接处及锌带非工作端面采用环氧树脂进行密封处理，如图 3-1-4 所示。

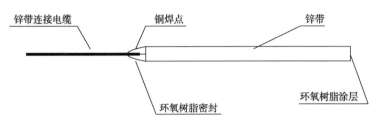

图 3-1-4　锌带阳极与电缆连接示意图

⑤锌带填包料的成分应符合设计要求。填包料应调拌均匀，不得混入石块、泥土、杂草等杂物。

⑥锌带阳极与管道同沟敷设，并与测试桩埋在管线的同侧，阳极埋深与管底一致。

（2）施工完毕后，将带状锌阳极通过测试桩内的短接片与管道连接。

（3）施工期间，每月对下沟回填并已安装临时阴极保护的管段，沿设置的测试点进行测试，并做好记录提交驻地监理工程师。这些测量一直到管线阴极保护系统投入正常使用为止。

4.测试桩安装

测试桩施工工序流程图如图 3-1-5 所示。

（1）施工前检查测试桩外观尺寸及内部结构是否完好，接线是否牢固。若产品本身带引线，检查其引线长度、绝缘层是否符合图纸要求。

（2）测试桩固定采用集中预制水泥固定墩，再在现场安装时填埋固定。

（3）根据施工图纸提供的测试桩位置，推算到实际焊口、管子上，并测出距最近的转角桩的距离、方向等数据，并在测试桩上注明桩的类型、编号及里程。

（4）采用光电测距仪进行测试桩埋设位置的测量，桩间距离误差不得大于 1.0m。测试桩的设置安装的位置必须与设计纵断面上的标注相一致。

（5）测试桩的测试导线与管道连接采用铜焊法施工，焊点至少离焊缝 100mm，焊接前首先使用刮刀将焊点处打磨出金属光亮表面；第二，将电缆与铜焊专用焊接线鼻压接在一起；第三，焊枪安装铜焊插脚及金属陶瓷环；第四，用焊枪将专用铜接线鼻压在管道表面实施焊接；第五，焊后将焊点处插脚过高的部分用锤子打掉，并以铜焊点不被打掉为合格，方可进行补伤处理。施工中注意除去管壁上的底漆及金属氧化膜，并将其清理干净，采用锉刀打磨出金属光泽至 Sa2.5 级。

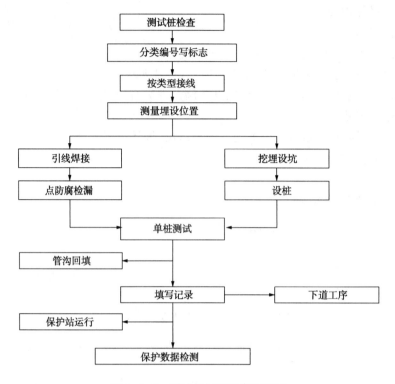

图 3-1-5　测试桩施工工序流程图

（6）根据设计要求,测试电缆焊接处采用补伤片进行补伤。补伤前采用毛刷及砂纸将补伤处的表面清理干净,并使用平板锉刀把搭接范围内的防腐层打毛,补伤片与周边防腐层搭接长度不得小于 200mm。

（7）补伤片施工采用火焰加热器进行。补伤时,预热管体表面至 60～100℃,填充密封胶,使用扁铲将熔化后的密封胶抹平,再将剪去四角的补伤片对准损面贴上,再使用火焰加热器从中间位置沿环向进行均匀加热;并采用辊子滚压,务必排净空气,直至热溶胶均匀溢出,最后再用热收缩带包覆住补伤部位,热收缩带与原防腐层的搭接宽度为 100mm。操作过程中,采用点接触测温仪随时测量管线防腐层及补伤片、带表面温度,不得超过其产品性能允许温度。

（8）回填前,焊口补伤采用电火花检漏仪进行检漏。并做好各种数据记录上报驻地监理工程师。

（9）测试桩电缆回填前,测量点旁将测量电缆敷设成一个大的蝴蝶结,并采用绝缘带将其固定在管子上,其引线留足 10% 伸缩余量,防止测试桩塌陷或管沟回填土塌陷拉断电缆。地下电缆的敷设须在管道下沟后、回填前进行,并贴于管壁顶部,每隔 5m 使用电工胶带与管道绑扎一次。

（10）测试桩测试电缆的色标按其功能进行划分,全线应一致。

（11）测试桩按设计要求埋入地下部分,回填时注意分层夯实。测试桩埋设应牢固稳定,桩要竖直。测试桩固定支架与基墩连接好后,刷沥青漆对基墩螺栓进行防腐处理;测试桩门匙涂抹防锈油膏。

（12）测试桩安装接线盒中接线柱和接头表面不得有油污和氧化皮。电缆测试引线头压接铜鼻子并搪锡。

（13）每一标段测试安装完毕后，对照施工记录统一组织实地核对检查，防止混设、漏设。

（14）测试桩编号及里程根据全线编排采用钢字统一打印。

（15）车辆无法进入的安装点，雇佣小型车辆或人力进行倒运，具体实施方法视现场情况而定，并由现场监理确认签字。

5.阀室阴极保护装置安装

接地电池、电位远传器的安装必须符合设计要求。接地电池埋深与管线相同，埋设后充分注水进行湿润，并做好各项测试记录。

6.强制电流阴极保护系统安装

工序流程如图3-1-6所示。

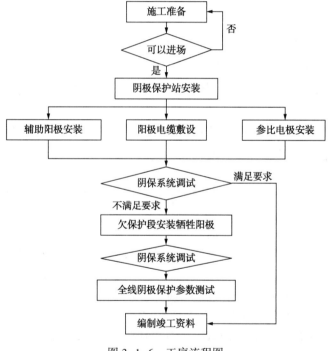

图 3-1-6　工序流程图

1）施工准备

（1）施工前，充分了解和掌握图纸要求，了解本施工区段中不同结构的阴极保护系统的功能及阴极保护站内外设施的分布和施工要求。

（2）做好备料工作，所有材料、设备的规格型号与设计图纸应相符，确因购买不到而需材料代用时，购置前应通知监理部和设计人员，设计人员签字认可后方可使用。

（3）各种设备到场后，根据装箱单开箱检查清点附件、设备和所附资料是否齐全、完整。检查直流电源设备，以保证内部接线坚固可靠；同时按产品出厂厂家给定检查方法接通电路,使用专用仪器对设备工作状况等技术指标进行逐台检验,不合格者不予验收。其验收接线如图 3-1-7 所示。

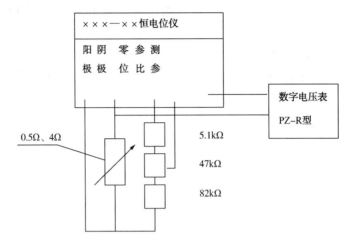

图 3-1-7 验收接线示意图

(4)检查辅助阳极的材料、尺寸、导线长度及安全件均必须符合设计要求,在搬运和安装时注意避免阳极断裂或损伤。

(5)对导线做绝缘探伤检查,有缺陷处必须修复。同时检查辅助阳极接头的绝缘密封性,任何破损、裂纹、缺陷都必须修复。

(6)阳极回填料的成分、粒径均应符合设计要求,填料中不得混有草、泥、石块等杂物。

2)阴极保护站安装

(1)恒电位仪的安装应按设计和设备说明书要求进行,采用专用工具进行操作,并符合下列规定:

①电源设备应小心轻放,不得振动。

②接线时应根据接线图核对交、直流电压的关系,输出电源的极性必须正确,并应在接线端子上注明"+"者"-"极符号。

③设备的接线应符合国家的电气法规,机壳必须接地。

(2)恒电位仪在送电前必须进行全面检查,各种插件应齐全,连接应良好,接线正确。主回路各螺栓连接应牢固,设备接地可靠。安装时必须将"零位接阴线"单独用一根电缆接到管道上。

(3)绝缘接头在组装焊接前,在监理监督下采用 500V 摇表进行绝缘检查,要求绝缘电阻不小于 10MΩ。

3)辅助阳极安装

(1)阳极地床位置由设计选定,阳极地床施工及阳极汇流电缆敷设时,需征地。征地和材料倒运方案施工时另行提出。

(2)阳极地床及电缆沟开挖采用单斗及人工辅助开挖。阳极埋设前,阳极表面采用酒精仔细清刷,不得有油污和锈层。

(3)当采用水平连续敷设辅助阳极时,阳极埋设沟沟底需进行平整。阳极埋设时,先铺一层厚约 180mm 的焦碳层,夯实后,将阳极水平放置于焦碳层上,再进行焦碳覆盖,四周焦碳应密实。施工时注意阳极居中及不得损伤导线和阳极。施工中禁止手提阳极外引线搬运就位。

(4)阳极汇流电缆通过测试桩与阳极电缆连接。

(5)辅助阳极埋设完毕后,埋设地点两端设水泥标志桩作为标志。

4)阳极电缆敷设

(1)阳极电缆上、下铺不小于 100mm 厚的细砂,上盖红砖进行保护,并作波浪形敷设,两端注意留少量裕度。

(2)阳极电缆沿线转角及其接头处设方位标志桩作为明显的标志。标志桩的数量根据施工时实际需要再定。

5)参比电极安装

(1)参比电极安装前,采用蒸馏水浸泡 24h。

(2)参比电极四周按照牺牲阳极填包技术进行填包,包裹袋采用棉布袋,参比电极尽量贴近管道垂直埋设,埋深与管道相同。

(3)参比电极埋设完毕后,注水充分进行浸泡,参比电极顶部注水 PVC 管充细砂高度须符合设计要求。

6)强制电流阴极保护系统的调试

(1)阴极保护系统调试时,其电源设备的给定电压应由小到大,连续可调。管道的阴极保护电位应达到设计要求。

(2)调试的保护电位以极化稳定后的保护电位为准,其极化时间不应小于 3d。

(3)当采用反电位保护调试时,应先投主机(负极接管道,正极接阳极),后投辅机(正极接管道,负极接阳极)。在停止运行时,必须先关辅机后关主机。

7)全线阴极保护参数测试

(1)阴极保护系统投运前,检查直流电源接线正确与否,机械强度及导电性能是否满足供电要求。

(2)强制电流保护投运前对管道自然电位进行测试,投运后每隔 2h 测量一次极化电流,当电流稳定 72h 后方可进行投运测试。

(3)临时带状牺牲阳极测试,必须在阳极埋入地下,填包料浇水 10d 后进行,并在 30d 后重复测试一次,以后每三个月测试一次,直至阴极保护站投运。强制阴极保护系统投运前,断开所有临时阴极保护的连接。

(4)测试所用仪表和工具施工前进行检验,仪表选型必须符合设计要求。

(5)所有测试记录均应注明测试日期、使用仪器、当时气温、通电日期及测试人等。测试完毕后,由监理签字确认。

(6)阴极保护电参数的测量方法执行 GB/T 21246—2007《埋地钢质管道阴极保护参数测试方法》。

7.质量保证措施

(1)施工现场成立质量管理小组,由主管施工处长任组长,质量员、技术员、各安装作业组长为组员,执行质量指标的工序控制、分析和保证程序,及时反馈检查、确认数据。

(2)施工现场设立专职和兼职质量员。专职质量员由有资格的质量人员担任,兼职质量员由各安装作业组长担任,保证质量指标的实施和基础资料的建立。

(3)按工程施工状况,指定课题,排出计划,在开工前组织施工人员学习质量管理知识,加强施工人员对质量管理的了解和应用。

(4)实行双教制、技术质量相结合、组织学习与本工程有关的质量法规、规范及工程技术要求,贯彻到班组和个人。

(5)开展质量活动,组织施工人员建立 QC 小组。选择课题和活动目标,开展技术攻关活动,提高工程质量。

(6)提高施工人员的质量责任心,清楚自己的工作技术要求、质量目标,做到严把质量关。

(7)树立施工人员为用户服务的思想、服从业主和施工监理的施工规定,及时完善指出的每项施工任务。做好用户服务工作,随时向用户征求意见。

(8)编制工程质量检验计划。加强工程施工过程的质量控制,坚持"三检制",开展"三工序"活动,检查结果及时上报下传。

(9)执行质量否决权制度。检查者必须对每道工序做好自检记录,对工序交接,经确认者签字后才能进行下道工序施工,不合格工序严禁转入下道工序。

(10)实行质量例会制度,进一步加强施工过程中的质量意识。

8.HSE 管理措施

(1)认真执行国家政府和上级有关 HSE 的方针政策、法律、法规、标准及文件。认真执行公司项目部的 HSE 方针、目标,并完成各项指标和任务。

(2)定期召开 HSE 会议,结合公司项目部 HSE 管理体系文件,总结 HSE 体系运行情况,收集、归纳职工提出的隐患报告,确实做好分析、统计和上报工作,并结合具体情况果断采取措施进行解决。

(3)建立饮食及营地卫生制度,确保职工野外劳动、卫生条件的改善。

(4)开工前组织参战职工进行安全强化学习,并进行安全知识考核。对于不合格者,一律不准上岗。

(5)确实落实保障职工健康安全的具体措施实施。严格执行电气安全操作规程,坚持持证上岗,实行施工安全一票否决制。

(6)正确穿戴个人防护用品,测试电缆焊接时注意佩戴护目镜。

(7)坚持班前安全喊话制度,坚持定期召开安全教育会议,时刻敲响安全警钟。

(8)切实执行定期安全检查工作,对检查出的隐患必须立即无条件整改。

(9)施工完毕后及时恢复地貌,保护环境的完整性,控制水土流失。

(10)将作业范围内的与施工有关的垃圾和碎片(如废补伤片、电缆皮、焊剂包装盒等)清理出现场,并运到合适地方进行统一处理。

9.技术要求

(1)阴极保护测试线与管体的焊接处防腐等级符合设计要求,测试导线与管道焊接要牢固,不得虚焊。

（2）阴保站设备安装、阳极地床埋设、电位及电流测试桩埋设、临时牺牲阳极埋设等应严格按设计详图及施工规范要求进行。

（3）施工中应做好各项原始记录，并签证齐全，工程技术资料表格及格式应按照业主统一下发的格式进行填报。

（4）交工技术资料应齐全、完整、准确，交工技术资料编制应符合业主规定。

JBA009 阴极保护系统的投运方法
JBA010 阴极保护系统投运方案的确定方法

（二）阴极保护系统投运方案

1.阴极保护投运前对被保护管道的检查

（1）没有绝缘就没有保护。为了确保阴极保护系统的正常运行，在施加阴极保护电流前，必须确保管道的各项绝缘措施正确无误。应检查管道的绝缘接头的绝缘性能是否正常；管道沿线布置的设施如阀门、闸井均应与土壤有良好的绝缘；管道与固定墩、跨越塔架、穿越套管处也应有正确有效的绝缘处理措施。管道在地下不应与其他金属构筑物有"短接"等故障。

（2）管道表面防腐层应无漏敷点，所有施工时期引起的缺陷与损伤，均应在施工验收时使用 PCM 检漏仪或音频检漏仪进行检测，修补后回填。

（3）管道导电性检查：对被保护管道应具有连续的导电性能。

2.对阴极保护施工质量的验收

（1）对阴极保护间内所有电气设备的安装是否符合《电气设备安装规程》的要求，各种接地设施是否完成，并符合图纸设计要求。

（2）对阴极保护的站外设施的选材、施工是否与设计一致。对通电点、测试桩、阳极地床、阳极引线的施工与连接应严格符合规范要求。尤其是阳极引线接阳极地床，管道汇流点接负极，要认真核对，严禁电极接反。

（3）阴极保护装置在竣工验收时，必须符合下列要求。

①竣工验收的工程符合设计要求。

②规定提出的技术文件齐全、完整。

③接规范规定进行外观检查，工程质量符合规范规定。

④按规范规定进行测试和检验，并做记录。

（4）竣工的阴极保护装置，在交接验收时，应提交下列技术文件。

①实际施工图。

②变更设计的证明文件。

③制造厂提供的说明书、试验记录、产品合格证件、安装图纸等技术文件。

④安装技术记录。

⑤调试试验记录，保护电位参数。

⑥隐蔽工程记录（电缆敷设、汇流点，阳极装置、检查片等）。

3.阴极保护投入运行

（1）组织人员测定全线管道自然电位（在临时阴极保护拆除24h后进行）、土壤电阻率、各站阳极地床接地电阻。同时对管环境有一个比较详尽的了解，这些资料均需分别记录整理，存档备用。

（2）阴极保护站投入运行:按照直流电源(整流器、恒电位仪、蓄电池等)操作程序给管道送电,使管道电位保持在−1.2V(CSE)左右,(土壤电阻率高时,可以将电位设置得更负些)待管道阴极极化一段时间(72h 以上)开始测试直流电源输出电流、电压、通电点电位、管道沿线通电电位等。若个别管段保护电位过低,则需再适当调节通电点电位至全线阴极保护电位达到保护电位为止。

（3）保护电位的控制:各站汇流点电位的控制数值,应能保证相邻两站间的管段保护电位(消除 R 降)达到−0.85V(CSE),同时,各站汇流点最负电位不允许超过规定数值[−1.20V(CSE)断电电位]。调节汇流点电位时,管道上相邻阴极保护站间加强联系,保证各站汇流点电位均衡。由于测量瞬时断电电位需要同时通断电源,程序烦琐,建议在汇流点处以及两个阴极保护站的中间位置安装极化探头,用来测量极化电位。

（4）当管道全线达到最小阴极保护电位指标后,投运操作完毕。各阴极保护站进入正常连续工作阶段。应在 30d 之内,进行全线近间距电位测量,以确保管道各点达到阴极保护规范要求,以后,每 5 年进行密间隔电位电位测量,之间要多次进行测试桩管道通电电位、套管、绝缘接头的电位测量。

(三)站场区域阴极保护施工方案

1.编制依据

编制过程中参考的技术标准包括:

GB/T 21448—2017《埋地钢质管道阴极保护技术规范》。

SY/T 6964—2013《石油天然气站场阴极保护技术规范》。

GB/T 21447—2018《钢质管道外腐蚀控制规范》。

GB/T 21246—2007《埋地钢质管道阴极保护参数测量方法》。

SY/T 0086—2012《阴极保护管道电绝缘标准》。

SY/T 0096—2013《强制电流深阳极地床技术规范》。

GB 50057—2010《建筑物防雷设计规范》。

编制过程中参考的其他资料包括:站场总平面布置图(竣工图)、阴极保护系统布设图(施工图)、接地总平面图(竣工图)。

2.工程概况

区域阴极保护是保证站内管道完整性的重要技术手段。要对工程立项的依据做简要的介绍。对实施工程针对的保护对象做一简要介绍。

3.工程目标

（1）针对被保护实体,具体实现目标为:消除土壤 IR 降的前提下,管/地电位达到−0.85V(CSE)或更负;或在阴极保护极化形成或衰减过程中,阴极极化电位差值满足100mV 准则。

（2）阴极保护辅助阳极附近区域的土壤电位梯度小于 5V/m。

（3）按期完成合同规定的所有工程量。

4.调研结果

针对被保护实体基本参数情况(土壤电阻率、自然电位、绝缘性能、干扰情况、站场阴极保护情况)进行调研,并出具调研结果。

5.设计流程

设计流程如图 3-1-8 所示。

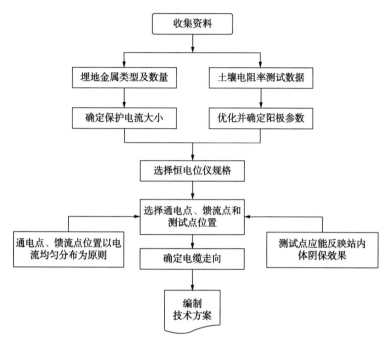

图 3-1-8　设计流程示意图

6.保护电流的计算

站场与土壤直接接触的金属材料主要包括:防腐层破损处的埋地钢质管道、镀锌角钢、锌包钢接地圆线和锌包钢接地极、钢质储罐。影响保护电流大小的因素主要包括:被保护结构物表面积、极化特性和实际的电位分布情况等。

根据前期调研结果,统计被保护结构的种类、规格、根据统计数据可计算得到被保护构筑物的保护面积,参考 SY/T 6964—2013《石油天然气站场阴极保护技术规范》,按式(3-1-21)计算被保护所需保护总电流。

$$I = \sum_{i=1}^{n} S_i J_i \qquad (3\text{-}1\text{-}21)$$

式中　I——站场阴极保护总电流,A;

　　　S_i——被保护体的表面积,m²;

　　　J_i——被保护体设计所需保护电流密度,A/m²。

保护电流还受到其他埋地金属(如混凝土中的钢筋)、站场电流分布不均等情况的影响,要留有余量。

7.区域阴极保护系统

1)方案确定

站场区域性阴极保护系统主要有牺牲阳极法和强制电流法两种。

牺牲阳极法具有不需要外界电源、运行维护简单、现场施工量小、对附近非保护金属构筑物无干扰、有一定排流作用等优点;其不足之处是输出功率较小、运行电位不可调、受环境因素影响较大。因此,主要适用于保护范围相对简单、提供电流量小、防腐层质量完好以及能够与非保护设施有效绝缘隔离的场合,可采用牺牲阳极法保护。

强制电流保护法具有输出功率大,保护范围广,保护电位可调、可控,受地质环境条件影响小等优点,是区域性阴极保护的主要方式,一般站场区域阴极保护采用此法保护。

2)阳极地床设计

强制电流区域性阴极保护系统的辅助阳极地床形式主要包括深井阳极、浅埋分布式阳极和线性阳极等。选用何种阳极地床应该结合被保护结构的特点:

(1)如果被保护结构比较单一,面积不大,分布比较分散,可以采用浅埋阳极地床的形式,不仅可以达到保护效果,而且施工不复杂,工程量小,成本也不高。

(2)如果被保护结构复杂,面积比较大,分布也比较集中,为了使电位分布均匀,避免屏蔽效应,这时可以选用深井阳极地床和柔性阳极地床。

3)辅助阳极材料

辅助阳极材料规格及数量要满足区域阴极保护电流的需求。

4)阳极数量及阳极井深的确定

阳极数量及阳极井深的确定要满足阳极组的接地电阻阻值要求。

8.阴极保护系统的构成

(1)恒电位仪的型号及数量。

(2)阳极地床的结构。

(3)阳极分线箱的设置及数量。

(4)通电点的设置。

(5)馈流点的设置。

(6)测试点的设置。

(7)连接电缆的规格型号。

9.其他说明

(1)防腐层修复的方法及说明。

(2)阴保效果调试的说明。

由于站场区域性阴极保护的实施受到外界很多条件的制约,需要在施工过程中根据实际情况进行多次调试和调整,使保护电流的分布尽可能均匀。调试的程序以及调试过程中需要记录的参数如下:

①区域性阴极保护工程安装结束后,应按设计要求进行检查,确保电路极性无误、系统无机械损伤和漏装配件,辅助阳极、参比电极及电缆等安装完全符合要求后方可送电试运行。

②通电运行之前,测试并记录如下数据:

a.管/地自然电位。

b.阳极接地电阻。

c.相邻金属结构对地电位。

d.现有外围阴极保护系统运行参数。

③外加电流阴极保护系统调试,电源给定电位应由小到大进行调试,调试时应监视输出电流的变化。调试的保护电位以极化稳定后的保护电位为准,其极化的时间不应少于24h。

④调试过程中应检测区域性阴极保护系统对其他结构是否存在干扰情况,主要检查是否与干线阴极保护系统存在相互干扰、是否使通信线路产生噪声。

⑤调试过程中应测试并记录以下数据:

a.管/地电位。

b.各阳极地床输出电流。

c.阳极地床区地电位梯度。

d.电源设备输出电流、输出电压。

e.相邻金属结构对地电位。

f.现有外围阴极保护系统运行参数。

g.阳极地床接地电阻。

⑥调试完成后,对各保护区域逐个测试,使保护对象的断电电位全部达到设计要求。

⑦在试运行过程中,发现问题应及时进行整改。

10.主要工程量

对各项工程量列出明细进行说明。

11.施工流程及注意事项

施工流程如图3-1-9所示。

站内区域阴保的施工主要包括安装、调试和测试这几个部分的内容。施工时按照施工前准备→辅助阳极地床安装→通电点及馈流点安装→测试点安装→电缆连接和敷设→防爆分流箱安装→恒电位仪安装→阴保投运及效果测

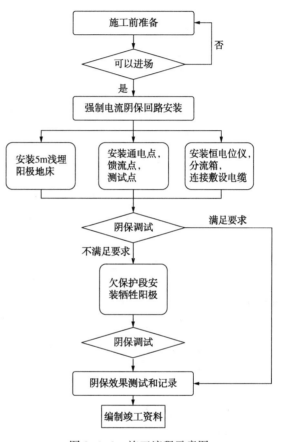

图 3-1-9　施工流程示意图

试的步骤进行。为确保施工进度,在保证质量的前提下,位于站内不同区域的各项工作可同时进行。

1)施工前准备

施工开始前的准备工作主要包括:

(1)组织施工人员集中学习设计资料,熟悉设计中对于施工的各项要求。

(2)与站内管理人员进行沟通,对施工人员进行进站安全教育。

(3)安排专职人员掌握站内动土、动火资料办理的相关手续。

(4)组织施工人员熟悉站内环境,对照设计图纸实地了解站内埋地管道走向。

(5)确定施工发生区域,并进行现场标记。

(6)与站内管理人员协调设备、材料安置点;进站前,应严格按照E版体系文件《进站安

全管理规定》的要求进行各项准备。

2)辅助阳极地床的安装

阳极地床的位置选取是整个区域阴保工程成功与否的关键,阳极地床的安装本着安装→调试,测试→再选位置→再安装→再调试的原则进行,调试测试后再选位置再安装以此循环,直到达到保护效果。

3)柔性阳极地床的安装

柔性阳极的施工应按照"确定埋地管道走向→开挖柔性阳极沟→敷设柔性阳极→回填阳极沟"的顺序进行。

(1)确定埋地管道走向。

(2)开挖柔性阳极沟。

柔性阳极沟的尺寸应符合施工图的要求,考虑到站内埋地设施较多,采用人工开挖的方式。阳极沟应尽量窄,随沟敷设彩胶布,土方堆放在彩胶布上。

(3)敷设柔性阳极。

柔性阳极的敷设采用集中预制,分段安装的方式。根据需要的阳极尺寸,在室内由专门的人员进行接头的制作,并进行编号,分段进行安装和连接。现场安装的区域要进行人工平整,不得有尖锐的物品,防止刺漏编织物。

柔性阳极与管道的相对位置应严格按照施工图的要求进行。柔性阳极埋深应与管底相平,与管道外壁的距离为管道直径的 $1/2$,且不得小于 300mm;当柔性阳极埋设在并行的管道中间且并行管道之间间距过小,柔性阳极可以安装在两根管道中间正上方或正下方适当的位置以满足 300mm 的要求;柔性阳极与被保护体交叉时,阳极带需套上 $\phi50mm$ 的多孔软塑料管,塑料管长度不短于阳极体与被保护体交叉段的长度,多孔软塑料管与已建管道或接地体设施保持不小于 200mm 间距;柔性阳极安装时弯曲半径不小于 200mm,在实际操作过程中不得用力扯,以免造成 MMO 主体、编织网的断裂、焦炭的泄漏;柔性阳极的三通接头、两通接头及终端接头处应进行防水处理,防水采用不小于 3 层的防水黏胶带,搭接长度不小于 50mm。

当柔性阳极旁边埋有参比电极时,需将柔性阳极穿入塑料软管,进行屏蔽处理。塑料软管长度为 2m。

(4)回填阳极沟。

经监理对柔性阳极的前期敷设工作进行验收后,进行敷设沟回填。阳极回填土应过筛,不得夹杂砖瓦、金属等硬物。在土壤干燥的工艺站场,阳极埋地后应适量浇水,以确保阳极工作环境的湿润。

(5)深井阳极及浅埋阳极地床安装。

阳极地床安装过程中涉及的作业类型主要为动土作业,应严格按照 E 版体系文件《挖掘作业安全管理规定》中的要求进行。采取钻井机打孔作业的施工方式,钻井机进场需装防火帽。

①选定井位。

按照施工图纸要求选定打井位置后,在达到井位周围安全要求和环境要求的条件下进行施工。尤其需要注意的是,井位周围的埋地管道位置需要进行开挖验证后方可进行钻井施工,以免发生危险。

②阳极安装前检查。

阳极材料安装前应检查阳极体,不应有损伤和裂纹,阳极接头密封完整牢固;阳极电缆应完整无损坏,每根阳极电缆长度均应符合在井内安装位置尺寸的要求,并留有余量。

阳极电缆中间不应有接头,每根阳极电缆的自由端按顺序做上永久标记。

③打阳极井。

采用车装钻机作业。在井孔附近挖好泥浆池,安装好泥浆泵后,进行钻井作业。钻井过程中使用黄泥泥浆护壁,防止井塌。

④安装阳极、阳极井排气孔。

安装阳极前,先从井口注入规定数量浸湿的填充料到预定位置并夯实。然后安装阳极、在阳极周围填充填料并夯实;每支阳极伸出井外的电缆通过阳极分流箱与汇流电缆相连;安装过程中要保证电缆有一定的松弛度并不得损伤和承重;阳极和排气管的安装同步进行,完毕后,阳极上方的汇流电缆采用铺砂盖砖进行保护。

⑤接线箱安装。

在井口固定好阳极电缆,通过套管引入防爆接线箱,按顺序接好阳极电缆。

⑥封井。

阳极地床施工完毕并经业主验收后,固定好井口,并做好地面标记;一周后在保护系统断电状态下测量各阳极接地电阻并做好记录。

(6)通电点、馈流点、测试点及参比管的安装。

通电点、馈流点和测试点的安装主要涉及的作业类型包括动土作业和动火作业,动土作业采用人工挖掘的方式,动火作业为铝热焊接。破除混凝土路面还会涉及到临时用电的问题。各项作业程序需满足 E 版体系文件管理规定,动火作业时应同步进行可燃气体检测。

①通电点安装。

每个通电点处需在管道上焊接 1 根阴极电缆,焊接采用铝热焊的方式。焊点处需采用黏弹体进行密封防腐处理。电缆焊接及防腐过程需在业主在场的情况下进行,并照片记录。

②馈流点安装。

馈流点的电位信息是恒电位仪工作的基准信号,需通过在地表移动参比电极位置的方法确定最适宜的位置后再进行安装。

馈流点的安装按照"电缆敷设(阴极电缆、零位接阴电缆、参比电缆)→被保护管道与阴极电缆、零位接阴电缆焊接→参比电极安装→焊点防腐"的顺序进行。电缆焊接采用铝热焊的方式,采用黏弹体进行防腐。焊接过程需在业主在场的情况下进行,并照片记录。

参比电极采用预包装的长效 $Cu/CuSO_4$ 参比电极,搬运安装过程中要小心,以免造成电极破损。参比电极在使用前放入用蒸馏水配置的 $CuSO_4$ 溶液中浸泡 24h,用浸泡溶液将包装袋中的填料搅拌成均匀的稠泥状,再将浸泡过的电极埋没于回填料中央,扎好包装袋,注意预留出导线。

参比电极尽量贴近管道立式埋设,与管道外壁距离 200mm。将参比电极连同回填料埋设于预挖的埋设坑后,向坑中浇适量淡水,保证电极与周围土壤之间的导电性。

参比电极顶部需安装一根 PVC 管(带管帽),PVC 管露出地面约 50mm,管内填充细砂至地面高度,以方便运行维护中定期灌水,保持参比电极处于湿润的土壤环境中。

③测试点安装。

测试点的施工按照"测试电缆焊接→焊点防腐→极化探头安装→腐蚀挂片安装→测试桩安装"的顺序进行。测试装置的埋设与安装需满足施工图纸的技术要求。测试电缆焊接采用铝热焊的方式,焊点采用黏弹体进行防腐。焊接过程需在业主在场的情况下进行,并照片记录。

采用极化探头法测量的管道断电电位能够将二次电流的影响降到最低。极化探头埋深与管道中心相同,极化试片及自腐蚀试片导线分别引入测试桩内各自的接线柱上,极化试片接线柱与被保护管道接线柱之间用导电铜片相连。

测试桩的位置通过延长测试电缆的方式引出生产区;参比电极电缆、管道电缆、测试片电缆沿测试桩内电缆套管直接连入接线板相应接线柱上,并给出明确标识。

④参比管的安装。

参比管的设置是为了方便以后对电位的监测。

(7)电缆敷设。

开挖电缆沟之前,应认真了解和勘测电缆沟范围地下管道、电力电缆、仪表控制电缆等构造物的埋设情况,以防对其造成损坏,一旦发生损坏时,立即向有关部门报告并予以修复,避免造成经济损失或人身伤亡。电缆敷设期间,彻底清除掉沟内的石块、碎石子等杂物。电缆敷设完成后,按照 E 版体系文件《目视化管理规定》的要求设置电缆走向标志桩。

①电缆需要穿越院墙、硬路面、管道、水沟以及其他电缆时,应当加适当管径的保护套管,保护管两端应比穿越段两端长出至少 200mm。地下应留足裕量,以防止土壤下沉时压断电缆。

②电缆沟回填前需经业主验收,沟底先回填 100mm 沙层后再敷设电缆,然后在电缆上方回填 100mm 沙层。在沙层的最上方敷设一层机制砖。在机制砖上方回填原状土。

③阴保电缆与附近的仪表控制电缆接近时,阴保电缆应穿过 PVC 保护套管,以降低对仪表控制电缆可能产生的影响。

(8)防爆型阳极分线箱安装。

现场选定阳极分流箱的安装位置后,进行施工。防爆型阳极分流箱安装完成,经业主验收后方可投入使用。

(9)恒电位仪安装。

恒电位仪安装在站内阴保间或 UPS 间,具体安装位置需根据房间内已有设备摆放位置、电源引入点及管理要求进行现场确定。

安装过程按照"开箱检查→本体安装→接线→本体接地→通电调试"的顺序进行。将阳极电缆、阴极电缆、零位接阴线、参比电极线和机壳接地线分别接到恒电位仪各自的接线柱上,接线应牢固。在安装过程中注意以下几点:

①在搬运电气设备时,应防止损坏各部件和碰破漆层。

②交流供电电源应安装外部切断开关。

③电源设备在送电前必须全面进行检查,各插接件应齐全,连接应良好,接线应正确,主回路各螺栓连接应牢固,设备接地应可靠。恒电位仪安装完成,经业主验收后方可投入使用。

（10）阴保效果调试。

调试过程中进行的测试主要包括：

①按照 GB/T 21246—2007 中的方法进行阳极接地电阻测试。

②对站内埋地结构与附近土壤之间的电位进行普测。

③在进出站绝缘接头位置测试站内站外管地电位,评价是否存在干扰。如存在干扰,需采取相应措施:

a.采用牺牲阳极排流。

b.将干线参比电极移到不受干扰位置,以保证恒电位仪输出。

c.采用 DCVG 方法测试阳极地床周围和密集管网内部的地电位梯度。

12.项目组织管理机构

项目组织管理机构如图 3-1-10 所示。

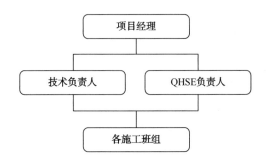

图 3-1-10 项目组织管理机构示意图

13.HSE 管理

在项目准备阶段,HSE 管理人员参与现场勘查,了解施工地区的自然条件、社会环境、社会依托条件和地方有关法规要求,对施工过程中的各类危害和风险因素进行评估,在项目部内明确专人负责 HSE 管理工作,制定相应的预防措施和事后的应急处理预案。

在高压、危险区域内进行施工,各项操作及测试前必须按有关规定和程序办理正规手续,同时按照相关要求做好安全防护措施。

需要提示的风险主要是地下隐蔽物的识别、土方塌方、火灾、交通事故、机械伤害、环境破坏风险。针对主要风险,逐条制定相应的消减措施。

二、技能操作

(一)准备工作

1.材料准备

序号	名称	规格	数量	备注
1	相关资料	—	1 份	—
2	相关标准	—	1 份	—
3	笔	—	1 支	—
4	纸	—	若干	—

2.人员

一人单独操作,劳动保护用品穿戴整齐,用具、量具准备齐全。

(二)操作规程

(1)编写工程概况。

(2)编写强制电流阴极保护系统施工及投运方案。

(3)编写技术保证措施。

(4)编写 HSE 管理措施。

(5)编写区域阴极保护系统施工方案。

(三)技术要求

(1)技术资料应齐全、完整、准确,准备工作充分。

(2)技术质量、安全环保质量措施完善。

(3)阴极保护装置竣工验收符合设计要求。

(4)管道各点电位达到阴极保护规范要求。

(5)站场区域阴极保护电位达到阴极保护规范要求。

(四)注意事项

竣工资料齐全,各项工程(包括隐蔽工程)记录完整。

项目六 编写腐蚀调查方案

JBB001 腐蚀调查的主要内容

一、相关知识

(一)腐蚀调查的方式及主要内容

1.管道干线腐蚀状况的普查

(1)收集管道的技术资料及管道建成后的腐蚀损坏、维修等历史资料。

(2)根据近期内、外检测报告,酌情选择开挖检测的位置。对管道干线中的弯头、固定墩、穿越段两端以及架空管道两端入地处等特定点也可以根据实际情况进行抽查。

(3)普查的内容:

①腐蚀环境调查。

②防腐层和保温层状况调查。

③管体腐蚀情况调查。

④管道阴极保护情况调查。

2.管道干线腐蚀状况重点调查

根据管道沿线的腐蚀环境及管道的阴极保护情况,确定调查的重点段落为(即土壤腐蚀性较大的区域):土壤条件变化剧烈的区域;阴极保护电位骤降或达不到保护的区域;杂散电流干扰区域以及主要穿跨越段等。

重复调查的内容应根据管道的实际情况和调查的目的性来确定。可以按照普查的内容进行调查,也可以进行某一项内容的专题调查。

3.杂散电流腐蚀调查

直流杂散电流干扰腐蚀调查按照 GB 50991—2014《埋地钢质管道直流干扰防护技术标准》规定的方法进行。

交流干扰腐蚀调查按照 GB/T 50698—2011《埋地钢质管道交流干扰防护技术标准》规定的方法进行。

(二)调查报告的编写及主要内容

1.腐蚀调查报告的编写

调查结束后,根据现场和实验室结果,写出符合实际情况的调查报告。

2.调查报告的内容

(1)调查目的。

(2)管道概况。

①管道走向图及开挖点示意图。

②沿线地下水位、土壤类别及管道上方植被分布情况。

③管道防腐层结构。

④阴极保护站的分布及保护区段。

⑤是否发生过穿孔漏油事故。

⑥管道的原始数据及竣工资料。

(3)管道敷设环境的腐蚀性分析。

①环境腐蚀性因素测试数据汇总表。

②环境腐蚀性因素的分析。

③环境腐蚀性综合分析。

(4)防腐层、保温层的状况分析。

①防腐层、保温层的测试数据汇总表。

②综合分析并作出评价。

(5)管体腐蚀状况分析。

①管体腐蚀状况描述及腐蚀数据汇总表。

②分析腐蚀原因并做出评价。

(6)管道阴极保护实施情况的调查结果。

①各项测试数据表。

②指出达不到保护的区段并分析其原因。

(7)杂散电流对管道的影响程度分析。

①各项测试数据表。

②分析判定该管道受杂散电流影响的程度和位置。

(8)调查结论和建议。

根据调查结果,对所调查管道的环境腐蚀性、防腐层保温层状况、管体腐蚀状况、阴极保护情况、杂散电流腐蚀情况做出科学的结论,并对管道的维护修理提出建设性的意见。

二、技能操作

(一)准备工作

1.材料准备

序号	名称	规格	数量	备注
1	干线腐蚀调查技术规范	—	1份	—
2	腐蚀调查计划任务书	—	1份	根据设计要求准备

2.工具和仪表准备

序号	名称	规格	数量	备注
1	测厚仪	—	1台	—
2	电火花检漏仪	—	1台	—
3	pH计	—	1台	—
4	腐蚀坑深测量仪	—	1台	—

3.人员

一人单独操作,劳动保护用品穿戴整齐,用具、量具准备齐全。

(二)操作规程

1.编制腐蚀调查方案

(1)腐蚀调查的管道名称、埋地位置、长度及时间安排。

(2)腐蚀调查的主要内容、调查方法及应执行的规范。

(3)腐蚀调查的各种手段及各种检测仪器的使用要求。

(4)编制现场记录表格。

(5)人员及车辆安排。

(6)费用划分及使用计划。

2.腐蚀环境调查

(1)土壤腐蚀性检测。

(2)地下水腐蚀性检测。

(3)杂散电流检测。

3.管道防腐层开挖调查

(1)防腐层外观检测。

(2)黏结力检测。

(3)针孔检测。

4.管体腐蚀调查

(1)管体外观检查。

(2)腐蚀深度、面积测量。

(3)腐蚀速率计算。

(4)腐蚀等级划分。

5.阴极保护情况调查

(1)管道阴极保护率。

(2)管道恒电位仪开机率。

(3)计算保护电流密度。

(4)管道沿线保护电位(含 ON/OFF 电位测试)。

(5)阳极地床接地电阻测试。

(6)绝缘接头/绝缘法兰性能测试。

(三)技术要求

(1)腐蚀调查是一项系统工程,整个活动要有计划、有组织、有步骤、有检查、有结论、有建议。

(2)腐蚀调查是一项集体活动,个人起到一个组织或协作的作用。

(3)调查资料要按规范格式填写,数据应完整、真实、可靠,分析及评价应符合相关标准的要求。

(4)要掌握各种调查检测仪器的使用方法及维护保养方法。

模块二　杂散电流

项目一　编制临时干扰防护方案

一、相关知识

JBC001 直流干扰的防护措施

(一)直流干扰防护措施

1.排流保护

常用的排流保护方式可分为接地排流、直接排流、极性排流和强制排流等,可按表3-2-1选用。

表3-2-1　常用的排流保护方式

方式	接地排流	直接排流	极性排流	强制排流
原理示意图				
适用范围	适用于管道阳极区较稳定且不能直接向干扰源排流的场合	适用于管道阳极区较稳定且可以直接向干扰源排流的场合,此方式使用时须征得干扰源方同意	适用于管道阳极区不稳定的场合。如果向干扰源排流,被干扰管道需位于干扰源的负回归网络附近,且须征得干扰源方同意	适用于管道与干扰源电位差较小的场合,或者位于交变区的管道。如果向干扰源排流,被干扰管道需位于干扰源的负回归网络附近,且须征得干扰源方同意

2.阴极保护

(1)作为干扰防护措施的管道阴极保护系统应符合下列规定:

①被干扰管道的现有阴极保护系统,应调整运行参数或运行方式以适应干扰防护的需要。

②为干扰防护增设的阴极保护系统,应设置在被干扰管道的阳极区。

③处于高压直流输电系统强干扰影响区的管道的阴极保护系统应满足干扰防护对保护电流输出能力的需求。

(2)在管地电位正负交变的场合使用牺牲阳极阴极保护方式时,应在管道与牺牲阳极之间串接单向导电器件。

3.防腐层修复

(1)处于干扰区域的管道每年应进行防腐层缺陷检测。

(2)管道阴极区的防腐层缺陷应及时修复;对于管道阳极区的防腐层缺陷应待该管段转变为管道阴极区或干扰消除后进行修复。

(3)防腐层缺陷修复所使用材料的绝缘性能不应低于原防腐层。

4.其他防护方式

1)等电位连接

等电位连接应符合下列规定:

(1)连接点应选择在管间电位差较大且管道之间相距较近的位置。

(2)连接电缆安装后,管间电位差不宜超过 50mV。

(3)连接电缆上可串入电阻调节器件调节电流。

2)绝缘隔离

绝缘隔离应符合下列规定:

(1)绝缘隔离应采用能够隔断金属导电通路的电绝缘装置。

(2)绝缘隔离装置两侧各 10m 内的管段不应存在防腐层缺陷。

(3)绝缘隔离装置应安装高电压防护设施。

采用绝缘隔离措施后应避免电绝缘装置两端形成新的干扰点。

从阴极保护管道中隔离的管段应设置独立的阴极保护装置单独进行保护。

3)绝缘装置跨接

跨接电缆安装后,绝缘装置两端电位差不宜超过 50mV。

跨接电缆上可串入电阻调节器件调节电流。

4)屏蔽

屏蔽物应采用金属导体,并应埋设于被干扰管道与干扰源之间。

屏蔽措施可采用以下连接方式:

(1)通过电缆将屏蔽物与干扰源的负极连接。

(2)通过电缆将屏蔽物与被干扰管道连接。

屏蔽措施不应加重被干扰管道其他部位的腐蚀,并应避免对其他构筑物和外部阴极保护系统造成不利影响。

当屏蔽物通过电缆与被干扰管道连接时,应避免对被干扰管道产生电偶腐蚀影响。

(二)交流干扰防护措施

JBC002 交流干扰的防护措施

1.故障和雷电干扰的防护措施

(1)在受强脉冲和过高感应交流电压影响的管道和适当的接地装置之间,可装设固态去耦合器、极化电池、接地电池或其他装置,以有效隔离阴极保护电流,将管道瞬间干扰电压降到容许值以下。

(2)当使用固态去耦合器、极化电池、接地电池以及其他装置时,应当正确选择其规格、位置、连接方式,并能安全承载最大冲击电流。

2.持续干扰的防护措施

(1)可采取在长距离干扰管段的适当部位设置绝缘接头的分段隔离措施,将与交流干扰源相邻的管段与其他管段电隔离,以简化防护措施。

(2)在进行持续干扰防护措施的设计时,应根据调查与测试结果的分析,结合对阴极保护效果的影响等因素,选定适用的接地方式。持续干扰防护常用的接地方式的安装示意图、特点和适用范围见表3-2-2。

表 3-2-2　持续干扰防护常用的接地方式

方式	直接接地	负电位接地	固态去耦合器接地
示意图	管道 | 接地引线 | 接地体（钢质）	管道 | 接地引线 | 接地体（锌阳极）	管道 | 管道引线 固态去耦合器 接地引线 | 接地体
特点及适用范围	适用于阴极保护站保护范围小的被干扰管道。具有简单经济、减轻干扰效果好的优点,缺点是应用范围小,漏失阴极保护电流	适用于受干扰区域管道与强制电流保护段电隔离,且土壤环境适宜于采用牺牲阳极阴极保护的干扰管道。具有减轻干扰效果好、向管道提供阴极保护的优点;缺点是管道进行瞬间断电测量与评价阴极保护有效性实施困难	适用范围广。能有效隔离阴极保护电流,启动电压低,可将感应交流电压降到允许的极限电压内,减轻干扰效果好;额定雷电冲击及故障电流通流容量大,装置抗雷电或故障电流强,电冲击性能好。缺点是价格高

二、技能操作

(一)准备工作

1.材料准备

序号	名称	规格	数量	备注
1	埋地钢质管道交流干扰防护技术标准	GB/T 50698—2011	1份	—
2	埋地钢质管道直流干扰防护技术标准	GB 50991—2014	1份	—
3	管道干扰检测评价报告	—	1份	包括:管道基本信息、干扰源情况、检测内容与方法、检测数据处理结果、干扰评价结果
4	笔	—	2支	—
5	纸	—	若干	—

2.人员

一人单独操作,劳动保护用品穿戴整齐,材料准备齐全。

(二)操作规程

1.调查与测试

在调查与测试开始前,应明确调查测试的具体内容和实施测试的管道范围,选定测试点和测试时间。

应通过调查与测试,确定干扰的原因、形态和范围,分析干扰的分布规律,评价干扰的严重程度。

被干扰管道的调查测试内容主要包括:

(1)本地区过去的腐蚀实例。

(2)管道与干扰源的相对位置关系。

(3)管地电位及其分布。

(4)管道交流干扰电压及其分布。

(5)管道沿线土壤电阻率。

(6)管道已有阴极保护和防护设施的运行参数及运行状况。

2.选择合适防护点

防护措施选取应考虑下列因素:

(1)干扰来源及干扰源与管道相互位置关系。

(2)干扰的形态和程度。

(3)直流干扰的范围及管道阳极区、管道阴极区和管道交变区的位置。

(4)管道周围地形、地貌和土壤电阻率等环境因素。

(5)管道防腐层绝缘性能。

(6)管道已有干扰防护措施及干扰防护措施的防护效果。

3.选择合适的防护措施

在同一条或同一系统的管道中,根据实际情况可采用一种或多种防护措施。

对于已采用强制电流阴极保护的管道,应首先通过调整现有阴极保护系统抑制干扰。

当调整被干扰管道的阴极保护系统不能有效抑制干扰影响时,应采取排流保护及其他防护措施。

项目二　制作简易极性排流装置

一、准备工作

(一)材料准备

序号	名称	规格	数量	备注
1	电缆	VV1×10	50m	—
2	焊锡	—	适量	—
3	焊料	—	适量	—
4	排流节	按设计	1只	—
5	排流桩	按设计	1支	—

(二)设备准备

序号	名称	规格	数量	备注
1	管道	—	1段	在用
2	接地极	按设计	1支	—

(三)工具和仪表准备

序号	名称	规格	数量	备注
1	电工工具	普通	1套	—
2	数字万用表	普通	1块	—
3	硫酸铜参比电极	—	1支	—
4	电烙铁	500W	1只	—
5	接地棒	—	1支	—
6	可调电阻器	—	1只	—

(四)人员

一人单独操作,劳动保护用品穿戴整齐,用具、量具准备齐全。

二、操作规程

(1)绘制简易极性排流装置的原理示意图(图 3-2-1)。

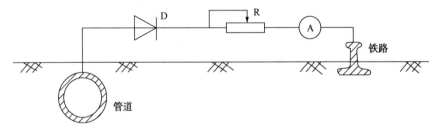

图 3-2-1　极性排流示意图

R—变阻器;A—电流表,D—二极管

(2)按照原理示意图制作简易极性排流装置。

①确定排流点。

②连接排流线。

③安装排流测试桩。

④连接排流二极管。

三、技术要求

(1)排流点应根据调查测试的情况来确定,在正式施工前最好先期经过实际试验。

(2)排流线的敷设方式宜采用埋地,故排流线应采用电缆,在导线强度得到满足的前提下,允许电流应大于所需排除电流的 2 倍以上。

（3）排流器额定电流也应为所需排流量的 2 倍以上。

（4）排流桩应有便于安装排流管的空间和接线端子。

（5）当管道与干扰源距离大于 50m 时，应考虑其他排流方案。

（6）排流效果的测试。管道保护状况应达到或优于未受干扰的状态。

（7）施工情况和测试数据要及时整理，记入管道档案。

理论知识练习题

中级工理论知识练习题及答案

一、单项选择题(每题 4 个选项,只有 1 个是正确的,将正确的选项号填入括号内)。

1.AA001 原油的管道输送方式按原油自身的物理性质可分为常温输送、(　　)和加剂输送。

    A. 减阻输送　　　B. 顺序输送　　　C. 伴热输送　　　D. 加热输送

2.AA001 输油管道输送方式按输油站输油设备的连接关系可分为"通过油罐式"(　　)和"从泵到泵式"。

    A. "密闭输送式"　　　　　　　　B. "旁接油罐式"

    C. "敞开输送式"　　　　　　　　D. "顺序输送式"

3.AA001 低黏、低凝点的油品一般采用(　　)。

    A. 加热输送方式　　　　　　　　B. 磁处理方式

    C. 常温输送方式　　　　　　　　D. 稀释输送方式

4.AA002 加热输送是使易凝油品的温度保持在(　　)以上,便于输送。

    A. 闪点　　　　　B. 凝固点　　　　C. 露点　　　　D. 燃点

5.AA002 "三高"原油可以采用加热输送,还可以采用(　　)等工艺。

    A. 加剂输送　　　B. 液环输送　　　C. 常温输送　　　D. 伴热输送

6.AA002 加热输送可分为直接加热和间接加热两种方法,直接加热法的特点是(　　)。

    A. 热效率高　　　　　　　　　　B. 热效率低

    C. 温度控制范围小　　　　　　　D. 节约能源

7.AA003 从炼厂向外输送多种油品时,每种油品单独敷设一条管道很不经济,而采用(　　)工艺则经济效益较好。

    A. 循环输送　　　B. 液环输送　　　C. 顺序输送　　　D. 连续输送

8.AA003 顺序输送是指在同一条管道内按照一定顺序,(　　)以直接接触或间接接触的方式输送几种油品的输送工艺。

    A. 间断地　　　　B. 断续地　　　　C. 连续地　　　　D. 不连续地

9.AA003 在输送成品油时,通常总是选择(　　)的几种油品进行顺序输送。

    A. 性质相近　　　B. 性质不同　　　C. 性质各异　　　D. 性质差别大

10.AA004 "旁接油罐式"输送方式的特点是:各站间管路单独构成一个水力系统,各站运行参数的变化在短期内(　　),以便于全线的调节及事故处理。

    A. 不可调节　　　　　　　　　　B. 不可自行调节

    C. 不可单独调节　　　　　　　　D. 可自行调节

11.AA004 "从泵到泵式"输送方式中,各站的输量(　　)。

    A. 相等　　　　　B. 不相等　　　　C. 单独可调　　　D. 自行调节

12. AA004 "通过油罐"输送方式可排除来油中的(   ),调节上下站输量上的(   ),但油品蒸发损耗大。

    A. 空气及杂质 不平衡　　　　　　B. 空气 差异

    C. 杂质 不平衡　　　　　　　　　D. 沉淀物 差异

13. AA005 输气管道进站压力与出站压力之比一般不超过(   )。

    A. 1.2　　　　　B. 1.4　　　　　C. 1.5　　　　　D. 1.8

14. AA005 在气田开发后期,为了增加天然气压力,需要增设(   )。

    A. 集气站　　　B. 压气站　　　C. 首站　　　　D. 配气站

15. AA005 主要完成气体调压计量并分配给用户的场站是(   )。

    A. 集气站　　　B. 压气站　　　C. 首站　　　　D. 配气站

16. AA006 天然气相比于油品,其密度(   ),管道输送受坡度影响(   )。

    A. 大 大　　　B. 小 小　　　C. 大 小　　　D. 小 大

17. AA006 天然气管道(   )是很不均匀的,随着时间及季节的变化而不同。

    A. 运行负荷　　B. 运行容积　　C. 体积　　　　D. 防腐层

18. AA006 利用(   ),可作为天然气管道调节日夜负荷不均的手段。

    A. 管道的体积　　　　　　　　　　B. 管道的温度

    C. 储气罐的体积　　　　　　　　　D. 管道的容积、压力及地面储气罐

19. AB001 电化学腐蚀是指金属与电解质因发生(   )而产生的破坏。

    A. 化学反应　　　　　　　　　　　B. 物理反应

    C. 电化学反应　　　　　　　　　　D. 物理化学

20. AB001 电化学腐蚀是指金属与(   )因发生电化学反应而产生的破坏。

    A. 金属　　　　B. 液体　　　　C. 固体　　　　D. 电解质

21. AB001 金属与电解质因发生电化学反应而产生的破坏称为(   )腐蚀。

    A. 化学　　　　B. 物理　　　　C. 电化学　　　D. 物理化学

22. AB002 同一金属的不同部位存在电极电位差,会形成(   )。

    A. 电偶腐蚀　　B. 原电池腐蚀　C. 缝隙腐蚀　　D. 应力腐蚀

23. AB002 腐蚀原电池的两极必须是(   )。

    A. 断开的　　　　　　　　　　　　B. 两种金属

    C. 互相连通的　　　　　　　　　　D. 在同一金属上

24. AB002 同一金属的不同部位存在(   ),是形成腐蚀电池的基本条件。

    A. 成分差异　　B. 缺陷　　　　C. 电极电位差　D. 应力

25. AB003 金属表面上许多微小的(   )所组成的腐蚀电池称为微电池。

    A. 区域　　　　B. 电极　　　　C. 组织　　　　D. 膜

26. AB003 一般金属表面膜有孔隙,孔隙处的金属表面电位相对(   )。

    A. 较高　　　　B. 较低　　　　C. 与其他处一样　D. 为零

27. AB003 金属变形和应力大的部位负电性(   ),常成为腐蚀电池的(   )被腐蚀。

    A. 增强 阳极　　　　　　　　　　B. 减弱 阳极

    C. 增强 阴极　　　　　　　　　　D. 减弱 阴极

27. AB004 用肉眼能明显看到的由不同电极所组成的腐蚀电池称为宏电池,常见的有( )种情况。

    A. 三   B. 四   C. 五   D. 六

29. AB004 不同金属与同一电解质溶液相接触时所形成的腐蚀电池属( )。

    A. 微电池   B. 宏电池

    C. 浓差电池   D. 应力腐蚀电池

30. AB004 宏电池腐蚀具有( )的特征。

    A. 腐蚀坑点较深   B. 均匀腐蚀   C. 麻点腐蚀   D. 一般腐蚀

31. AB005 在生产实践中,不仅要了解是否会发生腐蚀,更重要的是要知道金属的( ),以便采取相应的防腐措施。

    A. 腐蚀深度   B. 失重   C. 腐蚀速度   D. 腐蚀面积

32. AB005 完全耐蚀金属的评判标准为年腐蚀深度应小于( )。

    A. 0.001mm/a   B. 0.05mm/a   C. 0.1mm/a   D. 0.01mm/a

33. AB005 凡是能降低金属腐蚀( )的因素,都能减缓腐蚀。

    A. 电压   B. 电流   C. 电阻   D. 电偶

34. AB006 极化作用使腐蚀速度( )。

    A. 加快   B. 恒定   C. 停止   D. 减慢

35. AB006 极化作用使腐蚀电池两极的电位差( )。

    A. 减小   B. 增大

    C. 不变   D. 有增加的趋势

36. AB006 极化作用是指腐蚀电池有电流通过时引起的电极电位( )的现象。

    A. 升高   B. 降低   C. 偏移   D. 恒定

37. AB007 在腐蚀电池中,如果金属溶解速度( )电子向阴极的传递速度,则阳极电位就会向( )的方向移动。

    A. 小于 负   B. 大于 正   C. 小于 正   D. 大于 负

38. AB007 由于阳极表面溶解下来的金属离子迁移速度太慢,致使阳极附近( )浓度增加,由此引起的阳极电位的正向移动,称为浓度极化。

    A. 负离子   B. 分子   C. 正离子   D. 电荷

39. AB007 腐蚀原电池由于系统电阻增加而引起的阳极电位的正向移动,称为( )。

    A. 浓度极化   B. 电阻极化

    C. 活化极化   D. 电化学极化

40. AB008 阴极附近( )扩散较慢引起的极化称为浓度极化。

    A. 离子   B. 物质   C. 分子   D. 反应物

41. AB008 在土壤环境中,溶解氧浓度和氧的溶解速度均会制约腐蚀电池的( )。

    A. 阳极反应   B. 阴极反应   C. 化学反应   D. 电解反应

42. AB008 阴极电极反应速度慢导致负电荷积累,从而引起( )向( )方向移动。

    A. 阴极电位 正   B. 阳极电位 正

    C. 阴极电位 负   D. 阳极电位 负

43.AB009　能消除或减弱极化作用的物质称为(　　)。

    A. 催化剂　　　　　B. 触媒　　　　　C. 触变剂　　　　　D. 去极化剂

44.AB009　加入某种溶剂从阳极表面除去氧化膜,可以(　　)金属溶解。

    A. 加快　　　　　B. 减缓　　　　　C. 阻止　　　　　D. 消除

45.AB009　搅拌溶液加速反应物或生成物的迁移,有利于消除(　　)。

    A. 电化学极化　　　B. 电阻极化　　　C. 浓度极化　　　D. 去极化

46.AB010　极化曲线的(　　)可反映电极反应过程的难易程度。

    A. 长度　　　　　B. 形状　　　　　C. 方向　　　　　D. 交点

47.AB010　极化曲线越平缓,电极极化程度越(　　)。

    A. 大　　　　　B. 正　　　　　C. 小　　　　　D. 负

48.AB010　电极电位与(　　)的关系曲线称为极化曲线。

    A. 极化电流(密度)　　　　　　　B. 距离

    C. 时间　　　　　　　　　　　　D. 温度

49.AB011　在氧浓差电池中,氧浓度大的部位金属的电极电位(　　),是腐蚀电池的(　　)。

    A. 高　阳极　　　B. 高　阴极　　　C. 低　阳极　　　D. 低　阴极

50.AB011　埋地管道上部氧的浓度(　　),管道下部氧的浓度(　　),由此可形成氧浓差电池,导致管道(　　)腐蚀。

    A. 高　低　下部　　　　　　　　B. 高　低　上部

    C. 低　高　下部　　　　　　　　D. 低　高　上部

51.AB011　管道通过不同性质土壤交接处,黏土段氧浓度(　　),卵石或疏松的碎石段氧浓度(　　),会引起(　　)段管道的腐蚀。

    A. 高　低　黏土　　　　　　　　B. 高　低　卵石或疏松的碎石

    C. 低　高　黏土　　　　　　　　D. 低　高　卵石或疏松的碎石

52.AB012　管道在土壤中腐蚀的主要原因是因为电解质溶液、(　　)或细菌存在而引起的腐蚀。

    A. 杂散电流　　　B. 氧气　　　　　C. 水　　　　　D. 盐

53.AB012　由于土壤性质及其结构的不均匀性,其(　　)腐蚀电池可达数十公里远。

    A. 微观　　　　　B. 宏观　　　　　C. 均匀　　　　　D. 不均匀

54.AB012　由于土壤中有(　　)和能进行离子导电的盐类的存在,使土壤具有电解质溶液的特征。

    A. 土壤颗粒　　　B. 氧气　　　　　C. 水　　　　　D. 细菌

55.AC001　强制电流阴极保护系统主要由直流电源、(　　)、被保护管道及附属设施四部分组成。

    A. 整流器　　　　B. 辅助阳极　　　C. 恒电位仪　　　D. 蓄电池

56.AC001　强制电流阴极保护系统的基本组成之一是(　　)。

    A. 牺牲阳极　　　　　　　　　　B. 辅助阳极

    C. 柔性阳极　　　　　　　　　　D. 不溶性阳极

57. AC001　强制电流阴极保护系统附属设施的主要组成部分之一是(　　)。

　　A. 标准氢电极　　B. 甘汞电极　　　C. 参比电极　　　D. 锌电极

58. AC002　阴极保护系统电源具有低(　　),大(　　)的特点。

　　A. 电压　电流　　　　　　　　B. 电流　电压

　　C. 电位　电流　　　　　　　　D. 电流　电位

59. AC002　阴极保护系统电源的基本要求之一是输出电流、电压(　　)。

　　A. 可调　　　　B. 不可调　　　　C. 一致　　　　D. 不变

60. AC002　阴极保护系统电源具有(　　)电压,(　　)电流的特点。

　　A. 高　小　　　B. 低　小　　　C. 高　大　　　D. 低　大

61. AC003　强制电流阴极保护系统常用的电源设备有恒电位仪和(　　)。

　　A. 整流器　　　B. 电池　　　　C. 恒电流仪　　　D. 稳压器

62. AC003　除了工频交流供电系统外,强制电流阴极保护的供电系统还有太阳能电池、(　　)、热电发生器、风力发电机及 CCVT 电源系统。

　　A. CCTV 电源系统　　　　　　　B. 蓄电池

　　C. TEG 电源系统　　　　　　　D. ETG 电源系统

63. AC003　强制电流阴极保护系统最常用的电源设备是(　　)。

　　A. 恒电流仪　　B. 电池　　　　C. 恒电位仪　　　D. 发电机

64. AC004　密闭循环蒸汽透平发电机的可靠性高,无须定期维修,可连续工作(　　)。

　　A. 15 年　　　　B. 20 年　　　　C. 10 年　　　　D. 30 年

65. AC004　风力发电机的缺点是可靠性差,风大时易造成(　　)。

　　A. 环境有污染　　B. 机械损坏　　C. 能源浪费　　　D. 成本增加

66. AC004　风力发电机的缺点是(　　),风大时易造成机械损坏。

　　A. 对环境有污染　　　　　　　B. 可靠性差

　　C. 价格高　　　　　　　　　　D. 需要燃料

67. AC005　在能够长期、可靠、稳定提供交流市电的地区,可优先选择(　　)作为强制电流阴极保护的电源设备。

　　A. 蓄电池　　　　　　　　　　B. 风力发电机

　　C. 恒电位仪　　　　　　　　　D. 热电发生器

68. AC005　对于无电、风力资源可利用性差以及日照充足的地区,可选择太阳能电池、(　　)等电源设备。

　　A. 风力发电机　　　　　　　　B. 恒电位仪

　　C. 整流器　　　　　　　　　　D. CCVT 电源系统

69. AC005　CCVT-光电混合系统适合于(　　)的地区。

　　A. 日照充足　　B. 风力较大　　C. 有可靠市电　　D. 日照较差

70. AC006　恒电位仪可实现输出(　　)和(　　)的自动调节。

　　A. 电压　电流　　　　　　　　B. 电流　电位

　　C. 电压　电位　　　　　　　　D. 电位　电阻

71. AC006　恒电位仪可使管道通电点电位与(　　)保持一致。

　　A. 电极电位　　B. 阳极电位　　C. 参比电位　　　D. 控制电位

72.AC006 恒电位仪可实现输出电流和电压的(　　)调节。

    A. 无限   B. 自由   C. 小范围   D. 被动

73.AC007 阳极地床位置距管道的(　　)距离越(　　),电位分布越均匀。

    A. 水平　小   B. 垂直　大

    C. 垂直　小   D. 水平　大

74.AC007 阳极地床一般应选择在土壤电阻率低于(　　)的区域。

    A. $20\Omega \cdot m$ B. $50\Omega \cdot m$ C. $30\Omega \cdot m$ D. $20\Omega \cdot m$

75.AC007 阳极地床与被保护管道之间(　　)有其他金属构筑物。

    A. 不应   B. 应   C. 严禁   D. 不宜

76.AC008 阳极本身的消耗率低是指阳极的(　　)。

    A. 导电性好   B. 耐蚀性能高   C. 机械性能高   D. 排流量大

77.AC008 在一定的电压下,单位面积的阳极能够通过较大的电流,是指阳极具有较大的(　　)。

    A. 耐蚀性   B. 机械性能   C. 排流量   D. 极化

78.AC008 辅助阳极具有良好的(　　)是指阳极表面在高电流密度下使用时极化要小。

    A. 耐蚀性   B. 导电性   C. 机械性能   D. 排流性能

79.AC009 适用于作强制电流阴极保护系统辅助阳极材料的是(　　)。

    A. 锌及锌合金   B. 石墨

    C. 镁及镁合金   D. 铝及铝合金

80.AC009 强制电流阴极保护系统的辅助阳极材料要求耐蚀性能(　　)且排流量(　　)。

    A. 低　小   B. 低　大   C. 高　小   D. 高　大

81.AC009 下列材料中,(　　)是常用的管道阴极保护辅助阳极材料。

    A. 高硅铸铁   B. 铝   C. 铜   D. 聚乙烯

82.AC010 高硅铸铁阳极中(　　)的含量直接影响阳极的耐蚀性。

    A. 铁   B. 锌   C. 硅   D. 铬

83.AC010 高硅铸铁阳极的允许电流密度的范围是(　　)。

    A. $5 \sim 60 A/m^2$ B. $4 \sim 50 A/m^2$

    C. $5 \sim 80 A/m^2$ D. $10 \sim 100 A/m^2$

84.AC010 高硅铸铁阳极的消耗率应小于(　　)。

    A. $1.0 kg/A \cdot a$ B. $0.25 kg/A \cdot a$

    C. $0.75 kg/A \cdot a$ D. $0.5 kg/A \cdot a$

85.AC011 石墨阳极在较(　　)电流密度下工作时,阳极表面放出大量的(　　),致使石墨阳极与之反应而消耗。

    A. 高　H_2 B. 低　H_2

    C. 低　O_2 D. 高　O_2

86.AC011 为了延长石墨阳极的使用寿命,宜用(　　)或石蜡浸泡。

    A. 亚麻油   B. 煤油   C. 汽油   D. 棕榈油

87.AC011 石墨阳极比钢铁类阳极使用寿命长,更换维修费用大为降低,故( )显著。

    A. 保护效果   B. 经济效果

    C. 技术效果   D. 电化学极化

88.AC012 钢铁阳极排流量( )。

    A. 小   B. 低   C. 较小   D. 大

89.AC012 钢铁阳极比石墨阳极使用寿命( ),更换维修费用( )。

    A. 长 高   B. 短 低

    C. 短 高   D. 长 低

90.AC012 钢铁阳极耐蚀性差,消耗率高达( ),需经常更换和维修。

    A. 1~3kg/A·a   B. 3~5kg/A·a

    C. 6~8kg/A·a   D. 8~10kg/A·a

91.AC013 贵金属氧化物阳极是在钛基材上覆盖一层具有催化活性的( )而构成。

    A. 导电聚合物   B. 金属氧化物

    C. 高分子氧化物   D. 非金属氧化物

92.AC013 贵金属氧化物阳极使用寿命长,可达( )以上。

    A. 10 年   B. 15 年   C. 20 年   D. 50 年

93.AC013 贵金属氧化物阳极具有极低的消耗率,高的电化学活性,( )小,允许电流密度大,是一种高效率阳极,常用于制作线性辅助阳极。

    A. 接地电阻   B. 极化   C. 电阻   D. 电阻率

94.AC014 柔性阳极适用于( )电阻率环境及管道防腐层质量( )的管道阴极保护系统。

    A. 高 差   B. 低 好

    C. 高 好   D. 低 差

95.AC014 柔性阳极较其他辅助阳极相比具有均匀的( )和( )分布。

    A. 电流 电位   B. 电场 电流   C. 电压 电流   D. 电阻 电场

96.AC014 柔性阳极较其他辅助阳极相比具有( )的电场和电流分布。

    A. 非均匀   B. 均匀   C. 广泛   D. 对称

97.AC015 在一定范围内,辅助阳极地床的接地电阻随着阳极数量的增加而( )。

    A. 升高   B. 降低

    C. 保持不变   D. 成比例增加

98.AC015 确定阳极数量的基本原则是:使阳极输出的( )在阳极材料允许的电流密度范围内,以保证阳极地床的使用寿命。

    A. 电压   B. 电位   C. 电流   D. 功率

99.AC015 阳极间的屏蔽会造成接地电阻( )。

    A. 无规律变化   B. 维持不变   C. 降低   D. 升高

100.AC016 当单支阳极尺寸相同时,立式较水平式阳极地床的接地电阻( )。

    A. 大   B. 一样   C. 小   D. 无规律

101.AC016 管道阴极保护通常选用( )。

A. 浅埋式阳极地床   B. 深埋式阳极地床

C. 深井式阳极地床   D. 同沟敷设式地床

102.AC016 当单支阳极尺寸相同时,水平式较立式阳极地床的接地电阻( )。

     A. 大   B. 一样   C. 小   D. 无规律

103.AC017 在地下管网密集区进行区域阴极保护时,往往采用( )阳极地床。

     A. 深井式   B. 浅埋式   C. 立式   D. 水平式

104.AC017 次深级深井式阳极地床的埋设深度为( )。

     A. 50~100m   B. 20~40m   C. <40m   D. >100m

105.AC017 既可少占她,又可减少对邻近设施阳极干扰的是( )阳极地床。

     A. 浅埋式   B. 深井式   C. 立式   D. 水平式

106.AC018 按照测试桩的作用可以将测试桩分为电位测试桩、电流测试桩、套管测试桩以及( )测试桩等。

     A. 电压   B. 绝缘连接

     C. 钢管   D. 钢筋混凝土预制桩

107.AC018 应在( )设置牺牲阳极测试桩,用于测量牺牲阳极参数。

     A. 汇流点   B. 被保护管道末端

     C. 被保护管道首端   D. 牺牲阳极埋设点

108.AC018 目前在石油行业通常使用的测试桩有两类:一类是钢管测试桩;另一类是( )。

     A. 木制   B. 水泥

     C. 钢筋   D. 钢筋混凝土预制桩

109.AC019 测试桩的外壳与内部的电缆之间应( )。

     A. 绝缘   B. 导电   C. 防雷击   D. 防潮

110.AC019 测试桩内部的连接电缆一端焊接在管道上,另一端( )供测试用。

     A. 用绝缘材料包扎   B. 伸出地面

     C. 与电源相连   D. 与里程桩相连

111.AC019 测试桩的( )可以提供桩的里程位置、桩的功能以及管理者的信息等。

     A. 颜色   B. 位置   C. 铭牌   D. 接线端子

112.AC020 长输油气管道的测试桩宜在( )设置。

     A. 管道外壁   B. 管道内壁

     C. 管道正上方   D. 保护带边缘

113.AC020 长输油气管道测试桩的标志要醒目,埋设要( )。

     A. 牢固   B. 绝缘   C. 光亮   D. 松动

114.AC020 混凝土测试桩一般露出地面0.5m,钢管桩一般为地上( )。

     A.1.5m   B.2m   C.1m   D.1.8m

115.AC021 安装( )可以将阴极保护和非阴极保护管段绝缘。

     A. 法兰   B. 弯头

     C. 绝缘法兰   D. 阀门

116.AC021 在杂散电流干扰区,安装( )可以分割干扰和非干扰区,减少杂散电流的危害。

    A. 法兰   B. 绝缘接头   C. 阀门   D. 弯头

117.AC021 对于采用阴极保护的管道,在适当位置安装(   ),可减少保护电流的流失,避免对其他地下金属构筑物的干扰。

    A. 测试桩   B. 均压线

    C. 电绝缘装置   D. 埋地型参比电极

118.AC022 在使用金属套管的位置应采用(   ),使管道与套管电绝缘。

    A. 绝缘法兰   B. 绝缘接头   C. 绝缘短管   D. 绝缘支撑

119.AC022 被保护管道与其他管道、电缆交叉处必须电绝缘,并确保一定间距。必要时应在两者之间加(   )隔开。

    A. 绝缘法兰   B. 绝缘接头   C. 绝缘板   D. 绝缘支撑

120.AC022 绝缘法兰与普通法兰的结构基本相同,不同的是绝缘法兰中间采用绝缘垫片,每个螺栓都加绝缘垫圈和(   ),使两片法兰完全绝缘。

    A. 润滑油脂   B. 凹槽   C. 金属垫片   D. 绝缘套管

121.AC023 电绝缘装置应安装在(   )。

    A. 管道与站、库的连接处   B. 通过城镇处

    C. 管端   D. 管道拐弯处

122.AC023 电绝缘装置应安装在(   )。

    A. 杂散电流干扰区   B. 管道拐弯处

    C. 管端   D. 通过沼泽处

123.AC023 异种金属管道连接处(   )安装电绝缘装置。

    A. 必须   B. 严禁   C. 可以   D. 宜

124.AC024 绝缘法兰的每个螺栓都应加(   )。

    A. 绝缘套管   B. 金属套管   C. 普通套管   D. 密封胶带

125.AC024 绝缘法兰通常采用(   )。

    A. 现场组装式   B. 工厂预组装式

    C. 现场改造式   D. 现场焊接式

126.AC024 对焊法兰(或称带颈法兰)刚度较大,可在(   )的压力、温度条件下使用。

    A. 较高   B. 较低   C. 较弱   D. 一般

127.AC025 整体型绝缘接头在工厂预组装,可避免现场组装因潮湿、风沙所造成的对(   )的影响。

    A. 外观   B. 绝缘值   C. 机械性能   D. 承压性能

128.AC025 整体型绝缘接头的显著特点之一是具有很高的(   )。

    A. 机械性能   B. 承压性能   C. 耦合电阻   D. 电性能

129.AC025 整体型绝缘接头(   )。

    A. 直接埋地   B. 埋在测试井中

    C. 安装在地上   D. 安装在室内

130.AC026 对于跨越管段,管道与支撑物之间采用(   )。

A. 金属垫　　　　B. 水泥垫　　　　C. 绝缘垫　　　　D. 软垫

131. AC026　为防止雷电和供电系统的故障电流对绝缘装置的破坏,通常应在(　　)上安装高电压防护装置。

A. 电器设备　　　B. 输油设备　　　C. 管道　　　　D. 绝缘装置

132. AC026　管桥两端加设绝缘接头时,应采用(　　)使管桥两端的管道实现电连接。

A. 普通电线　　　B. 屏蔽线　　　　C. 花线　　　　D. 跨接电缆

133. AC027　土壤中饱和硫酸铜参比电极的电位漂移不大于(　　)。

A. ±10mV　　　B. ±20mV　　　C. ±30mV　　　D. ±5mV

134. AC027　电位测量回路电极的工作电流密度不大于(　　)。

A. $10\mu A/cm^2$　　B. $5\mu A/cm^2$　　C. $1\mu A/cm^2$　　D. $15\mu A/cm^2$

135. AC027　在油气管道阴极保护过程中,需将(　　)埋地与恒电位仪组成自控信号源。

A. 管道　　　　B. 阳极　　　　C. 电缆　　　　D. 参比电极

136. AC028　由于(　　)的污染,会大大降低长效埋地型饱和硫酸铜参比电极的使用寿命。

A. OH^-　　　　B. Cl^-　　　　C. H^+　　　　D. Mg^{2+}

137. AC028　铜电极采用紫铜丝或棒,纯度不小于(　　)。

A. 99.7%　　　B. 99.8%　　　C. 99.9%　　　D. 100%

138. AC028　固态长效饱和硫酸铜参比电极应埋入(　　)以下,参比电极周围应填充填包料,旱季应在所在地定期浇水湿润。

A. 干土层　　　B. 冻土层　　　C. 地表 1m　　　D. 地表 1.5m

139. AC029　埋地型锌参比电极主要应用在富含(　　)土壤中。

A. 氯化物　　　B. 碱性　　　　C. 酸性　　　　D. 中性

140. AC029　埋地型锌参比电极用作电极材料的锌,其纯度不小于(　　)。

(A) 99.99%　　　B. 99.999%　　　C. 99.995%　　　D. 99.00%

141. AC029　如果管道相对于高纯锌参比电极电位为+250mV,则相对于饱和硫酸铜参比电极为(　　)。

A. −250mV　　　B. +200mV　　　C. −850mV　　　D. −200mV

142. AC030　检查片的作用是为了定量测量阴极保护(　　)而埋设的。

A. 效果　　　　B. 电流　　　　C. 电位　　　　D. 漏失电流

143. AC030　安装均压线的目的是为了避免相邻近距离平行或交叉管道间的(　　)。

A. 化学腐蚀　　　B. 物理腐蚀　　　C. 均匀腐蚀　　　D. 干扰腐蚀

144. AC030　近距离平行敷设的管道安装均压线后,两管道间的电位差不超过(　　)。

A. 20mV　　　B. 50mV　　　C. 10mV　　　D. 100mV

145. AC031　对于年平均雷暴日超过(　　)的地区,架空线路应装设避雷装置。

A. 30d　　　　B. 20d　　　　C. 60d　　　　D. 45d

146. AC031　电缆与管道的连接,应采用(　　)。

A. 电焊　　　　B. 铝热焊　　　C. 氩弧焊　　　D. 黏结剂

147. AC031　阴极保护系统连接导线采用(　　)时,其终端杆与阳极地床的距离应大于 0.5m。

    A. 半埋式   B. 埋地式   C. 架空式   D. 固结式

148. AD001 三层结构聚乙烯防腐层的外层是( )。

    A. 胶黏剂   B. 环氧树脂   C. 沥青   D. 聚乙烯

149. AD001 三层结构聚乙烯防腐层中胶黏剂的作用是( )。

    A. 增加防腐层与金属的黏接力

    B. 增加底层环氧粉末与聚乙烯的黏接力

    C. 增加防腐层的厚度

    D. 增加防腐层的机械强度

150. AD001 三层结构聚乙烯防腐层的底漆是( )。

    A. 胶黏剂   B. 熔结环氧粉末   C. 沥青   D. 聚乙烯

151. AD002 单层熔结环氧粉末防腐层普通级的最小厚度为( )。

    A. 100μm   B. 200μm   C. 300μm   D. 400μm

152. AD002 单层熔结环氧粉末防腐层加强级的最小厚度为( )。

    A. 100μm   B. 200μm   C. 300μm   D. 400μm

153. AD002 双层熔结环氧粉末防腐层普通级的总厚度最小厚度为( )。

    A. 400μm   B. 600μm   C. 800μm   D. 1000μm

154. AD003 无溶剂液态环氧普通级防腐层的最小厚度为( )。

    A. 300μm   B. 400μm   C. 500μm   D. 600μm

155. AD003 无溶剂液态环氧加强级防腐层的最小厚度为( )。

    A. 300μm   B. 400μm   C. 500μm   D. 600μm

156. AD003 地下管道出地面端( )范围内的防腐层应至少增加一道耐候面层。

    A. 400mm   B. 500mm   C. 600mm   D. 700mm

157. AD004 沥青防腐层普通级总厚度应( )。

    A. ≥6mm   B. ≥5mm   C. ≥4mm   D. ≥3mm

158. AD004 一层底漆、五层沥青、四层玻璃布、一层塑料布结构的沥青防腐层为( )。

    A. 特加强级   B. 加强级   C. 普通级   D. 等外级

159. AD004 沥青防腐层加强级总厚度应( )。

    A. ≥3mm   B. ≥4mm   C. ≥5mm   D. ≥5.5mm

160. AD005 就防腐层结构而言,聚乙烯胶带和( )是一样的。

    A. 单层 FBE   B. 双层 FBE

    C. 二层结构聚乙烯   D. 三层结构聚乙烯

161. AD005 聚乙烯胶黏带防腐层对管体的黏结力( )二层结构聚乙烯。

    A. 大于   B. 小于   C. 等于   D. 不小于

162. AD005 普通级聚乙烯胶黏带防腐层总厚度最小为( )。

    A. 0.7mm   B. 1.0mm   C. 1.4mm   D. 2.0mm

163. AD006 热收缩带(套)补口防腐层结构为( )及配套底漆。

    A. 辐射交联聚乙烯   B. 黏弹体

    C. 石油沥青   D. 聚丙烯

164.AD006 热收缩带(套)补口的环氧底漆厚度不小于( )。

    A. 20μm   B. 30μm   C. 40μm   D. 50μm

165.AD006 热收缩带(套)补口层的厚度约为( )。

    A. 2mm   B. 3mm   C. 4mm   D. 5mm

166.AD007 一般情况下,黏弹体防腐材料与其他具有( )的外保护带联用。

    A. 耐化学性能   B. 较好抗冲击性能

    C. 良好的剥离强度   D. 良好的绝缘电阻

167.AD007 黏弹体防腐材料的配套外保护带不包括下面哪种材料( )。

    A. 聚乙烯(PE)胶黏带   B. 网状纤维聚丙烯(PP)胶黏带

    C. 热收缩带   D. 环氧粉末

168.AD007 外保护带与黏弹体防腐带背材之间应有优良的( )和黏接性。

    A. 相容性   B. 导电性   C. 耐候性   D. 机械强度

169.AD008 管道防腐保温层由防腐层、保温层和( )组成。

    A. 石油沥青   B. 聚乙烯   C. 聚丙烯   D. 防护层

170.AD008 埋地钢制管道硬质聚氨质泡沫塑料防腐保温层的厚度应采用经济厚度计算法确定,但不应小于( )。

    A. 10mm   B. 15mm   C. 20mm   D. 25mm

171.AD008 下列材料中,( )一般不用作管道保温材料。

    A. 泡沫塑料   B. 泡沫玻璃   C. 橡胶   D. 岩棉

172.AD009 防腐层补口带与防水帽搭接长度应不小于( )。

    A. 30mm   B. 40mm   C. 50mm   D. 60mm

173.AD009 当采用模具现场发泡方式时,模具必须固紧在端部防水帽处,其搭接长度不应小于( )。

    A. 40mm   B. 60mm   C. 80mm   D. 100mm

174.AD009 在防腐层进行补伤时,补口带剪成需要长度,并大于补口或划伤外缘( )。

    A. 40mm   B. 60mm   C. 80mm   D. 100mm

175.AE001 干扰源是指产生杂散电流的设施,也称为( )。

    A. 杂散电流源   B. 电流源   C. 电源   D. 来源

176.AE001 以下是直流干扰源的有:( )。

    A. 高压交流输电线   B. 高压直流输电线

    C. 光缆   D. 电话线

177.AE001 以下是直流干扰源的有:( )。

    A. 阴极保护系统   B. 绝缘保护系统

    C. 通信系统   D. 远程传输系统

178.AE002 电气化铁路造成的直流干扰应分类为( )。

    A. 静态干扰   B. 动态干扰

    C. 瞬时干扰   D. 持续干扰

179.AE002 通常,阴极保护系统造成的直流干扰应分类为( )。

    A. 静态干扰   B. 动态干扰   C. 瞬时干扰   D. 持续干扰

180.AE002 矿山直流牵引系统造成的直流干扰应分类为( )。

    A. 静态干扰   B. 动态干扰   C. 瞬时干扰   D. 持续干扰

181.AE003 交流干扰根据交流电压的( )进行分类。

    A. 大小   B. 频率   C. 作用时间   D. 分布

182.AE003 干扰持续时间特别的短暂,一般不会超过几秒钟,这样的交流干扰称
         为( )。

    A. 瞬间干扰   B. 间歇干扰   C. 持续干扰   D. 动态干扰

183.AE003 干扰电压随干扰源和负荷变化,或随时间的变化,这样的交流干扰称
         为( )。

    A. 瞬间干扰   B. 间歇干扰   C. 持续干扰   D. 动态干扰

184.AF001 在常温下基本不导电的是( )。

    A. 本征半导体   B. 掺杂半导体   C. N 型半导体   D. P 型半导体

185.AF001 掺进微量的其他元素的半导体材料称为( )。

    A. 本征半导体   B. 掺杂半导体

    C. N 型半导体   D. P 型半导体

186.AF001 纯净的不含任何杂质的半导体材料称为( )。

    A. 本征半导体   B. 掺杂半导体

    C. N 型半导体   D. P 型半导体

187.AF002 N 型半导体中存在能够导电的( )。

    A. 空穴   B. 杂质   C. 多余电子   D. 正负电荷

188.AF002 P 型半导体中,少数载流子是( )。

    A. 正负电荷   B. 杂质   C. 电子   D. 空穴

189.AF002 N 型半导体是( )半导体。

    A. 电子导电型   B. 空穴导电型

    C. 本征   D. 用作原料的

190.AF003 PN 结中空间电荷区两端的电压称为( )。

    A. 正向电压   B. 门槛电压   C. 反向电压   D. 偏置电压

191.AF003 PN 结在反偏时,内电场与外电场方向相同,其电阻( )。

    A. 相对较小   B. 相对较大   C. 很小   D. 很大

192.AF003 PN 结在正偏时,内电场与外电场方向相反,其电阻( )。

    A. 相对较小   B. 相对较大   C. 很小   D. 很大

193.AF004 晶体二极管的伏安特性曲线中的 U_{on} 称为( )。

    A. 导通电压   B. 正向电压   C. 反向电压   D. 击穿电压

194.AF004 晶体二极管的伏安特性曲线中的 U_{BR} 称为( )。

    A. 导通电压   B. 正向电压   C. 反向电压   D. 击穿电压

195.AF004 晶体二极管工作的反向电压超过( )时,其单向导电性就被破坏了。

    A. 导通电压   B. 正向电压   C. 击穿电压   D. 反向电压

196.AF005 利用数字万用表进行二极管的测量时,是以测二极管的( )来判断管

子的好坏的。

    A. 导通电流   B. 正向电阻

    C. 反向电阻   D. 导通电压

197.AF005 进行二极管的测量时，显示小电压时说明数字万用表红表笔所接触的是（   ），显示较小电阻时指针万用表正表笔所接触的是（   ）。

    A. 阳极   阳极   B. 阴极   阴极

    C. 阳极   阴极   D. 阴极   阳极

198.AF005 测量二极管时，能明显地区分出（   ）的晶体二极管就是好的二极管。

    A. 正反向电压   B. 正反向电流

    C. 正反向偏置电流   D. 正反向电阻

199.AF006 在交流电的一个周期中，有半个周期变为直流电输出，另半个周期被晶体二极管阻隔不能输出，这样的整流电路称为（   ）。

    A. 半波桥式整流电路   B. 全波整流

    C. 半波整流电路   D. 全波桥式整流电路

200.AF006 根据晶体二极管的（   ），半波整流电路反接时可以得到（   ）的直流电压。

    A. 工作方式   正   B. 接法   正

    C. 性质   负   D. 接法   负

201.AF006 半波整流电路中电源变化为负半周时，晶体二极管（   ）。

    A. 正向偏置   B. 导通

    C. 不阻隔   D. 不能导通

202.AF007 全波整流的目的就是使交流电源的（   ）。

    A. 正负半周全部得到利用   B. 正负半周部分得到利用

    C. 正半周得到利用   D. 负半周得到利用

203.AF007 全波整流电路对电源的利用率（   ），输出的直流（   ）。

    A. 低   极不稳定   B. 高   比较稳定

    C. 高   特别稳定   D. 低   不稳定

204.AF007 全波整流电路对电源的利用率高，输出的直流（   ）。

    A. 极不稳定   B. 比较稳定   C. 特别稳定   D. 不稳定

205.AF008 全波整流电路在应用中变压器（   ）中心抽头。

    A. 必须带有   B. 无   C. 可有可无   D. 可以有

206.AF008 桥式整流比全波整流要多用（   ）二极管。

    A.1 支   B.3 支   C.1 倍的   D.4 支

207.AF008 要从电源直接得到直流时，应采用（   ）。

    A. 半波整流电路   B. 全波整流电路

    C. 桥式整流电路   D. 一支二极管

208.AF009 滤波电路的作用就是把（   ）滤掉。

    A. 直流成分   B. 波动部分   C. 叠加部分   D. 交流成分

209.AF009 常用的滤波电路形式有（   ）、电容电感滤波、电容电阻电感滤波等。

  A. 电阻电感滤波   B. 电阻滤波

  C. 电压滤波   D. 电容电阻滤波

210.AF009 常用的滤波电路形式有电容电阻滤波、( )、电容电阻电感滤波等。

  A. 电阻电感滤波   B. 电阻滤波

  C. 电压滤波   D. 电容电感滤波

211.AF010 电容滤波只能在电流( )的情况下工作。

  A. 较大   B. 较小   C. 很小   D. 很大

212.AF010 电容滤波电路工作时,加上电源,( )上升,电容( )。

  A. 电流 放电   B. 电压 充电   C. 电流 充电   D. 电压 放电

213.AF010 各种仪器仪表大多使用( )。

  A. 电感滤波   B. 电容滤波

  C. 电阻电感滤波   D. 电容电感滤波

214.AF011 电感滤波电路中,脉动电流中直流成分的大部分降落在( )上。

  A. 负载电阻   B. 阻抗   C. 电容   D. 电感

215.AF011 电感滤波相对于电容滤波的特点在于其可以用在( )的场合。

  A. 较小负载   B. 较大负载   C. 小电流   D. 极小电流

216.AF011 电感滤波电路中,脉动电流中交流成分的绝大部分降落在( )上。

  A. 电容   B. 电阻   C. 负载   D. 电感

217.AF012 稳压二极管在电路中是( )。

  A. 正向连接的   B. 串联的   C. 并联的   D. 反向连接的

218.AF012 二极管稳压电路中,电源电压高于输出电压,使稳压管工作在( )状态。

  A. 反向击穿   B. 反向连接   C. 正向连接   D. 串联

219.AF012 二极管稳压电路中的电阻在电源电压( ),负载电流( )时,应保证二极管还工作在击穿状态。

  A. 最低 最低   B. 最大 最低

  C. 最低 最大   D. 最大 最大

220.AG001 下列选项中,( )是油气输送管道常用的四种钢管之一。

  A. 直缝埋弧焊管   B. 激光焊钢管

  C. 连续炉焊钢管   D. 双缝埋弧焊钢管

221.AG001 下列选项中,( )是油气输送管道常用的四种钢管之一。

  A. 螺旋缝埋弧焊管   B. 激光焊钢管

  C. 连续炉焊钢管   D. 双缝埋弧焊钢管

222.AG001 下列选项中,( )是油气输送管道常用的四种钢管之一。

  A. 直缝高频电阻焊管   B. 激光焊钢管

  C. 连续炉焊钢管   D. 双缝埋弧焊钢管

223.AG002 ( )是通过冷拔(轧)或热轧制成的不带焊缝的钢管。

  A. 无缝钢管   B. 直缝高频电阻焊管

  C. 直缝埋弧焊管   D. 螺旋缝埋弧焊管

224. AG002 （　）是通过电阻焊接或感应焊接形成的钢管，焊缝一般较窄，余高小。

    A. 无缝钢管　　　　　　　　　　　B. 直缝高频电阻焊管

    C. 直缝埋弧焊管　　　　　　　　　　D. 螺旋缝埋弧焊管

225. AG002 （　）具有受力条件好、止裂能力强、刚度大、价格便宜等优点。

    A. 无缝钢管　　　　　　　　　　　B. 直缝高频电阻焊管

    C. 直缝埋弧焊管　　　　　　　　　　D. 螺旋缝埋弧焊管

226. AG003 （　）用来连接异径管。

    A. 弯头　　　　B. 大小头　　　　C. 汇气管　　　　D. 管帽

227. AG003 （　）用于天然气的汇集和分配输送。

    A. 弯头　　　　B. 大小头　　　　C. 汇气管　　　　D. 管帽

228. AG003 （　）是安装在两管段之间用于隔断电连续的电绝缘组件。

    A. 弯头　　　　　　　　　　　　　B. 大小头

    C. 汇气管　　　　　　　　　　　　D. 绝缘接头

229. AH001 焊接过程中，在焊接接头上产生的金属不连续、不致密或连接不良的现象称为（　）。

    A. 焊接气孔或未熔合　　　　　　　B. 焊接气孔

    C. 焊接夹渣　　　　　　　　　　　D. 焊接缺陷

230. AH001 焊接过程中，焊趾母材部位产生的沟槽或凹陷称为（　）。

    A. 未熔合　　　　B. 未焊透　　　　C. 咬边　　　　D. 烧穿

231. AH001 焊接过程中，熔池金属中的气体在金属冷却凝固时未能逸出而残留在焊缝中，会形成（　）。

    A. 未熔合　　　　B. 未焊透　　　　C. 夹渣　　　　D. 气孔

232. AH002 一般根据（　）等条件选择焊条直径。

    A. 焊件材质　　　　　　　　　　　B. 焊件尺寸和焊缝位置

    C. 焊接电压　　　　　　　　　　　D. 焊件用途

233. AH002 采用焊条电弧焊工艺，（　）能提高生产率。

    A. 增大焊接电流　　　　　　　　　B. 增大焊接电压

    C. 减小焊接电流　　　　　　　　　D. 选择小直径焊条

234. AH002 一般在焊条不过早发红、焊件不烧穿的原则下，允许选用（　）。

    A. 最小电压　　　B. 最小电流　　　C. 最大电压　　　D. 最大电流

235. AH003 焊缝形状系数是指（　）和（　）之比值。

    A. 熔宽　加强高

    B. 焊缝横截面积　熔深

    C. 熔宽　熔深

    D. 焊缝中基本金属熔化的横截面积　焊缝横截面积

236. AH003 焊缝的熔合比是指（　）和（　）之比值。

    A. 熔宽　加强高

    B. 焊缝中基本金属熔化的横截面积　焊缝横截面积

    C. 熔宽　熔深

D. 焊缝横截面积　熔深

237.AH003　焊接时选择焊接规范的主要原则是在保证焊缝质量的前提下尽可能地选用(　)，以达到提高生产率、节能降耗的目的。

A. 大电流低速度　　　　　　　　B. 小电流快速度

C. 大电流快速度　　　　　　　　D. 小电流低速度

238.AH004　无损探伤主要有射线探伤法和(　)。

A. 目视检测法　　　　　　　　　B. 尺寸检测

C. 压力检测　　　　　　　　　　D. 超声探伤法

239.AH004　(　)是环焊缝检测常用的一种手段，技术成熟，但因需要使用放射源，如果使用不当，容易造成伤害。

A. 超声检测　　B. 尺寸检测　　C. 压力检测　　D. 射线检测

240.AH004　射线探伤一般分为 X 射线探伤和(　)射线探伤。

A. α　　　　　　B. β　　　　　　C. ε　　　　　　D. γ

241.AI001　补板修复适用于直径小于(　)的腐蚀孔。

A. 2mm　　　　　B. 5mm　　　　　C. 8mm　　　　　D. 15mm

242.AI001　规定最小屈服强度大于(　)的管材，不宜采用补板的方法进行缺陷修复。

A. 276MPa　　　B. 125MPa　　　C. 55MPa　　　D. 325MPa

243.AI001　补板的材料等级和设计强度应(　)待修复管道。

A. 高于　　　　　B. 低于　　　　　C. 不低于　　　　D. 不高于

244.AI002　A 型套筒安装时，使用(　)套在套筒下半部上。

A. 吊带　　　　　B. 链条　　　　　C. 钢丝绳　　　　D. 对口器

245.AI002　(　)是利用两个由钢板制成的半圆柱外壳覆盖在管体缺陷外，通过侧焊缝连接在一起。

A. A 型套筒　　B. B 型套筒　　C. 复合材料　　D. 卡具

246.AI002　为使套筒与管道尽可能地紧密配合，在套筒下半部与链条之间垫上(　)，通过液压千斤顶拉紧链条。

A. 木块　　　　　B. 纸板　　　　　C. 胶板　　　　　D. 防腐层

247.AI003　(　)是利用两个由钢板制成的半圆柱外壳覆盖在管体缺陷外，通过侧焊缝连接在一起，套筒的末端采用角焊的方式固定在输油气管道上。

A. A 型套筒　　B. B 型套筒　　C. 复合材料　　D. 卡具

248.AI003　(　)首先进行单 V 形带垫板对接侧缝焊接，再进行两端角焊缝焊接。

A. A 型套筒　　B. B 型套筒　　C. 复合材料　　D. 卡具

249.AI003　(　)末端与管道的填角焊接应遵照相应的焊接工艺规程，角焊缝的焊接工艺应当严格地与材料和焊接情况相匹配。

A. A 型套筒　　B. B 型套筒　　C. 复合材料　　D. 卡具

250.AJ001　由化学风化作用而形成的土称为(　)。

A. 沉积土　　　　B. 黏性土　　　　C. 非黏性土　　　D. 残积土

251.AJ001　没有经过搬运而自然形成的土称为(　)。

A. 沉积土　　　　B. 黏性土　　　　C. 残积土　　　　D. 非黏性土

252.AJ001　经过各种自然力的作用搬运后而沉积下来的土称为(　　)。

A. 沉积土　　　　B. 黏性土　　　　C. 残积土　　　　D. 非黏性土

253.AJ002　地基土按组成可分为(　　)大类。

A. 六　　　　　　B. 五　　　　　　C. 四　　　　　　D. 三

254.AJ002　地基内的土壤往往是(　　)。

A. 分层的　　　　　　　　　　B. 均匀的

C. 同一类的　　　　　　　　　D. 性质一致的

255.AJ002　由于地基内各层土的(　　)、状态不一样,因此其压缩性、透水性、强度及均匀性等也会有很大差别。

A. 组成　　　　　B. 孔隙度　　　　C. 含水量　　　　D. 容量

256.AJ003　岩石根据其(　　)可分为硬质岩石和(　　)。

A. 大小　软质岩石　　　　　　B. 组成　粉质岩石

C. 压缩性　软质岩石　　　　　D. 坚固性　软质岩石

257.AJ003　土中粒径大于(　　)的颗粒含量超过全重50%以上的土是碎石土。

A. 10mm　　　　B. 2mm　　　　C. 1mm　　　　D. 5mm

258.AJ003　颗粒间未胶结的粗粒土属于(　　)。

A. 岩石　　　　　B. 碎石土　　　　C. 砂土　　　　D. 粉土

259.AJ004　黏性土是指粒径小于0.005mm的颗粒超过全重的(　　),具有明显黏性和塑性的土。

A. 3%　　　　　B. 5%　　　　　C. 6%　　　　　D. 7%

260.AJ004　塑性指数I_p大于10的土称为(　　)。

A. 黏性土　　　　B. 粉土　　　　C. 砂土　　　　D. 碎石土

261.AJ004　按液性指数I_L,黏性土可依次分为坚硬、(　　)、流塑五种状态。

A. 可塑、硬塑、软塑　　　　　B. 软塑、可塑、硬塑

C. 硬塑、可塑、软塑　　　　　D. 可塑、软塑、硬塑

262.AJ005　地基基础设计中必须满足的两个技术条件是地基变形条件和(　　)。

A. 地基的稳定性　　　　　　　B. 地基的强度条件

C. 地基的沉降性　　　　　　　D. 地基的滑动性

263.AJ005　为保证地基的稳定性,不发生剪切或滑动破坏,要求有一定的(　　)安全系数。

A. 地基稳定　　　B. 地基强度　　　C. 地基沉降　　　D. 地基滑动

264.AJ005　地基的变形条件实质上是指各类土壤的(　　)。

A. 地基沉降量　　　　　　　　B. 地耐力

C. 地基容许变形值　　　　　　D. 地基容许承载力

265.AJ006　地基在单位面积能承受的最大载荷称为(　　)。

A. 地基强度　　　　　　　　　B. 地基极限承载力

C. 地基容许变形力　　　　　　D. 地基容许承载力

266.AJ006　确定地基容许承载力是根据土的物理力学指标或(　　)来确定的。

A. 化学分析结果　　　　　　　　B. 电化学测量结果

C. 野外鉴别结果　　　　　　　　D. 地下水位结果

267. AJ006　地基容许承载力的大小取决于地基土的(　　)，同时与地基各土层的分布、基础大小和埋深以及上部结构的特点有关。

A. 物理力学性质　　B. 化学性质　　C. 含水量　　　D. 颗粒度

268. BA001　调整恒电位仪运行参数时，需要测量管道阴极保护(　　)的保护电位，判定其值是否符合保护电位标准。

A. 通电点　　　　B. 测试桩　　　　C. 汇流点　　　D. 末端

269. BA001　若管道存在保护电位未达到保护电位标准，调整恒电位仪上的控制电位调节钮，提高或降低恒电位仪的控制电位，从而升高或降低(　　)的保护电位。

A. 汇流点　　　　B. 通电点　　　　C. 管道　　　　D. 末端

270. BA001　调整恒电位仪运行参数时，(　　)管道保护电位，若还不符合标准，继续调整恒电位仪运行参数，直到达到标准要求。

A. 检查　　　　　B. 复测　　　　　C. 观察　　　　D. 对比

271. BA002　恒电位仪控制台应设有(　　)装置，防止两台恒电位仪同时投入运行。

A. 自动控制　　　B. 固定　　　　　C. 互锁　　　　D. 隔离

272. BA002　恒电位仪控制台应具有较强的抗强电防(　　)功能，在输入端设有锯齿型火花隙、压敏电阻浪涌吸收器和稳压二极管限幅器三级雷电泄放系统。

A. 极化　　　　　B. 腐蚀　　　　　C. 雷击　　　　D. 偏离

273. BA002　恒电位仪控制台具有间歇供电检测功能，恒电位仪的直流输出通过控制台进入(　　)通(　　)断的间歇工作状态，为测得真实保护电位创造了条件。

A. 2s　3s　　　　B. 5s　5s　　　　C. 3s　12s　　　D. 12s　3s

274. BA003　采用 PCM 漏电率法测试时，(　　)绝缘法兰/绝缘接头两侧所有阴极保护电源。

A. 断开　　　　　B. 连接　　　　　C. 接通　　　　D. 使用

275. BA003　绝缘法兰/绝缘接头的漏电百分率为零时，其绝缘性能(　　)。

A. 良好　　　　　B. 差　　　　　　C. 一般　　　　D. 较差

276. BA003　检查运行中绝缘法兰/绝缘接头绝缘性能的方法有 PCM 漏电率法及(　　)。

A. 电位法　　　　B. 电压法　　　　C. 漏电阻法　　D. 漏电压法

277. BA004　查找恒电位仪外部电缆断线点的方法有 1/2 查找法、(　　)、调查法等。

A. 感应法　　　　B. 电流法　　　　C. 金属探测法　D. 测试法

278. BA004　利用电磁原理对管道、电缆走向进行定位探测，具有使用方便、抗干扰能力强、(　　)效果良好的特点。

A. 查找　　　　　B. 测量　　　　　C. 探测　　　　D. 排查

279. BA004　断开仪器与阴极端的连接，用接地电阻仪测量阴极端的接地电阻，若接地电阻(　　)正常值很多，则判定阴极断线了。

    A. 相差   B. 少于   C. 小于   D. 大于

280.BA005　采用铝热焊剂焊接技术,(　　)外部电源和热源。

    A. 需要   B. 不需要

    C. 气温高时需要   D. 气温低时不需要

281.BA005　采用铝热焊剂焊接设备(　　),价格低廉。

    A. 简单、轻便   B. 复杂、轻便

    C. 简单、体积大   D. 复杂,体积大

282.BA005　采用铝热焊剂焊接技术,焊接点牢固可靠,不会形成(　　)。

    A. 低电流   B. 高电流   C. 低电阻   D. 高电阻

283.BA006　铝热焊剂的主要成分是(　　)。

    A. 铝粉和氧化锌   B. 铝粉和氧化锡

    C. 铝粉和氧化钙   D. 铝粉和氧化铜

284.BA006　铝热焊剂铝粉中铝的含量不小于(　　)。

    A. 90%   B. 98%   C. 95%   D. 85%

285.BA006　铝热焊剂技术是根据金属(　　)本身的强氧化性和氧化铜进行反应,产生熔融金属(　　),从而将电缆焊接到钢的表面。

    A. 铝　　铁   B. 铜　　铁

    C. 铝　　铜   D. 铁　　铜

286.BA007　铝热焊坩埚的(　　)影响着铝热反应的效果。

    A. 尺寸   B. 重量   C. 上腔尺寸   D. 下腔尺寸

287.BA007　铝热焊坩埚的中部和下腔尺寸影响着(　　)的有效分离。

    A. 药剂与生成物   B. 药剂与反应物

    C. 氧化铜与熔渣   D. 熔融金属与熔渣

288.BA007　铝热焊坩埚的上腔尺寸影响着(　　)的效果。

    A. 铝热反应   B. 铜热反应   C. 熔渣分离   D. 金属流动

289.BA008　采用铝热焊剂焊接时,电缆应剥皮,除去(　　)。

    A. 污物及涂层   B. 污物及氧化皮

    C. 铁锈及涂层   D. 铁锈及氧化皮

290.BA008　采用铝热焊剂焊接时,应首先将铜片放好,其目的是(　　)。

    A. 参与吸热化学反应   B. 参与放热化学反应

    C. 挡住药粉   D. 便于熔融金属的流动成型

291.BA008　采用铝热焊剂焊接时,为防止(　　)移位,应在焊接部位加(　　)。

    A. 电缆　　铜套   B. 电缆　　钢套

    C. 钢管　　铜套   D. 钢管　　钢套

292.BA009　内燃机发电(　　),所以汽油、柴油发电机主要用作阴极保护应急备用电源。

    A. 成本较高   B. 成本较低

    C. 输出电压较高   D. 输出电压较低

293.BA009　关停汽油发电机应先(　　),再(　　)。

    A. 关燃料阀　关发动机开关

    B. 关燃料阀　打开发动机开关

    C. 关发动机开关　关发电机开关

    D. 关发电机开关　关发动机开关

294. BA009　启动汽油发电机应先( )，再( )。

    A. 打开发动机开关　打开燃料阀

    B. 打开燃料阀　打开发动机开关

    C. 关闭阻气杆　打开燃料阀

    D. 关闭阻气杆　打开发动机开关

295. BA010　汽油发电机每次使用都必须检查机油，如不足请添加，除此之外还必须定期更换( )。

    A. 机油　　　　B. 汽油　　　　C. 柴油　　　　D. 黄油

296. BA010　如气门间隙超出标准范围必须调整，调整进气门间隙应为( )。

    A. 0.15mm±0.02mm　　　　　　B. 0.15mm±0.03mm

    C. 0.15mm±0.04mm　　　　　　D. 0.15mm±0.05mm

297. BA010　如气门间隙超出标准范围必须调整，调整排气门间隙应为( )。

    A. 0.15mm±0.02mm　　　　　　B. 0.16mm±0.02mm

    C. 0.18mm±0.02mm　　　　　　D. 0.20mm±0.02mm

298. BA011　太阳能电源系统是利用材料的( )效应将光能直接转化成电能的装置。

    A. 光生伏打　　B. 温差　　　　C. 能量　　　　D. 光热

299. BA011　太阳能电源系统的( )由接口电路和软件系统组成，是保证系统正常可靠工作的核心。

    A. 电池片　　　　　　　　　　B. 蓄电池

    C. 系统控制器　　　　　　　　D. 恒电位仪

300. BA011　太阳能电源系统由太阳能( )、蓄电池及系统控制器等几部分构成。

    A. 电池盒　　　B. 电池片　　　C. 片材　　　　D. 块材

301. BA012　启动太阳能电源系统应检查：控制器、整流及逆变模块、太阳能子阵、蓄电池组、等设备完好，接线应牢固；检查太阳能、蓄电池( )在正常范围内，环境温湿度在正常范围内。

    A. 输入电压值　　　　　　　　B. 输入电流值

    C. 输出电压值　　　　　　　　D. 输出电流值

302. BA012　启动独立太阳能电源系统的顺序是：将蓄电池熔芯用安装器装好，合控制器开关，启动系统控制器，按顺序合子阵控制开关、( )开关，逐一闭合子阵的输入开关，合相应的负载开关。

    A. 电源保护　　　　　　　　　B. 负载保护

    C. 电路保护　　　　　　　　　D. 防雷保护

303. BA012　启动混合太阳能电源系统的顺序是：控制器开关→子阵控制开关（按顺序）→( )开关→检查控制器中主备用回路设置正确→交流输入开关→整流器输入开关→整流器输出开关→负载开关。

A. 电源保护　　　　B. 电路保护　　　　C. 负载保护　　　　D. 防雷保护

304.BA013　蓄电池加液后应（　　）。

A. 静置 1h 后即可充电

B. 静置一段时间待电解液温度降至室温时即可充电

C. 马上充电

D. 在电解液温度上升时充电

305.BA013　蓄电池充电时,电解液的温度通常不得超过（　　）。

A.50℃　　　　B.40℃　　　　C.35℃　　　　D.100℃

306.BA013　应经常保持蓄电池清洁,极柱连接应牢固可靠,当电解液液面高度低于规定液面时应添加（　　）。

A. 自来水　　　　B. 热水　　　　C. 蒸馏水　　　　D. 冰水

307.BA014　牺牲阳极与管道的距离视防腐层质量、埋设点土壤性质等因素而定,一般为（　　）。

A.3~6m　　　　B.1~3m　　　　C.2~5m　　　　D.5~10m

308.BA014　牺牲阳极与管道的相对位置及分布以（　　）。

A. 等距离分布为原则　　　　　　B. 对称分布为原则

C. 使保护电流均匀分布为原则　　D. 交叉分布为原则

309.BA014　在相邻两组牺牲阳极管段的中间部位应设置（　　）,以方便管道阴极保护参数的检测。

A. 电缆　　　　B. 牺牲阳极　　　　C. 测试桩　　　　D. 绝缘法兰

310.BA015　牺牲阳极填包料配方由（　　）部门确定。

A. 制造　　　　B. 施工　　　　C. 生产　　　　D. 设计

311.BA015　牺牲阳极填包料按配方规定的（　　）调配,并搅拌均匀。

A. 种类　　　　B. 重量　　　　C. 数量　　　　D. 比例

312.BA015　将配好的填包料装入一定规格的布袋内。待装入约（　　）后,即暂停装料,放置一旁待用。

A. 三分之一　　　　B. 二分之一　　　　C. 四分之一　　　　D. 五分之一

313.BA016　袋装阳极运至现场后,下坑前,应用万用表检查引出电缆与阳极接头是否（　　）良好。

A. 绝缘　　　　B. 导电　　　　C. 质量　　　　D. 测试

314.BA016　袋装阳极运至现场后,下坑前,应用万用表检查引出电缆与（　　）是否导电良好。

A. 绝缘　　　　B. 阳极接头　　　　C. 质量　　　　D. 测试

315.BA016　牺牲阳极埋设回填时,待阳极布袋全部埋没,就往阳极坑（　　）。

A. 填土　　　　B. 加填料　　　　C. 浇水　　　　D. 通电

316.BA017　测量牺牲阳极接地电阻时,电位极与牺牲阳极的距离为（　　）m,电流极与牺牲阳极的距离为（　　）m。

A.20　40　　　　B.10　30　　　　C.5　20　　　　D.15　40

317.BA017　根据测试原理的不同可以将牺牲阳极输出电流的测试方法分为（　　）。

A. 标准电阻法和电压法　　　　　　B. 标准电阻法和直测法

C. 标准电压法和直测法　　　　　　D. 标准电流法和直测法

318. BA017　采用标准电阻法测量牺牲阳极的输出电流时,选用的标准电阻值为( ),准确度为( )。

　　A. 0.5Ω　0.01 级　　　　　　　　B. 0.1Ω　0.02 级

　　C. 0.1Ω　0.01 级　　　　　　　　D. 1.0Ω　0.02 级

319. BB001　开挖检测管道防腐层质量,应首先检查防腐层( ),即表面应光滑平整,无损伤、划痕、脱落等现象。

　　A. 外观质量　　B. 内在质量　　C. 绝缘性能　　D. 电连续性

320. BB001　用刀尖沿钢管轴线方向在防腐层上刻画两条相距 10mm 的平行线,再刻画两条相距 10mm 与前两条相交成 30° 角的平行线,形成一个平行四边形,然后用刀尖插入防腐层下,施加水平推力,由防腐层剥离情况判断防腐层与钢管黏接性能的好坏,这种方法适用于( )防腐层。

　　A. 沥青类　　　B. 聚乙烯类　　　C. 环氧类　　　D. 树脂类

321. BB001　用刀尖划透防腐层,形成 V 形切口,由刀尖挑剥开防腐层,由防腐层剥离情况判断防腐层与钢管黏接性能的好坏,这种方法适用于( )防腐层。

　　A. 沥青类　　　B. 聚乙烯类　　　C. 环氧类　　　D. 树脂类

322. BC001　在紧急运行情况下,高压直流输电系统将以( )模式运行。

　　A. 单极　　　　B. 双极　　　　C. 三极　　　　D. 四极

323. BC001　直流电气化铁路造成的干扰为( )。

　　A. 静态干扰　　B. 动态干扰　　C. 间歇干扰　　D. 持续干扰

324. BC001　阴极保护系统造成的干扰通常为( )。

　　A. 静态干扰　　B. 动态干扰　　C. 间歇干扰　　D. 持续干扰

325. BC002　高压交流输电线所产生的磁场是( )。

　　A. 静止的　　　B. 脉动的　　　C. 瞬时的　　　D. 间歇的

326. BC002　( )是强电线路对管道感应影响的主要形式。

　　A. 电压大小　　　　　　　　　　B. 交流频率

　　C. 与管道的垂直距离　　　　　　D. 零序电流

327. BC002　在交流牵引供电制中分为低频单相交流和( )两种。

　　A. 高频单相交流　　　　　　　　B. 低频多相交流

　　C. 工频单相交流　　　　　　　　D. 工频多相交流

328. BC003　当地电位梯度大于( )时,应确认存在直流杂散电流。

　　A. 0.5mV/m　　B. 1.5mV/m　　C. 2.5mV/m　　D. 3.5mV/m

329. BC003　当任意点上的管/地电位相对于自然电位正向偏移超过( ),应确认存在直流干扰。

　　A. 10mV　　　　B. 15mV　　　　C. 20mV　　　　D. 25mV

330. BC003　当任意点上的管地电位相对于自然电位正向或负向偏移不小于( ),应及时采取干扰防护措施。

　　A. 50mV　　　　B. 75mV　　　　C. 100mV　　　　D. 150mV

331. BC004　当管道上的交流干扰电压不高于( )时,可不采取交流干扰防护措施。

    A. 2V   B. 4V   C. 6V   D. 8V

332.BC004 交流电流密度计算公式中的电压值为( )。

    A. 交流电压最大值   B. 交流电压最小值

    C. 交流电压有效值的平均值   D. 交流电压瞬时值

333.BC004 交流电流密度小于( )时,交流干扰程度为弱。

    A. 20A/m^2 B. 30A/m^2 C. 40A/m^2 D. 50A/m^2

334.BD001 ( )用强大的地锚和一定高度的钢架,靠管道本身的强度将管道像高压线路一样绷起来。

    A. 悬索跨越   B. 悬垂管跨越

    C. 斜拉索跨越   D. 八字钢架式跨越

335.BD001 ( )采用多根钢索,每根钢索都以不同斜度与管道连接,钢索是主要受力构件。

    A. 悬索跨越   B. 悬垂管跨越

    C. 斜拉索跨越   D. 八字钢架式跨越

336.BD001 ( )的优点是跨度大、挠度小、结构合理、技术先进、安全可靠。

    A. 悬索跨越   B. 悬垂管跨越

    C. 八字钢架式跨越   D. 斜拉索跨越

337.BD002 跨越管段(包括塔高)超过( )应考虑雷击影响。

    A. 15m   B. 20m   C. 25m   D. 30m

338.BD002 为防雷击,管道跨越设施利用铁塔或管道作引线接地,接地电阻应小于或等于( )。

    A. 5Ω   B. 10Ω   C. 15Ω   D. 20Ω

339.BD002 防跨越设施振动措施主要有装( )、重锤、平衡重锤等。

    A. 水平仪   B. 测试仪   C. 防振索   D. 避雷器

340.BD003 压力流量式输油管道泄漏报警系统主要由数据采集系统、( )系统、监视系统三大部分组成。

    A. 数据分析   B. 数据发送   C. 数据计算   D. 数据写入

341.BD003 压力流量式输油管道泄漏报警系统主要由数据采集系统、数据发送系统、( )系统三大部分组成。

    A. 数据写入   B. 数据分析   C. 数据计算   D. 监视

342.BD003 压力流量式输油管道泄漏报警系统的通信方式电话拨号或无线方式、( )方式。

    A. 传真   B. 手机   C. 网络   D. 视频

343.BD004 ( )不是负压波式泄漏实时监测系统泄漏点定位需要的参数。

    A. 泄漏点距中间站测压点的距离

    B. 两个压力变送器间的管道长度

    C. 管输介质中压力波的传播速度

    D. 上、下游传感器接收压力波的时间差

344.BD004 ( )不是负压波式泄漏实时监测系统泄漏点定位需要的参数。

A. 两个压力变送器间的管道长度

B. 两个压力变送器间的管道截面积

C. 管输介质中压力波的传播速度

D. 上、下游传感器接收压力波的时间差

345.BD004 （   ）不是负压波式泄漏实时监测系统泄漏点定位需要的参数。

A. 管输介质中压力波的传播速度

B. 两个压力变送器间的管道长度

C. 管输介质中压力波的传播方向

D. 上、下游传感器接收压力波的时间差

346.BD005 振动式输油气管道防盗监测报警系统采用（   ）数字传输信道传输数据、速度快、安全可靠、成本低,新老管道皆可使用。

A. 有线　　　　B. 无线　　　　C. 蓝牙　　　　D. 信号

347.BD005 振动式输油气管道防盗监测报警系统由太阳能电池供电时,蓄电池储存电能,并保证在太阳能电池停止工作后(如连阴天等),可使系统继续工作（   ）以上。

A. 8d　　　　　B. 10d　　　　C. 12d　　　　D. 14d

348.BD005 振动式输油气管道防盗监测报警系统使用有线传输信号时,最好在管道设计时就将防盗监测报警系统作为其中的一部分,在铺设管道的同时,铺设一根（   ）芯钢铠电缆,作为防盗监测报警系统的电源线和信号传输线。

A. 4　　　　　　B. 6　　　　　C. 8　　　　　D. 10

349.BD006 管道光纤安全预警技术为补偿光信号在传输过程中的衰减,采用同纤遥泵的中继放大技术保证光功率保持在一定水平,使得系统的监测距离延长至（   ）。

A. 100km　　　B. 150km　　　C. 200km　　　D. 250km

350.BD006 管道光纤安全预警系统是通过测量光波（   ）的变化来获得管道附近的振动信号。

A. 频率　　　　B. 波长　　　　C. 相位　　　　D. 速度

351.BD006 基于相干瑞利的管道光纤安全预警系统直接利用与管道同沟敷设的通信光缆作为传感器,采用其中（   ）芯光纤采集管道沿线周边振动信号。

A. 1　　　　　　B. 2　　　　　C. 3　　　　　D. 4

352.BD007 管道 GPS 巡检管理系统辅助管道管理人员在（   ）、执行与跟踪、考核、标准等环节的受控管理。

A. 巡检计划　　B. 防汛日报　　C. 宣传计划　　D. 防汛周报

353.BD007 全面开展管道巡检管理系统的建设工作,为日常（   ）提供技术支撑。

A. 防汛日报　　B. 宣传计划　　C. 巡线业务　　D. 防汛周报

354.BD007 管道 GPS 巡检管理系统通过运用 GPS/GIS、管道（   ）管理、通信等方法和技术,实现了对管道巡护工作的实时监督和有效管理。

A. 专业　　　　B. 完整性　　　C. 精细化　　　D. 定量

355.BD008 （   ）不是管道运营企业要向第三方施工方告知的内容。

    A. 管道位置　　　　　　　　　　　　B. 管道压力

    C. 联系电话　　　　　　　　　　　　D. 油品标号

356.BD008　（　　）不是管道运营企业要向第三方施工方告知的内容。

    A. 管道压力　　　　　　　　　　　　B. 管道走向

    C. 联系电话　　　　　　　　　　　　D. 管道投产日期

357.BD008　（　　）不是管道运营企业要向第三方施工方告知的内容。

    A. 管道长度　　　B. 管道走向　　　C. 管道安全距离　　D. 联系电话

358.BD009　（　　）是管道保护方案确定的原则。

    A. 安全第一、预防为主　　　　　　　B. 先建服从后建

    C. 以人为本　　　　　　　　　　　　D. 多快好省

359.BD009　（　　）是管道保护方案确定的原则。

    A. 以人为本　　　　　　　　　　　　B. 后建服从先建

    C. 多快好省　　　　　　　　　　　　D. 先建服从后建

360.BD009　（　　）是管道保护方案确定的原则。

    A. 以人为本　　　　　　　　　　　　B. 先建服从后建

    C. 平等协商、互相支持　　　　　　　D. 多快好省

361.BD010　（　　）是第三方施工的验收内容。

    A. 确认管道是否受损　　　　　　　　B. 管道光缆埋设

    C. 阴极保护情况　　　　　　　　　　D. 防腐层情况

362.BD010　（　　）是第三方施工的验收内容。

    A. 管道光缆埋设　　　　　　　　　　B. 详细记录隐蔽工程的情况

    C. 阴极保护情况　　　　　　　　　　D. 防腐层情况

363.BD010　（　　）是第三方施工的验收内容。

    A. 阴极保护情况　　　　　　　　　　B. 管道光缆埋设

    C. 施工是否按照既定方案实施　　　　D. 防腐层情况

364.BE001　辐射交联聚乙烯热收缩带（套）应按（　　）选用配套的规格。

    A. 加热温度　　　　　　　　　　　　B. 输送介质

    C. 管径　　　　　　　　　　　　　　D. 除锈等级

365.BE001　热收缩带的周向收缩率不应小于（　　）。

    A. 5%　　　　　　　B. 10%　　　　　　　C. 15%　　　　　　　D. 20%

366.BE001　热收缩套的周向收缩率不应小于（　　）。

    A. 10%　　　　　　B. 20%　　　　　　　C. 30%　　　　　　　D. 50%

367.BE002　补口处管道表面应采取（　　）。

    A. 喷砂处理　　　　　　　　　　　　B. 电动钢丝刷处理

    C. 角磨机除锈　　　　　　　　　　　D. 砂纸除锈

368.BE002　进行喷砂处理前，应对焊口进行清理，环向焊缝及其附近的（　　）清理
　　　　　　干净。

    A. 底漆、积碳、飞溅物、焊瘤　　　　B. 防腐层、积碳、飞溅物、焊瘤

    C. 毛刺、焊渣、飞溅物、焊瘤　　　　D. 铁锈、积碳、飞溅物、焊瘤

369.BE002　补口搭接部位的聚乙烯防腐层应打磨至表面粗糙，打磨宽度不应小于（　　）。

A. 20mm   B. 50mm   C. 100mm   D. 150mm

370.BE003 补口质量应检验(   )四项内容。

A. 外观、厚度、漏点及剥离强度

B. 外观、耐热度、漏点及剥离强度

C. 外观、厚度、收缩度及剥离强度

D. 搭接宽度、厚度、漏点及剥离强度

371.BE003 对钢管和聚乙烯防腐层的剥离强度均不应小于(   ),剥离面的底漆应完整附着在钢管表面。

A. 30N/cm   B. 50N/cm   C. 80N/cm   D. 100N/cm

372.BE003 有漏点的补口、破坏性检测造成破损的补口应采用(   )进行修复。

A. 聚乙烯补伤片   B. 无溶剂液态环氧

C. 热收缩带   D. 3PE

373.BE004 (   )用于测量凹槽或孔的深度、梯形工件的梯层高度、长度等尺寸,平常被简称为"深度尺"。

A. 钢板尺   B. 深度游标卡尺

C. 测厚仪   D. 卷尺

374.BE004 如测量(   )时应把深度卡尺基座端面紧靠在被测孔的端面上,使尺身与被测孔的中心线平行。

A. 内孔深度   B. 内孔长度

C. 内孔宽度   D. 内孔圆度

375.BE004 卡尺的(   )应垂直被测表面并贴合紧密,不得歪斜,否则会造成测量结果不准。

A. 测量基座   B. 尺身端面

C. 测量基座和尺身端面   D. 刻度线

376.BE005 对设计有抗冻要求的砌筑砂浆,应进行(   )试验。

A. 冻融循环   B. 抗压强度   C. 防水   D. 抗酸碱性

377.BE005 砌体结构施工中,所用砌筑砂浆宜选用预拌砂浆,当采用现场伴制时,应按照砌筑砂浆(   )配制。

A. 水泥投入量   B. 设计配合比

C. 砂子投入量   D. 碎石投入量

378.BE005 配制砌筑砂浆时,各组分材料应采用(   )计量。

A. 体积   B. 质量   C. 投入次数   D. 投入比例

379.BE006 毛石砌体所用毛石应(   ),无细长扁薄和尖锥,毛石应呈块状,其中部厚度不宜小于150mm。

A. 无风化剥落和裂纹   B. 无水锈和泥土

C. 无风化和泥土   D. 无水锈和裂纹

380.BE006 毛石砌体宜分层卧砌、(   ),搭接长度不得小于(   )。

A. 水平搭接 30mm   B. 错缝搭接 30mm

C. 水平搭接 80mm   D. 错缝搭接 80mm

381.BE006 毛石砌体的灰缝应饱满密实,表面灰缝厚度不宜大于(   ),石块间不得有相互接触现象。

    A. 30mm   B. 40mm   C. 50mm   D. 60mm

382. BE007 每砌( )宜为一个分层高度,每个分层高度应找平一次。

    A. 2~3层   B. 3~4层   C. 4~5层   D. 5~6层

383. BE007 泄水孔应在挡土墙的竖向和水平方向均匀设置,在挡土墙每米高度范围内设置的泄水孔水平间距不应大于( )。

    A. 2m   B. 3m   C. 4m   D. 5m

384. BE007 泄水孔与土体间应设置长宽不小于( )、厚不小于( )的卵石或碎石疏水层。

    A. 300mm   200mm   B. 200mm   300mm

    C. 300mm   400mm   D. 400mm   300mm

385. BE008 当夏天天气炎热时,混凝土拌合物入模温度不应高于( )。

    A. 35℃   B. 25℃   C. 20℃   D. 28℃

386. BE008 当冬季施工时,混凝土拌合物入模温度不应低于( ),并应有保温措施。

    A. 10℃   B. 2℃   C. 5℃   D. 7℃

387. BE008 在混凝土浇筑过程中,应有效控制混凝土的( )。

    A. 均匀性、密实性和整体性   B. 含水、密度和温度

    C. 均匀性、吸水性和整体性   D. 均匀性、密实性和连续性

二、判断题(对的画√,错的画×)

( )1. AA001 低黏、低凝固点原油以及轻质成品油管道一般采取加热输送方式。

( )2. AA002 原油加热输送的方法是直接加热法。

( )3. AA003 成品油顺序输送时在接触面上形成的混油段,不能直接进入终点站的纯净油罐,而需要设置专门的混油罐。

( )4. AA004 "通过油罐"输送方式适用于投产试运阶段。

( )5. AA005 在天然气管道输送过程中,用于提高天然气压力输送压力的设备是泵。

( )6. AA006 天然气管道进入城市总站以后要减压至城市管网压力方能向城市供气。

( )7. AB001 金属的电化学腐蚀实际是一个短路的由于原电池的电极反应的结果。

( )8. AB002 将一块黑色金属放入水中,其表面电极电位无差异,但也会产生腐蚀。

( )9. AB003 腐蚀电池可分为微电池和宏电池两种。

( )10. AB004 对于埋地管道来说,微电池和宏电池的作用是同时存在的。

( )11. AB005 凡是能降低腐蚀电流的因素,都能减缓腐蚀。

( )12. AB006 极化值是指在相应电流密度下的电极电位与其标准电位之差。

( )13. AB007 金属表面生成的保护膜或腐蚀产物,均会阻滞腐蚀原电池的阳极过程,引起电阻极化。

( )14. AB008 腐蚀电池阴极反应生成物如 OH^- 或 H_2 等,扩散速度缓慢会阻滞阴极过程的进行。

( )15. AB009 对于埋地管道来说,常见的去极化剂是 O_2。

( )16. AB010 极化曲线越陡,电极极化程度越大。

（　）17. AB011　由氧的浓度不同而形成的腐蚀电池称为氧浓差原电池。

（　）18. AB012　油气管道在土壤中的腐蚀形式是宏电池腐蚀。

（　）19. AC001　强制电流阴极保护系统主要由恒电位仪、钢铁阳极、被保护管道及附属设施四部分组成。

（　）20. AC002　阴极保护电源设备一般可以不设防雷保护。

（　）21. AC003　恒电位仪是国内使用最广泛的阴极保护电源设备。

（　）22. AC004　热电发生器只能用柴油作为燃料。

（　）23. AC005　对于强制电流阴极保护系统，选择几种电源设备综合利用达不到经济性的效果。

（　）24. AC006　自动调节输出电流和电压，使管道阴极保护通电点电位恒定在控制电位范围内，是恒电位仪的突出特点。

（　）25. AC007　辅助阳极地床的设计和选择应满足在最大的预期保护电流需要量时，地床的接地电阻上的电压降应小于额定输出电压的50%和避免对邻近埋地构筑物造成干扰影响的条件。

（　）26. AC008　不耐腐蚀的阳极材料由于其排流量较大，故不需要经常更换。

（　）27. AC009　辅助阳极是将保护电流从电源引入土壤中的导体。

（　）28. AC010　高硅铸铁阳极一般为圆柱形，有空心和实心之分，其中实心阳极的利用率比较高。

（　）29. AC011　石墨阳极只能适用于土壤。

（　）30. AC012　钢铁阳极材料来源广泛，施工复杂。

（　）31. AC013　贵金属氧化物阳极可用作牺牲阳极阴极保护系统中的牺牲阳极。

（　）32. AC014　柔性阳极特别适用于低电阻率环境。

（　）33. AC015　接地电阻随着阳极数量的增多而成比例减小。

（　）34. AC016　钢铁阳极除了采用立式或水平式埋设方式外，还可以采用立式与水平式联合结构埋设方式。

（　）35. AC017　深井式阳极地床的特点是接地电阻小，对周围干扰小，消耗功率低，电流分布比较均匀。

（　）36. AC018　钢管测试桩既能用来检测管道的阴极保护电位，又能用来检测阴极保护电流。

（　）37. AC019　试测桩的接线板是测试桩的核心，可以起到固定接线及方便测量的作用。

（　）38. AC020　长输油气管道测试桩一般埋设在油气流方向管道正上方。

（　）39. AC021　安装电绝缘装置的作用是隔离保护和非保护区、分割干扰和非干扰区及减少电源输出功率等。

（　）40. AC022　整体型绝缘接头可直接埋地，埋地后不用管理，不用建测试井。

（　）41. AC023　裸管与涂敷管道连接处可以不安装电绝缘装置。

（　）42. AC024　绝缘法兰只需在中间采用绝缘垫片即可达到绝缘的目的。

（　）43. AC025　整体型绝缘接头内涂环氧聚合物，可以防止因水、污物积留所引起的绝缘装置短路现象。

（　）44. AC026　管桥上的电绝缘方式通常分为在两端加设绝缘接头和在管道与管支

撑之间采用绝缘垫两种,前一种方式较复杂。

（　）45.AC027　埋地型参比电极的基本要求是极化大。

（　）46.AC028　埋地型长效饱和硫酸铜电极填包料的主要成分是石膏粉、硫酸镁及膨润土。

（　）47.AC029　锌参比电极填包料的主要成分为石膏粉、硫酸钠及膨润土,其配比为50∶5∶45 或 75∶5∶20。

（　）48.AC030　用电缆将近距离平行或交叉的管道连接起来,以消除管道之间的电位,此电缆称为连接导线。

（　）49.AC031　电缆与管道连接焊接处裸露的管壁及导线,应采用防腐胶带进行防腐。

（　）50.AD001　三层结构聚乙烯防腐层是由环氧树脂、聚乙烯组成的。

（　）51.AD002　单层环氧粉末外涂层为一次成膜结构。

（　）52.AD003　在山区和石方地段不需要采取额外措施保护液体环氧防腐层。

（　）53.AD004　特加强级石油沥青防腐层厚度应≥5mm。

（　）54.AD005　聚乙烯胶带防腐层是冷缠施工的。

（　）55.AD006　热收缩带（套）的补口层厚度约为 4mm。

（　）56.AD007　黏弹体防腐胶带不能单独用作埋地管道的防腐。

（　）57.AD008　防腐保温层常常用于天然气输送管道。

（　）58.AD009　保温层损伤深度大于 20mm 时,将损伤处修整平齐,按补口要求修补好保温层。

（　）59.AE001　码头电焊设备不是直流干扰源。

（　）60.AE002　动态直流干扰的干扰程度随时间不断变化。

（　）61.AE003　交流电气化铁路造成的干扰是间歇干扰。

（　）62.AF001　真正具有实际应用意义的半导体材料是本征半导体。

（　）63.AF002　P 型半导体是电子导电型的半导体。

（　）64.AF003　PN 结正偏时电阻很大,电路中不容易有电流通过;反偏时电阻很小,电路中形成的电流较大,此性质即为单向导电性。

（　）65.AF004　晶体二极管伏安曲线中向右向上的部分是二极管的反向特性,向左向下的部分是二极管的正向特性。

（　）66.AF005　指针式万用表是通过测量正反向电压来判断二极管的好坏的。

（　）67.AF006　晶体二极管半波整流的一个周期工作过程包括正半周导通和负半周阻隔两个阶段。

（　）68.AF007　半波整流与全波整流相比,电源利用率低,输出直流稳定性差,但应用较为普遍。

（　）69.AF008　桥式整流可以直接从交流电源获得直流,电路相对简单,应用广泛。

（　）70.AF009　经整流电路所获得的直流称为稳定直流。

（　）71.AF010　电容滤波电路是利用电容器积蓄电荷的作用实现的。

（　）72.AF011　电感在电源变化时具有产生自感电势阻止电源变化的作用,从而加强了电感滤波的效果。

（　）73.AF012　二极管稳压电路中负载电阻两端的电压为电源电压。

( )74.AG001　20世纪90年代初,管线钢生产企业相继开发生产了高钢级的S系列管线钢。

( )75.AG002　无缝钢管是通过冷拔(轧)或热轧制成的不带焊缝的钢管。

( )76.AH001　管件的主要品种有弯头(弯管)异径管、三通、四通、法兰等。

( )77.AH001　在制管焊接和现场施工焊接中,常见焊接缺陷有气孔、夹渣、未熔合、裂纹和变形等。

( )78.AH002　焊接电流过大易烧穿焊件,焊接电流过小,则引弧困难,电弧不稳定,易出现未焊透和夹渣。

( )79.AH003　表征焊缝形状的熔宽和熔深的比值称为焊缝形状系数。

( )80.AH004　无损探伤主要有射线探伤法和激光波探伤法。

( )81.AI001　补板适用于小面积腐蚀或直径小于20mm的腐蚀孔的修复。

( )82.AI002　B型套筒是利用两个由钢板制成的半圆柱外壳覆盖在管体缺陷外,通过侧焊缝连接在一起。

( )83.AI003　A型套筒是利用两个由钢板制成的半圆柱外壳覆盖在管体缺陷外,通过侧焊缝连接在一起,套筒的末端采用角焊的方式固定在输油气管道上。

( )84.AJ001　埋地管道在河流穿越地段所处的土壤环境一般为残积土。

( )85.AJ002　GB 50007—2011《建筑地基基础设计规范》对地基土的工程分类进行了规定。

( )86.AJ003　砂土处在密实状态时,透水能力较弱。

( )87.AJ004　新近沉积黏性土颜色较浅,结构性较强。

( )88.AJ005　建筑物的沉降量不能大于地基容许变形值。

( )89.AJ006　地基容许承载力是建筑设计的重要参数。

( )90.BA001　有时候恒电位仪的调整可能需要上下游阴保站一起调整,并不是简单调整一台恒电位仪就可以完成的。

( )91.BA002　恒电位仪控制台应具有与SCADA系统协同工作,将恒电位仪输出电压、输出电流、管/地电位等参数进行远传的功能。

( )92.BA003　运行中绝缘法兰/绝缘接头被保护侧负偏移电位高于非保护侧的自然电位,但低于保护电位,该绝缘法兰/绝缘接头有漏电现象。

( )93.BA004　将测量导线的一头接到仪器的阳极(或阴极)端,另一头串联万用表后接到阳极(或阴极)线的1/2处,若万用表电阻挡显示为零,则说明全线是导通的,否则说明有断线处。

( )94.BA005　油气管道施工过程中一般采用铝热焊剂焊接技术进行电缆与管道的连接。

( )95.BA006　采用铝热焊剂焊接过程中铝与氧化铜的反应是放热反应。

( )96.BA007　铝热焊的焊接模具为坩埚,可耐3000℃高温。

( )97.BA008　根据铝热焊剂焊接不同的目的、不同的电缆,应选用不同的模具。

( )98.BA009　汽油发电机是将燃料燃烧的热能转变为电能的装置。

( )99.BA010　如气门间隙超出标准范围必须调整,调整要在压缩下死点的位置进行调整才可以。

( )100.BA011　太阳能阴极保护系统中包括电源设备。

（　）101.BA012　太阳能电源系统运行中检查的主要内容有:(1)检查太阳能光伏电源运行参数符合制造商要求;(2)检查状态指示灯正常;(3)检查控制面板上电压、电流等参数正常;(4)检查有无异常声音、异味;(5)检查光伏电源设备无间歇断路或漏电现象。

（　）102.BA013　蓄电池的充电分两个阶段进行,两个阶段的充电电流不同,当充电至单只电池的端电压升至 2.4V 时改用第二阶段充电电流。

（　）103.BA014　棒状牺牲阳极一般采用立式埋设方式。

（　）104.BA015　填料袋要选择棉麻材料制作。

（　）105.BA016　牺牲阳极埋设前应首先在阳极坑内垫上厚约 50mm 的一层细土。

（　）106.BA017　牺牲阳极输出电流的测试方法有标准电阻法和直测法两种。

（　）107.BB001　与测量防腐层绝缘电阻率相比,采用开挖的方法检测防腐层质量更直观,结果更准确。

（　）108.BC001　静态干扰与动态干扰相比更容易被发现。

（　）109.BC002　三相电流不平衡时产生零序电流。

（　）110.BC003　已投运阴极保护的管道,当干扰导致管道不满足最小保护电位要求时,应及时采取干扰防护措施。

（　）111.BC004　交流干扰电压高于 4V 时,应采用交流电流密度进行评估。

（　）112.BD001　悬垂管跨越较悬索式跨越结构简单。

（　）113.BD002　禁止在跨越管道两岸附近拓宽河渠水道。

（　）114.BD003　当 A、B 两站间某一点发生泄漏时,泄漏速度越快,A 站出站压力和 B 站进站压力下降幅度越小。

（　）115.BD004　压力波式输油管道泄漏实时监测系统的报警反应时间小于 200s。

（　）116.BD005　振动式输油气管道防盗监测报警系统具有极恶劣气候环境下长期使用的高稳定性、高可靠性及高灵敏度。

（　）117.BD006　基于相干瑞利的管道光纤安全预警系统直接利用与管道同沟敷设的通信光缆作为传感器,采用其中一芯光纤采集管道沿线周边振动信号。

（　）118.BD007　管道 GPS 巡检管理系统通过运用 GPS/GIS、管道完整性管理、通信等方法和技术,实现了对管道巡护工作的实时监督和有效管理。

（　）119.BD008　管道运营企业要及时向第三方施工方告知管道安全注意事项。

（　）120.BD009　管道运营企业协助市级人民政府主管管道保护工作的部门和第三方施工企业根据国家法律法规、标准规范起草管道保护方案相关保护措施,并签订安全防护协议。

（　）121.BD010　第三方施工竣工验收是建立在分阶段验收的基础之上的。

（　）122.BE001　辐射交联聚乙烯热收缩带(套)应按管道输送介质选用配套的规格,产品的基材边缘应平直,表面应平整、清洁、无气泡、裂口及分解变色。

（　）123.BE002　防腐层端部有翘边、生锈、开裂等缺陷时,应进行维修处理。

（　）124.BE003　补口的外观随机目测检查,热收缩带(套)表面应平整、无皱折、无气泡、无空鼓、无烧焦炭化等现象。

（　）125.BE004　深度卡尺常见量程:0~150mm、0~300mm、0~500mm、0~800mm,常见

精度:0.02mm、0.01mm。

( )126.BE005　为改善砌筑砂浆性能,宜掺入砌筑砂浆缓凝剂。

( )127.BE006　毛石砌体的第一层及转角处、交接处和洞口处,应采用较大的平毛石砌筑。

( )128.BE007　挡土墙泄水孔应在挡土墙的竖向和水平方向均匀设置,在挡土墙每米高度范围内设置的泄水孔水平间距不应大于 5m。

( )129.BE008　混凝土拌合物在运输和浇筑成型过程中可适当加水。

答　案

一、单项选择题

1. D	2. B	3. C	4. B	5. A	6. A	7. C	8. C	9. A	10. D	11. A
12. A	13. B	14. B	15. D	16. B	17. A	18. D	19. C	20. D	21. C	22. B
23. C	24. C	25. B	26. B	27. A	28. A	29. B	30. A	31. C	32. A	33. B
34. D	35. A	36. C	37. C	38. C	39. B	40. D	41. B	42. C	43. D	44. A
45. C	46. B	47. C	48. A	49. B	50. A	51. C	52. A	53. B	54. C	55. B
56. B	57. C	58. A	59. A	60. D	61. A	62. B	63. C	64. B	65. B	66. B
67. C	68. D	69. A	70. A	71. D	72. B	73. B	74. B	75. D	76. B	77. C
78. B	79. B	80. D	81. A	82. C	83. C	84. D	85. D	86. A	87. B	88. D
89. C	90. D	91. B	92. C	93. B	94. A	95. B	96. B	97. B	98. C	99. D
100. C	101. A	102. A	103. A	104. B	105. B	106. B	107. D	108. D	109. A	110. B
111. C	112. C	113. A	114. B	115. C	116. B	117. C	118. D	119. C	120. D	121. A
122. A	123. A	124. A	125. B	126. A	127. B	128. C	129. A	130. C	131. D	132. D
133. A	134. B	135. D	136. B	137. A	138. B	139. A	140. C	141. C	142. A	143. D
144. B	145. A	146. B	147. C	148. D	149. B	150. B	151. C	152. D	153. B	154. B
155. D	156. B	157. C	158. A	159. D	160. C	161. B	162. A	163. A	164. B	165. B
166. B	167. D	168. A	169. D	170. D	171. C	172. B	173. D	174. D	175. A	176. B
177. A	178. B	179. A	180. B	181. C	182. A	183. B	184. A	185. B	186. A	187. C
188. C	189. A	190. B	191. B	192. A	193. A	194. D	195. C	196. D	197. C	198. D
199. C	200. D	201. D	202. A	203. B	204. B	205. A	206. C	207. C	208. D	209. D
210. D	211. B	212. B	213. B	214. A	215. B	216. D	217. D	218. A	219. C	220. A
221. A	222. A	223. A	224. B	225. D	226. B	227. C	228. D	229. D	230. C	231. D
232. B	233. A	234. D	235. C	236. B	237. C	238. D	239. D	240. D	241. C	242. A
243. C	244. B	245. A	246. A	247. B	248. B	249. B	250. B	251. C	252. A	253. D
254. A	255. A	256. D	257. B	258. C	259. A	260. A	261. C	262. B	263. B	264. C
265. D	266. C	267. A	268. D	269. A	270. B	271. C	272. C	273. D	274. A	275. A
276. A	277. B	278. C	279. D	280. B	281. A	282. D	283. D	284. C	285. C	286. C
287. D	288. A	289. B	290. C	291. A	292. D	293. D	294. B	295. A	296. A	297. D
298. A	299. C	300. B	301. C	302. B	303. C	304. B	305. B	306. C	307. A	308. C
309. C	310. D	311. D	312. A	313. B	314. B	315. C	316. A	317. B	318. B	319. A
320. C	321. A	322. A	323. B	324. A	325. B	326. D	327. C	328. A	329. C	330. C
331. B	332. C	333. B	334. B	335. C	336. D	337. A	338. B	339. C	340. B	341. D

342. C　343. A　344. B　345. C　346. B　347. B　348. A　349. A　350. C　351. A　352. A
353. C　354. B　355. D　356. D　357. A　358. A　359. B　360. C　361. A　362. B　363. C
364. C　365. C　366. D　367. A　368. C　369. C　370. A　371. C　372. C　373. C　374. C
375. C　376. A　377. B　378. B　379. A　380. D　381. B　382. B　383. A　384. A　385. A
386. B　387. A

二、判断题

1. ×　低黏、低凝固点原油以及轻质成品油管道一般采取常温输送方式。　2. ×　原油加热输送方法有直接加热法和间接加热法两种。　3. √　4. √　5. ×　在天然气管道输送过程中,用于提高天然气压力输送压力的设备是压缩机。　6. √　7. √　8. ×　将一块黑色金属放入水中,其表面电极电位无差异,不会产生腐蚀。　9. √　10. √　11. √　12. ×　极化值是指在相应电流密度下的电极电位与其平衡电位之差。　13. √　14. √　15. √　16. √

17. √　18. ×　油气管道在土壤中的腐蚀既有微电池腐蚀,也有宏电池腐蚀。　19. ×　强制电流阴极保护系统主要由恒电位仪、辅助阳极、被保护管道及附属设施四部分组成。
20. ×　阴极保护电源设备应安装防雷保护装置,以防止对人员和设备的伤害。　21. √　22. ×　热电发生器可以用丙烷、丁烷、天然气或柴油等做燃料。　23. ×　对于强制电流阴极保护系统,选择几种电源设备综合利用可以达到经济性的最佳效果。　24. √　25. ×　辅助阳极地床的设计和选择应满足在最大的预期保护电流需要量时,地床的接地电阻上的电压降应小于额定输出电压的70%和避免对邻近埋地构筑物造成干扰影响的条件。　26. ×　不耐腐蚀的阳极由于其本身的消耗必然降低其排流量,故应经常更换。　27. √　28. ×　高硅铸铁阳极一般为圆柱形,有空心和实心之分,其中空心阳极利用率比较高。　29. ×　石墨阳极不仅适用于土壤,而且在海水和淡水中也可应用。　30. ×　钢铁阳极来源广泛,施工简便。

31. ×　贵金属氧化物阳极不可用作牺牲阳极阴极保护系统中的牺牲阳极。　32. ×　柔性阳极特别适用于高电阻率环境。　33. ×　在一定范围内,增加阳极支数可降低接地电阻,但是,由于阳极间的屏蔽,过多的阳极却使接地电阻的降低较少。　34. √　35. √　36. √
37. √　38. √　39. √　40. ×　整体型绝缘接头可直接埋地,埋地后须测试管理,要建测试井或测试桩。　41. ×　裸管与涂敷管道连接处必须安装电绝缘接头。　42. ×　绝缘法兰除在中间采用绝缘垫片外,其每个螺栓都应加绝缘垫圈和绝缘套管,才能使两片法兰完全绝缘。

43. √　44. ×　管桥上的电绝缘方式通常分为两端加设绝缘接头和在管道与支撑物之间采用绝缘垫两种,前一种方式简单易行。　45. ×　埋地型参比电极的基本要求是极化小。

46. ×　埋地型长效饱和硫酸铜参比电极填包料的主要成份是石膏粉、硫酸钠及膨润土。

47. √　48. ×　用电缆将近距离平行或交叉的管道连接起来,以消除管道之间的电位差,此电缆称为均压线。　49. ×　电缆与管道连接焊接处裸露的管壁及导线,均应采用与管道防腐层相适应的材料进行防腐。　50. ×　三层结构聚乙烯防腐层是由熔结环氧层、胶黏剂层及聚乙烯层三层组成。　51. √　52. ×　在山区和石方地段应采取适当措施保护管线液体环氧防腐层。　53. ×　特加强级石油沥青防腐层厚度应≥7mm。54. √　55. ×　热收缩带(套)的补口层厚度约为3mm。　56. √　57. ×　防腐保温层常常用于易凝原油输送管道。

58. ×　保温层损伤深度大于10mm时,将损伤处修整平齐,按补口要求修补好保温层。
59. ×　码头直流电焊设备是直流干扰源。　60. √　61. √　62. ×　真正具有实际应用意义的半导体材料是掺杂半导体。　63. ×　P型半导体材料的元素其原子最外层有4个电子,构成比较稳定的结构,不属于电子导电型的半导体。 64.× PN结正偏时电阻相对较小,电路中形成的电流较大,反偏时电阻很大,电路中不容易有电流通过,此性质即为单向导电性。 65.× 晶体二极管伏安曲线中向左向上的部分是二极管的正向特性,向左向下的部分是二极管的反向特性。 66.× 指针式万用表是通过测量正反向电阻来判断二极管的好坏的。 67.√ 68.× 半波整流与全波整流相比,电源利用率低,输出直流稳定性差,适用在要求不高的地方。 69.× 桥式整流可以直接从交流电源获得直流,与全波整流相比,多用一倍的二极管,电路相对复杂,制作成本不一定能节约,应根据实际情况选用。 70.× 经整流电路所获得的直流称为脉动直流。 71.√ 72.√ 73.× 二极管稳压电路中负载电阻两端的电压为稳压二极管的击穿电压。 74.× 20世纪90年代初,管线钢生产企业相继开发生产了高钢级的X系列管线钢。 75.√ 76.× 管件的主要品种有弯头(弯管)、异径管、三通、四通、管帽等。 77.× 在制管焊接和现场施工焊接中,常见焊接缺陷有气孔、夹渣、未熔合、裂纹和未焊透等。 78.√ 79.√ 80.× 无损探伤主要有射线探伤法和超声波探伤法。 81.× 补板适用于小面积腐蚀或直径小于8mm的腐蚀孔的修复。 82.× A型套筒是利用两个由钢板制成的半圆柱外壳覆盖在管体缺陷外,通过侧焊缝连接在一起。 83.× B型套筒是利用两个由钢板制成的半圆柱外壳覆盖在管体缺陷外,通过侧焊缝连接在一起,套筒的末端采用角焊的方式固定在输油气管道上。 84.× 埋地管道一般在河流穿越地段所处的土壤环境为沉积土。 85.√ 86.× 砂土处在密实状态时,透水率较强。87.× 新近沉积黏性土颜色深而暗,结构性差。 88.√ 89.√ 90.√ 91.√ 92.√ 93.√ 94.√ 95.√ 96.√ 97.√ 98.√ 99.× 如气门间隙超出标准范围必须调整,调整要在压缩上死点的位置进行调整才可以。 100.√ 101.√ 102.√ 103.× 棒状牺牲阳极一般采用水平埋设方式。 104.√ 105.√ 106.√ 107.√ 108.× 静态干扰与动态干扰相比不容易被发现。 109.√ 110.√ 111.√ 112.× 悬垂管跨越较悬索式跨越结构复杂。 113.√ 114.× 当A、B两站间某一点发生泄漏时,泄漏速度越快,A站出站压力和B站进站压力下降幅度越大。 115.√ 116.√ 117.√ 118.√ 119.√

120.× 管道运营企业协助县级人民政府主管管道保护工作的部门和第三方施工企业根据国家法律法规、标准规范起草管道保护方案相关保护措施,并签订安全防护协议。121.√

122.× 辐射交联聚乙烯热收缩带(套)应按管径选用配套的规格。 123.× 防腐层端部有翘边、生锈、开裂等缺陷时,应进行切除处理,直至防腐层与钢管完全黏附处。 124.× 补口的外观应逐个目测检查,热收缩带(套)表面应平整、无皱折、无气泡、无空鼓、无烧焦炭化等现象。125.× 深度卡尺常见量程:0~100mm、0~150mm、0~300mm、0~500mm,常见精度:0.02mm、0.01mm。 126.× 为改善砌筑砂浆性能,宜掺入砌筑砂浆增塑剂。127.√ 128.× 挡土墙泄水孔应在挡土墙的竖向和水平方向均匀设置,在挡土墙每米高度范围内设置的泄水孔水平间距不应大于2m。 129.× 混凝土拌合物在运输和浇筑成型过程中严禁加水。

高级工理论知识练习题及答案

一、单项选择题(每题4个选项,只有1个是正确的,将正确的选项号填入括号内)。

1.AA001　泵是一种把机械能或其他能量转变为( )的水力机械。
　　A. 液体的位能、压能　　　　　　B. 电能
　　C. 热能　　　　　　　　　　　　D. 光能

2.AA001　泵按其结构和工作原理可分为( )、容积泵及其他类型的泵三大类。
　　A. 离心泵　　　　　　　　　　　B. 叶片式泵
　　C. 齿轮泵　　　　　　　　　　　D. 真空泵

3.AA001　为输油管道中的油品提供能量,使其压力和速度增加的设备是( )。
　　A. 泵　　　　　B. 压缩机　　　　C. 分离器　　　　D. 球阀

4.AA002　多级泵属于( )。
　　A. 容积泵　　　　B. 离心泵　　　　C. 齿轮泵　　　　D. 轴流泵

5.AA002　使液体在高速旋转的叶轮的作用下,产生离心力,从而获得较高动能和部分压能的泵称为( )。
　　A. 离心泵　　　　B. 容积泵　　　　C. 齿轮泵　　　　D. 轴流泵

6.AA002　双吸泵属于( )。
　　A. 离心泵　　　　B. 容积泵　　　　C. 齿轮泵　　　　D. 轴流泵

7.AA003　加热炉一般由辐射室、( )、烟囱和燃烧器四个部分组成。
　　A. 对流室　　　　B. 炉膛　　　　C. 火嘴　　　　D. 加热室

8.AA003　管式加热炉是以( )将管内的原油加热的。
　　A. 辐射换热方式　　　　　　　　B. 对流换热方式
　　C. 辐射和对流的换热方式　　　　D. 热传递方式

9.AA003　将热载体在炉内先行加热,再将其所获得的热量在换热器内传给原油,使原油温度上升的加热炉被称为( )。
　　A. 管式加热炉　　B. 方箱炉　　　　C. 立式炉　　　　D. 热媒炉

10.AA004　换热器可分为直接接触式和( )。
　　A. 加热式　　　　　　　　　　　B. 冷却式
　　C. 管道接触式　　　　　　　　　D. 非直接接触式

11.AA004　回热式换热器通常只能用于( )之间的换热。
　　A. 气体介质　　B. 液体介质　　C. 黏弹性介质　　D. 混合介质

12.AA004　换热器可分为( )和非直接接触式。
　　A. 加热式　　　　　　　　　　　B. 冷却式
　　C. 直接接触式　　　　　　　　　D. 间接接触式

13.AA005　平行式闸板阀主要用于(　　)和高黏油管路。

　　A. 常压管路　　　　　　　　　　　　B. 高压管路

　　C. 小直径管路　　　　　　　　　　　D. 低压大直径管路

14.AA005　用来防止液体反向流动的阀门称为(　　)。

　　A. 球阀　　　　　B. 止回阀　　　　C. 安全阀　　　　D. 截止阀

15.AA005　关闭件为一个球体,用球体绕阀体中心线作旋转,来达到通、断目的的阀门是(　　)。

　　A. 球阀　　　　　B. 止回阀　　　　C. 安全阀　　　　D. 截止阀

16.AA006　三通的规格一般为:DN 40~600mm、(　　)。

　　(A)PN<1.6MPa　　　　　　　　　　B. PN<10MPa

　　C. PN<5MPa　　　　　　　　　　　D. PN<8MPa

17.AA006　用焊接方法封闭管端的管件,一般是(　　)。

　　A. 法兰盖　　　　B. 垫片　　　　　C. 封头　　　　　D. 管箍

18.AA006　主要用于管道变径处的管件是(　　)。

　　A. 弯头　　　　　B. 三通　　　　　C. 异径管　　　　D. 活接头

19.AA007　按接口方式可分为丝接弯头和(　　)。

　　A. 无缝弯头　　　B. 煨制弯头　　　C. 焊接弯头　　　D. 冲压弯头

20.AA007　弯头主要用来改变管道走向,常用的弯头根据角度的不同可分为(　　)和90°两种型号。

　　A. 30°　　　　　　B. 45°　　　　　　C. 60°　　　　　　D. 120°

21.AA007　弯头的曲率半径有长短之分,一般情况下,应优先选用(　　)。

　　A. 长半径弯头　　　　　　　　　　B. 短半径弯头

　　C. 焊制弯头　　　　　　　　　　　D. 冲压弯头

22.AA008　冷弯管可用带防腐层的输送管作为原管,在(　　)专用弯管机上弯制,方便施工。

　　A. 工厂　　　　　B. 施工现场　　　C. 山区现场　　　D. 平原现场

23.AA008　30D 表示弯管的(　　)为管子公称外径的 30 倍。

　　A. 弯曲半径　　　B. 弯曲直径　　　C. 弯曲长度　　　D. 直管段长度

24.AA008　弯管按照成型条件分为冷弯管和(　　)。

　　A. 热处理弯管　　　　　　　　　　B. 热弯管

　　C. 焊制弯管　　　　　　　　　　　D. 冲压弯管

25.AA009　法兰螺栓的数目和尺寸主要取决于(　　)。

　　A. 法兰直径　　　　　　　　　　　B. 公称压力

　　C. 法兰直径和公称压力　　　　　　D. 法兰厚度

26.AA009　硬质法兰垫片一般用于(　　)的场合。

　　A. 压力较低　　　　　　　　　　　B. 无腐蚀性

　　C. 压力较高和有腐蚀性　　　　　　D. 压力较低和弱腐蚀性

27.AA009　法兰一般由上下法兰片、垫片、螺栓及(　　)等组成。

　　A. 栓孔　　　　　B. 法兰盖　　　　C. 螺母　　　　　D. 阀件

28.AA010 回弹能力强、导向性能好、变形能力高是(　　)清管器的优点。

  A. 机械   B. 泡沫塑料   C. 旋转   D. 钢刷

29.AA010 通过能力较差且笨重是(　　)清管器的缺点。

  A. 机械   B. 泡沫塑料   C. 旋转   D. 塑胶

30.AA010 目前,常用的清管器根据其组成的不同可分为(　　)和泡沫塑料清管器
   两类。

  A. 机械清管器   B. 钢制清管器

  C. 钢刷清管器   D. 旋转清管器

31.AA011 燃气轮机的特点是:结构简单、质量小、(　　)、便于自控。

  A. 功率大   B. 价格便宜

  C. 需要庞大的输配电系统   D. 安全性差

32.AA011 柴油内燃机一般适用于(　　)的用电场所。

  A. 缺电且功率不大   B. 功率大

  C. 供电良好地区   D. 城市

33.AA011 热电式发电机是将(　　)转换为电能的发电机。

  A. 风能   B. 太阳能   C. 燃料能   D. 热能

34.AA012 专供测量仪表使用的变压器被称为(　　)。

  A. 继电器   B. 电力电容器 C. 断路器   D. 互感器

35.AA012 可以减小输电损失和电网压降,提高设备效率和电网输送能量的电气设备
   是(　　)。

  A. 电力电容器 B. 继电器   C. 断路器   D. 变压器

36.AA012 电力电容器可以减少输电损失和电网压降,提高设备(　　)和电网输送
   能量。

  A. 效率   B. 电阻   C. 电流   D. 电压

37.AA013 油气管道系统中的各种仪表是用来测量(　　)的必要设备。

  A. 运行参数 B. 压力   C. 温度   D. 流量

38.AA013 为了保证生产安全,油气管道系统中必须安装(　　)。

  A. 温度表   B. 各种测量仪表

  C. 流量计   D. 液位计

39.AA013 为了保证天然气市场的顺利发展,应减小供需不平衡条件下天然气(　　)
   误差,让供气方和用气方的经济利益都不受到损失。

  A. 流量   B. 压力   C. 温度   D. 计量

40.AA014 根据(　　)和管道距离,在输气干线上设有输配气站、阴极保护站及清
   管站。

  A. 用户情况   B. 管线直径

  C. 管线压力   D. 工艺要求

41.AA014 天然气从油气生产井采出后,(　　)输往输气干线。

  A. 必须经过脱硫处理方可

  B. 含硫量达到管输气质要求的可以不进行脱硫处理即可

C. 可以不进行脱硫处理即可

D. 经不经过脱硫处理均可

42. AA014　根据用户情况和（　　），在输气干线上设有输配气站、阴极保护站及清管站。

　　A. 管道直径　　　　B. 管道距离　　　　C. 管道压力　　　　D. 工艺要求

43. AA015　长输天然气管道中各场站所使用的设备主要有分离器、阀门、调压橇、计量橇、（　　）、清管器收发球筒等。

　　A. 流量计　　　　B. 压力表　　　　C. 安全泄放阀　　　D. 液位计

44. AA015　压缩机是一种重要的输气动力设备，只有（　　）才用，普通分输站场没有。

　　A. 门站　　　　　B. 首站　　　　　C. 末站　　　　　D. 压气站

45. AA015　安装有流量计和进出口阀门，用来进行天然气计量的设备称为（　　）。

　　A. 流量橇　　　　B. 计量橇　　　　C. 流量表　　　　D. 压力表

46. AA016　离心式压缩机属于（　　）压缩机。

　　A. 容积型　　　　B. 活塞式　　　　C. 往复式　　　　D. 速度型

47. AA016　压缩气体以提高气体压力或输送气体的机器称为（　　）。

　　A. 压力机　　　　B. 泵　　　　　　C. 压缩机　　　　D. 分离器

48. AA016　回转式压缩机属于（　　）压缩机。

　　A. 容积型　　　　B. 速度型　　　　C. 叶轮式　　　　D. 离心式

49. AB001　干的大气腐蚀主要是（　　）作用引起的。

　　A. 化学　　　　　B. 电化学　　　　C. 物理　　　　　D. 渗透

50. AB001　一般干的大气腐蚀破坏性（　　）。

　　A. 大　　　　　　B. 较小　　　　　C. 很大　　　　　D. 较大

51. AB001　大气中基本上没有水汽，金属表面存在的水分是多分子层的（　　）状态，这种状态下的金属腐蚀称为干的大气腐蚀。

　　A. 钝化膜　　　　B. 吸附膜　　　　C. 塑性膜　　　　D. 化学膜

52. AB002　相对湿度低于 100%、金属表面形成的肉眼不可见的连续液膜的大气环境下发生的腐蚀属于（　　）。

　　A. 干的大气腐蚀　　　　　　　　　B. 湿的大气腐蚀

　　C. 潮的大气腐蚀　　　　　　　　　D. 全浸状态下的腐蚀

53. AB002　潮的大气腐蚀发生时，金属表面存在着肉眼看不见的液膜，这层液膜起着（　　）的作用。

　　A. 杂质　　　　　B. 电解质　　　　C. 电介质　　　　D. 绝缘

54. AB002　金属表面（　　）是引起大气腐蚀的充分必要条件。

　　A. 杂质　　　　　B. 液膜　　　　　C. 灰尘　　　　　D. 应力

55. AB003　随着金属表面凝结水液膜能用肉眼看到，逐渐增厚，腐蚀速度（　　）。

　　A. 显著下降　　　B. 有所下降　　　C. 有所上升　　　D. 显著上升

56. AB003　湿的大气腐蚀速度的下降是因为金属表面液膜增厚导致（　　）而引起的。

　　A. 溶解氧向金属表面的扩散速度变得越来越困难

　　B. H_2 难以析出

    C. 腐蚀性离子浓度降低

    D. 酸性增大

57.AB003 金属表面的液膜达到一定( )后,其腐蚀形态相当于全浸状态下的腐蚀情况。

    A. 厚度　　　　　　B. 宽度　　　　　　C. 长度　　　　　　D. 导电性

58.AB004 海洋大气环境由于( ),金属腐蚀速度较快。

    A. 含硫量高　　　　B. CO_2含量高　　C. 污染严重　　　　D. 含盐量较高

59.AB004 在( )的大气环境中,金属腐蚀速度较快。

    A. 空气洁净　　　　B. 空气干燥　　　　C. 污染严重　　　　D. 无污染

60.AB004 在污染严重的工业大气环境中,金属腐蚀速度( )。

    A. 较慢　　　　　　　　　　　　B. 较快

    C. 与一般环境中相同　　　　　　D. 显著下降

61.AB005 土壤中含有水分和能进行离子导电的盐类,因而使其具有( )溶液的特征。

    A. 碱性　　　　　　B. 酸性　　　　　　C. 电解质　　　　　D. 非电解质

62.AB005 金属在土壤中发生的腐蚀主要属于( )。

    A. 化学腐蚀　　　　B. 物理腐蚀　　　　C. 细菌腐蚀　　　　D. 电化学腐蚀

63.AB005 工业和民用用电泄漏至大地所引起的地下金属构筑物的腐蚀属于( )。

    A. 化学腐蚀　　　　　　　　　　B. 物理腐蚀

    C. 杂散电流腐蚀　　　　　　　　D. 微生物腐蚀

64.AB006 含 Cl^- 和 SO_4^{2-} 的铁盐大都是( )。

    A. 不溶盐　　　　　　　　　　　B. 难溶盐

    C. 可溶盐　　　　　　　　　　　D. 络合物盐

65.AB006 一般 Cl^- 和 SO_4^{2-} 的含量越高,土壤的腐蚀性就( )。

    A. 越强　　　　　　B. 越弱　　　　　　C. 不变　　　　　　D. 改变

66.AB006 一般来说,土壤的腐蚀性与含盐量、含水量( )。

    A. 成正比　　　　　B. 成反比　　　　　C. 没关系　　　　　D. 趋势相同

67.AB007 土壤结构的不同将直接影响土壤的( )和( )等物理性质,进而影响金属构筑物的腐蚀过程。

    A. 含水量　硬度　　　　　　　　B. 含水量　透气性

    C. 孔隙率　透气性　　　　　　　D. 松紧度　硬度

68.AB007 黏土对水的渗透能力( )。

    A. 差　　　　　　　B. 强　　　　　　　C. 较强　　　　　　D. 极强

69.AB007 土壤是固态、液态和( )三相物质所组成的混合物。

    A. 干态　　　　　　B. 湿态　　　　　　C. 气态　　　　　　D. 游离态

70.AB008 埋地管道上部与下部由于含氧量差异形成腐蚀电池时,( )成为阳极被腐蚀。

    A. 上部　　　　　　　　　　　　B. 下部

    C. 中部　　　　　　　　　　　　D. 含氧量大的位置

71.AB008 土壤的腐蚀性是其( )性质综合作用的结果。

    A. 物理　　　　　　B. 化学　　　　　　C. 电化学　　　　　　D. 物理化学

72.AB008 埋地管道上部与下部由于( )差异形成腐蚀电池时,底部成为阳极被腐蚀。

    A. 离子含量　　　　B. 含盐量　　　　　C. 含氧量　　　　　D. 电阻

73.AB009 由于土壤性质及其结构的不均匀性,埋地管道上既可形成( ),也可在不同土壤交接处形成宏电池。

    A. 微观腐蚀电池　　　　　　　　　B. 原电池

    C. 电解池　　　　　　　　　　　　D. 化学腐蚀

74.AB009 除( )外,大多数土壤中裸钢腐蚀的主要形式是氧浓差电池。

    A. 碱性土壤　　　　B. 酸性土壤　　　　C. 中性土壤　　　　D. 盐碱土

75.AB009 土壤中金属腐蚀速度一般受控于( )。

    A. 氢的去极化过程　　　　　　　　B. 离子迁移速度

    C. 氧的去极化过程　　　　　　　　D. 环境温度

76.AB010 硫酸盐还原菌的最佳繁殖土壤环境为:( )。

    A. pH4~6、透气性差　　　　　　　B. pH6~8、透气性好

    C. pH4~6、透气性好　　　　　　　D. pH6~8、透气性差

77.AB010 pH 大于( )时,硫酸盐还原菌的活动受到限制。

    A.9　　　　　　　B.8　　　　　　　C.7　　　　　　　D.6

78.AB010 石油沥青的部分成分可以作为某些细菌的养料,因此该类防腐层不耐( )。

    A. 酸　　　　　　　B. 碱　　　　　　　C. 盐碱　　　　　　D. 细菌侵蚀

79.AC001 牺牲阳极材料应具备在使用过程中,阳极极化小,电位及( )稳定。

    A. 输出电流　　　　B. 电压　　　　　　C. 电阻　　　　　　D. 电容

80.AC001 牺牲阳极自身腐蚀要小,实际电容量与理论电容量之比要( )。

    A. 大　　　　　　　　　　　　　　B. 小

    C. 相等　　　　　　　　　　　　　D. 小于60%

81.AC001 牺牲阳极的负电位应负于被保护金属的自然电位,产生的电流至少应使被保护金属真实电位负向偏移( )。

    A.100mV　　　　　B.300mV　　　　　C.250mV　　　　　D.50mV

82.AC002 镁阳极的缺点是:电流效率低,一般只有( )。

    A.50%　　　　　　B.40%　　　　　　C.45%　　　　　　D.60%

83.AC002 镁阳极具有单位质量发生的电量( )的特点。

    A. 小　　　　　　　　　　　　　　B. 大

    C. 与锌阳极相同　　　　　　　　　D. 与铝阳极相同

84.AC002 镁阳极的特点是:密度小、电位( )、极化率( )、单位质量发生的电量大。

    A. 负　　高　　　　　　　　　　　B. 较正　　低

    C. 较正　　高　　　　　　　　　　D. 负　　低

85．AC003　镁锰型镁合金牺牲阳极的开路电位为(　　　)。

　　A．-1.38V　　　　B．-1.46V　　　　C．-1.48V　　　　D．-1.56V

86．AC003　标准型镁合金牺牲阳极的开路电位为(　　　)。

　　A．-1.38V　　　　B．-1.46V　　　　C．-1.48V　　　　D．-1.56V

87．AC003　镁及镁合金主要用于电阻率(　　　)的土壤和(　　　)等介质中。

　　A．较高　淡水　　　　　　　　B．低　淡水

　　C．较高　海水　　　　　　　　D．低　海水

88．AC004　锌阳极与(　　　)相比,其与钢铁之间的电位差较小,不会形成"过保护"现象。

　　A．铝阳极　　　　　　　　　　B．铝合金阳极

　　C．镁阳极　　　　　　　　　　D．辅助阳极

89．AC004　纯锌阳极中的杂质会使阳极表面(　　　),输出电流(　　　)。

　　A．钝化　增大　　　　　　　　B．活化　增大

　　C．活化　减小　　　　　　　　D．钝化　减小

90．AC004　锌阳极具有电流效率(　　　)、自腐蚀小、使用寿命(　　　)和自动调节的特点。

　　A．低　长　　　B．高　长　　　C．低　短　　　D．高　短

91．AC005　锌合金、高纯锌牺牲阳极的开路电位(SCE)为(　　　)。

　　A．-1.03V　　　　B．-1.06V　　　　C．-1.08V　　　　D．-1.10V

92．AC005　锌阳极的钢芯与阳极基体的接触电阻应小,其作用是(　　　)。

　　A．增加接地电阻　　　　　　　B．降低接地电阻

　　C．增加回路地电阻　　　　　　D．降低回路电阻

93．AC005　锌阳极可用于(　　　)的土壤及海洋中。

　　A．低电阻率　　　　　　　　　B．高电阻率

　　C．电阻率大于 $30\Omega\cdot m$ 　　　　　D．电阻率大于 $50\Omega\cdot m$

94．AC006　带状牺牲阳极具有均匀的电流分布,(　　　)高,可高达95%。

　　A．电压　　　B．电流　　　C．电压效率　　　D．电流效率

95．AC006　带状牺牲阳极有连续的(　　　),电损耗少。

　　A．电压　　　B．电流　　　C．导电芯　　　D．绝缘层

96．AC006　带状牺牲阳极单位质量对地电阻(　　　),电流(　　　)。

　　A．大　小　　　B．小　大　　　C．大　大　　　D．小　小

97．AC007　带状牺牲阳极外形为带状,增加了单位质量阳极的输出,适应(　　　)的环境。

　　A．更低电阻率　　　　　　　　B．更高电阻率

　　C．更低氯离子浓度　　　　　　D．更高氯离子浓度

98．AC007　带状牺牲阳极可穿越空间(　　　)的局部场合,应用更灵活。

　　A．宽阔　　　B．狭窄　　　C．封闭　　　D．开放

99．AC007　根据化学成分的不同,可以将带状牺牲阳极分为(　　　)和锌带阳极两类。

　　A．铜带阳极　　　　　　　　　B．铝带阳极

        C. 镁带阳极　　　　　　　　　　　　D. 导电聚合物带状阳极

100.AC008　铝合金阳极在土壤中不能使用的原因是:阳极腐蚀产物(　　)在土壤中无法疏散,导致阳极钝化而失效。

    A. Al_2O_3　　　　B. $AlCl_3$　　　　C. $Al(OH)_3$　　　　D. $Al_2(SO_4)_3$

101.AC008　在牺牲阳极材料中,铝合金阳极发生电量最(　　),单位输出成本(　　)。

    A. 小　低　　　　B. 小　高　　　　C. 大　低　　　　D. 大　高

102.AC008　在牺牲阳极材料中,(　　)阳极发生电量最大,单位输出成本低。

    A. 锌合金　　　　B. 铝合金　　　　C. 镁　　　　D. 镁合金

103.AC009　复合式牺牲阳极是由两种材料组成的阳极,一般(　　)在芯部,(　　)在外部。

    A. 镁　锌　　　　B. 镁　铝　　　　C. 锌　镁　　　　D. 铝　镁

104.AC009　镁、锌复合式牺牲阳极中镁包覆的厚度应以可制造工艺的(　　)为准。

    A. 最低厚度　　　　B. 最高厚度　　　　C. 最低长度　　　　D. 最低宽度

105.AC009　镁、锌复合式牺牲阳极,当镁阳极消耗完之后,锌阳极再发挥其(　　)效率、(　　)寿命的特点。

    A. 低　短　　　　B. 低　长　　　　C. 高　长　　　　D. 高　短

106.AC010　与其他类牺牲阳极相比,(　　)不适宜用于土壤中。

    A. 镁合金阳极　　　　　　　　　　B. 铝合金阳极

    C. 锌合金阳极　　　　　　　　　　D. 高硅铸铁阳极

107.AC010　与其他类牺牲阳极相比,(　　)的电流效率最高。

    A. 镁合金阳极　　　　　　　　　　B. 铝合金阳极

    C. 锌合金阳极　　　　　　　　　　D. 高硅铸铁阳极

108.AC010　在牺牲阳极材料中,(　　)的电流效率最高。

    A. 镁阳极　　　　B. 铝阳极　　　　C. 镁合金阳极　　　　D. 锌阳极

109.AC011　当土壤电阻率小于5Ω·m时,应选用(　　)作牺牲阳极。

    A. 镁　　　　B. 铝　　　　C. 锌　　　　D. 镁合金

110.AC011　当土壤电阻率大于50Ω·m时,宜选用(　　)作牺牲阳极。

    A. 镁　　　　　　　　　　　　　　B. 铝

    C. 锌　　　　　　　　　　　　　　D. 带状镁阳极

111.AC011　当土壤电阻率大于100Ω·m时,应选用(　　)作牺牲阳极。

    A. 镁　　　　　　　　　　　　　　B. 铝

    C. 锌　　　　　　　　　　　　　　D. 带状镁阳极

112.AC012　填包料可以使阳极地床(　　)。

    A. 干燥　　　　B. 保持干燥　　　　C. 长期维持湿润　　　　D. 比较湿润

113.AC012　填包料有利于阳极产物的(　　),减少不必要的阳极极化。

    A. 干燥　　　　B. 固化　　　　C. 溶解　　　　D. 结痂

114.AC012　牺牲阳极周围填充化学填包料的目的是:(　　)。

    A. 保证牺牲阳极性能稳定　　　　　B. 提高牺牲阳极的使用寿命

    C. 提高牺牲阳极的开路电位　　　　　D. 增加牺牲阳极的阳极极化

115. AC013　化学填包料应渗透性(　　)、(　　)流失、保湿性好。

    A. 好　不易　　　B. 好　易　　　C. 差　不易　　　D. 差　易

116. AC013　填包料的主要成分石膏粉的化学分子式是(　　)。

    A. $CaSO_4 \cdot 2H_2O$　　　　　　　　B. $CaCl_2$

    C. $Ca(OH)_2$　　　　　　　　　　　D. CaO

117. AC013　填包料的主要成分膨润土的特点是(　　)。

    A. 化学溶解性强　　　　　　　　　　B. 能够提高阳极的负电位

    C. 能提高阳极的发生电量　　　　　　D. 吸附水的能力极强

118. AC014　填包料的厚度应在各个方向均保持(　　)。

    A. 10~20cm　　B. 10~15cm　　C. 5~15cm　　D. 5~10cm

119. AC014　无论用什么方式,都应保证牺牲阳极四周填包料的厚度一致且(　　)。

    A. 密实　　　　B. 疏松　　　　C. 用量最少　　D. 用量最大

120. AC014　填包料采用袋装方式时,所使用的袋子必须是(　　)。

    A. 化纤织物　　　　　　　　　　　　B. 天然纤维制品

    C. 尼龙织物　　　　　　　　　　　　D. 丙纶织物

121. AC015　牺牲阳极在管道上的分布宜采用单支或(　　)两种方式。

    A. 2支1组　　B. 4支1组　　C. 分散成组　　D. 集中成组

122. AC015　一般情况下,牺牲阳极埋设位置应距管道(　　),最小不宜小于(　　)。

    A. 35m　0.5m　　　　　　　　　　B. 5~10m　0.3m

    C. 3~5m　0.5m　　　　　　　　　　D. 5~8m　0.5m

123. AC015　一般情况下牺牲阳极的埋设深度以阳极顶部距离地面不小于(　　)为宜。

    A. 0.5m　　　　B. 1.5m　　　　C. 2m　　　　　D. 1m

124. AC016　牺牲阳极与测试桩的连接电缆通常使用(　　)电缆。

    A. 铝芯　　　　B. 铅芯　　　　C. 铜芯　　　　D. 锡芯

125. AC016　牺牲阳极连接电缆应选用截面不宜小于(　　)的多股连接导线,每股导线的截面不宜小于2.5mm^2。

    A. 4mm^2　　　B. 6mm^2　　　C. 8mm^2　　　D. 10mm^2

126. AC016　牺牲阳极测试桩主要用来测试牺牲阳极性能、管道保护电位及(　　)。

    A. 管道自然电位　　　　　　　　　　B. 管道电流

    C. 接地电阻　　　　　　　　　　　　D. 管道绝缘

127. AC017　牺牲阳极焊接处及上、下端面应采用(　　)绝缘。

    A. 环氧树脂　　B. 塑料膜　　　C. 橡胶　　　　D. 天然纤维

128. AC017　牺牲阳极电缆和管道应采用(　　)和铜焊方式连接。

    A. 铝热焊接方式　　　　　　　　　　B. 铝焊方式

    C. 锡焊方式　　　　　　　　　　　　D. 电焊方式

129. AC017　牺牲阳极电缆的埋设深度不应小于(　　),四周垫有5~10cm厚的细砂。

    A. 1m　　　　　B. 0.7m　　　　C. 0.5m　　　　D. 1.5m

130.AC018 站场区域性阴极保护具有保护对象复杂性、外界条件限制多样性、影响因素（   ）、必要绝缘设施的安装限制、调试难度大、安全防爆要求高的技术特点。

    A. 限制性   B. 制约性   C. 差异性   D. 区域性

131.AC018 由于外界条件限制的多样性，外界影响最严重、最直接的就是站场各种（   ）。

    A. 电器设备   B. 接地系统   C. 附属设施   D. 工艺管网

132.AC018 在常规站场电力接地系统的设计中，往往采用整体联合接地网形式，使得需要保护的管段与不需要保护的设施连为一体，会造成（   ）的大量流失。

    A. 电位   B. 保护电位   C. 电流   D. 保护电流

133.AC019 站场区域性阴极保护系统应在干线管道进、出站位置安装（   ）。

    A. 防爆装置   B. 测试装置

    C. 绝缘设施   D. 避雷设施

134.AC019 站场内被保护的埋地钢质管道穿越站内路面时，宜采用混凝土套管、箱涵或增加管道壁厚来确保管道机械安全，不宜采用（   ）套管。

    A. 软质   B. 塑钢   C. 塑料   D. 金属

135.AC019 站场区域性阴极保护系统宜采用多回路保护系统，每一保护回路应设置（   ）个采样控制点。

    A. 一   B. 二   C. 三   D. 多

136.AC020 线性辅助阳极的焦炭粉填充料要求焦炭粉应采用机械方式紧密地填充进织物包覆物内，类型应为（   ）。

    A. 煤炭   B. 木炭

    C. 煅烧石油焦炭   D. 焦炭

137.AC020 线性辅助阳极内部电缆用于一般土壤环境应采用高密度聚乙烯绝缘电缆，用于含氯化物或化学污染环境的应采用含氟聚合物绝缘高密度聚乙烯护套电缆或（   ）交联电缆。

    A. 聚乙烯   B. 聚丙烯   C. 聚氯乙烯   D. 聚氟乙烯

138.AC020 线性阳极与被保护构筑物间距应大于（   ）。

    A. 200mm   B. 300mm   C. 400mm   D. 500mm

139.AD001 三层结构聚乙烯防腐层抗阴极剥离（65℃，48h）指标应是（   ）。

    A. ≥10mm   B. ≤10mm   C. ≥8mm   D. ≤6mm

140.AD001 三层结构聚乙烯防腐层抗冲击强度应是（   ）。

    A. ≥10J/mm   B. ≤10J/mm   C. ≥8J/mm   D. ≤8J/mm

141.AD001 三层结构聚乙烯防腐层抗弯曲测量时的角度应是（   ）。

    A. 2.5°   B. 5°   C. 2°   D. 25°

142.AD002 三层结构聚乙烯防腐层的聚乙烯专用料的炭黑含量应不小于（   ）。

    A. 2.0%   B. 2.5%   C. 3.0%   D. 3.5%

143.AD002 三层结构聚乙烯防腐层环氧粉末涂料的（   ）时间（200℃）应不大

于 3min。

  A. 胶化   B. 固化   C. 软化   D. 挥发

144. AD002 三层结构聚乙烯防腐层胶黏剂的拉伸强度不小于(   )。

  A. 10MPa   B. 13MPa   C. 17MPa   D. 25MPa

145. AD003 双层熔结环氧粉末防腐层的电气强度应不小于(   )。

  A. 10MPa   B. 20MPa   C. 30MPa   D. 40MPa

146. AD003 双层熔结环氧粉末防腐层在 65℃、48h 条件下的阴极剥离应不大于(   )。

  A. 10.5mm   B. 8.5mm   C. 6.5mm   D. 4.5mm

147. AD003 双层熔结环氧粉末防腐层的附着力(24h)应为(   )。

  A. 1~3 级   B. 1~4 级   C. 2~3 级   D. 2~4 级

148. AD004 环氧粉末涂料不挥发物含量应不小于(   )。

  A. 90.4%   B. 93.4%   C. 96.4%   D. 99.4%

149. AD004 单层环氧粉末涂料的固化时间(230℃±3℃)应不大于(   )。

  A. 5min   B. 4min   C. 3min   D. 2min

150. AD004 环氧粉末涂料中的磁性物含量应不大于(   )。

  A. 0.005%   B. 0.004%   C. 0.003%   D. 0.002%

151. AD005 无溶剂液态环氧涂料的细度应不大于(   )。

  A. 80μm   B. 100μm   C. 120μm   D. 140μm

152. AD005 无溶剂液体环氧防腐层的黏结强度(拉开法)应不小于(   )。

  A. 6MPa   B. 10MPa   C. 12MPa   D. 15MPa

153. AD005 无溶剂液体环氧防腐层的体积电阻率应不小于(   )。

  A. $1×10^{13}Ω·m$ B. $1.5×10^{13}Ω·m$

  C. $2×10^{13}Ω·m$ D. $2.5×10^{13}Ω·m$

154. AD006 表示沥青机械强度的指标是(   )。

  A. 软化点   B. 延度   C. 针入度   D. 抗拉强度

155. AD006 石油沥青耐温性能差,目前只适用于输送温度最高不超过(   )的介质。

  A. 80℃   B. 70℃   C. 60℃   D. 50℃

156. AD006 沥青在一定温度下受外力作用时的变形能力称为(   )。

  A. 软化点   B. 针入度   C. 抗拉强度   D. 延度

157. AD007 聚乙烯胶黏带的底漆表干时间应不大于(   )。

  A. 5min   B. 10min   C. 15min   D. 20min

158. AD007 聚乙烯胶黏带的基膜拉伸强度应大于(   )。

  A. 10MPa   B. 15MPa   C. 18MPa   D. 20MPa

159. AD007 聚乙烯胶黏带的体积电阻率最小为(   )。

  A. $1×10^{10}Ω·m$ B. $1×10^{11}Ω·m$

  C. $1×10^{12}Ω·m$ D. $1×10^{13}Ω·m$

160. AD008 热收缩带(套)普通型基材的拉伸强度应大于(   )。

  A. 10MPa   B. 13MPa   C. 15MPa   D. 17MPa

161.AD008　热收缩带(套)基材的电气强度最小为(　　)。

  A. 10MV/m　　　　B. 15MV/m　　　　C. 20MV/m　　　　D. 25MV/m

162.AD008　热收缩带(套)底漆在(65℃,48h)条件下的阴极剥离应不大于(　　)。

  A. 12mm　　　　　B. 10mm　　　　　C. 8mm　　　　　D. 6mm

163.AD010　黏弹体防腐胶带的最小厚度为(　　)。

  A. 1mm　　　　　　B. 1.5mm　　　　　C. 1.8mm　　　　　D. 2mm

164.AD010　黏弹体防腐胶带的体积电阻率最小为(　　)。

  A. $1\times10^{10}\Omega\cdot m$　　　　　　　　　B. $1\times10^{11}\Omega\cdot m$

  C. $1\times10^{12}\Omega\cdot m$　　　　　　　　　D. $1\times10^{13}\Omega\cdot m$

165.AD010　23℃时,黏弹体防腐胶带的剥离强度最小为(　　)。

  A. 1N/cm　　　　　B. 2N/cm　　　　　C. 3N/cm　　　　　D. 4N/cm

166.AE001　直流杂散电流腐蚀的特点是(　　)。

  A. 腐蚀激烈、腐蚀集中于局部位置　　　B. 腐蚀缓慢、腐蚀集中于局部位置

  C. 腐蚀激烈、腐蚀分布范围广　　　　　D. 腐蚀缓慢、腐蚀分布范围广

167.AE001　直流腐蚀实质上是金属的(　　)过程。

  A. 自然腐蚀　　　B. 化学腐蚀　　　C. 氧化　　　　　D. 电解

168.AE001　防腐层的缺陷点越(　　),相应的电流密度越(　　),直流腐蚀的局部集中效应越突出。

  A. 小　大　　　　B. 小　小　　　　C. 大　小　　　　D. 大　大

169.AE002　当交流干扰和直流干扰同时存在时,交流干扰的存在可以引起金属构筑物表面的(　　)作用。

  A. 过保护　　　　B. 欠保护　　　　C. 极化　　　　　D. 去极化

170.AE002　带防腐层的管道遭受交流干扰腐蚀后,腐蚀坑和防腐层破损面积相比(　　)。

  A. 大　　　　　　B. 小　　　　　　C. 相等　　　　　D. 无法判断

171.AE002　同直流杂散电流引起的腐蚀相比,交流杂散电流引起的腐蚀,其机理(　　)。

  A. 较复杂　　　　　　　　　　　　B. 较简单

  C. 与直流腐蚀相同　　　　　　　　D. 与原电池腐蚀相同

172.AF001　晶体三极管可以把较弱的电压、功率信号变为较强的电压、功率信号,这种转变功能被称为(　　)。

  A. 放大　　　　　B. 增压　　　　　C. 转换　　　　　D. 变压

173.AF001　晶体三极管放大器的工作原理是:选择合适的电路参数,使(　　)回路的输出电压大于(　　)回路的输入信号电压,从而实现放大器的放大作用。

  A. 集电极　基极　　　　　　　　　B. 集电极　发射极

  C. 基极　发射极　　　　　　　　　D. 基极　集电极

174.AF001　集成电路中最普遍的耦合方式是(　　)。

  A. 间接耦合　　　　　　　　　　　B. 变压器耦合

  C. 阻容耦合　　　　　　　　　　　D. 直接耦合

175.AF002　集成运算放大器是具有很高放大倍数并带有深度负反馈的多级(　　)放大电路。

　　A. 阻容耦合　　　　　　　　　　B. 直接耦合

　　C. 变压器耦合　　　　　　　　　D. 间接耦合

176.AF002　集成运算放大器在信号运算、(　　)、信号测量及波形产生等方面获得广泛应用。

　　A. 信号处理　　　B. 信号放大　　　C. 信号变换　　　D. 信号缩小

177.AF002　信号比较器分为(　　)比较器和(　　)比较器。

　　A. 电压　电阻　　　　　　　　　B. 电压　电流

　　C. 电流　电阻　　　　　　　　　D. 电压　频率

178.AF003　当给门级施加正向电压,同时在晶闸管(即可控硅)的阳极与阴极间也施加正向电压,则晶体闸流管处于(　　)状态。

　　A. 截止　　　　B. 电位值　　　　C. 间歇导通　　　D. 单向导通

179.AF003　门级的作用是(　　)。

　　A. 控制晶闸管　　　　　　　　　B. 触发晶闸管

　　C. 导通晶闸管　　　　　　　　　D. 关闭晶闸管

180.AF003　家用调光台灯是根据(　　)的单相半波可控整流电路原理实现光线调节的。

　　A. 二极管　　　B. 三极管　　　C. 晶体管　　　D. 晶闸管

181.AG001　一般图纸幅面的规格分为(　　)种。

　　A. 5　　　　　B. 4　　　　　C. 3　　　　　D. 2

182.AG001　一般图纸的图标设在图纸的(　　)。

　　A. 左下角　　　B. 右下角　　　C. 右上角　　　D. 左上角

183.AG001　立面图表示构筑物的外貌、(　　)及采用的材料等。

　　A. 结构形式　　　B. 施工要求　　　C. 平面尺寸　　　D. 标高

184.AG002　长年积水河一般地质情况比较好,河床(　　)。

　　A. 不稳定　　　B. 比较稳定　　　C. 稳定　　　D. 极不稳定

185.AG002　季节性河流的地质条件大多是(　　),容易被冲刷,河床不稳定。

　　A. 黏土　　　B. 砂土　　　C. 壤土　　　D. 盐碱土

186.AG002　季节性河流平时河流干涸,洪水季节河水泛滥,河床(　　)。

　　A. 稳定　　　B. 不稳定　　　C. 宽阔　　　D. 狭窄

187.AG003　河流是自然地理环境重要的组成部分,对人类的生活和生产有着非常重要的意义。河流综合开发利用的前提就是要认识河流水系特征和(　　)。

　　A. 河流水文特征　　B. 洪水水位　　　C. 涸水水位　　　D. 江水流速

188.AG003　水位、径流量大小及其季节变化取决于(　　)。

　　A. 降雨　　　B. 河流补给类型　　　C. 河流宽度　　　D. 河水流速

189.AG003　以雨水补给为主的河流水位和流量季节变化由(　　)决定。

　　A. 季节　　　B. 降水特点　　　C. 气候　　　D. 水系

190.AH001　缺陷点定位及开挖信息主要来源于(　　)提供的缺陷数据信息。

A. 内检测单位　　B. 外检测单位　　C. 本单位　　　　D. 防腐单位

191.AH001　内检测可以给出缺陷点距(　　)的绝对距离。

A. 上游里程桩　　　　　　　　　B. 上游站发球筒

C. 上游站输油泵　　　　　　　　D. 上游站储油罐

192.AH001　(　　)是用来确定缺陷点相对位置、校核缺陷点开挖是否准确的参照物。

A. 参考环焊缝　　　　　　　　　B. 上下游里程桩

C. 上下游站场　　　　　　　　　D. 上下游站收发球筒

193.AH002　管道在役焊接应使用评定合格的(　　),焊工应取得相应的资质并通过资格考试。

A. 焊接工艺规程　　B. 作业指导书　　C. 焊工证　　　D. 检测报告

194.AH002　焊接 B 型套筒时,应先同时焊接两侧(　　),再焊接(　　)。

A. 纵向对接焊缝、环向角焊缝

B. 环向角焊缝、纵向对接焊缝

C. 纵向对接焊缝、前端环向角焊缝

D. 纵向对接焊缝、末端环向角焊缝

195.AH002　焊接套筒的纵向对接焊缝时,宜在对接焊缝下装配(　　)。

A. 木板　　　　　　　　　　　　B. 塑料板

C. 橡胶板　　　　　　　　　　　D. 低碳钢垫板

196.BA001　要检查"阴极"线或"零位"线是否开路,可用万用表电阻挡在恒电位仪的(　　)端子与阴极输出端子间进行测试。

A. 接地　　　　　B. 阳极　　　　　C. 参比　　　　　D. 零位

197.BA001　用接地摇表测"阳极"线的接地电阻,若为无穷大,证明"阳极"线(　　)。

A. 短路　　　　　B. 开路　　　　　C. 异常　　　　　D. 正常

198.BA001　检查现场埋地参比电极故障时,用便携式参比电极替代现场埋地参比电极,若恒电位仪能正常运行,故障排除,则证明(　　)线开路或现场埋地参比电极损坏。

A. 阳极　　　　　B. 阴极　　　　　C. 参比　　　　　D. 零位

199.BA002　当采用柔性辅助阳极进行阴极保护时,对有良好防腐层的管道可将其同沟敷设,最近距离为(　　)。

A. 0.2m　　　　　B. 0.3m　　　　　C. 0.5m　　　　　D. 1.0m

200.BA002　阴极保护系统中的辅助阳极区应尽量选在土壤(　　)的地方,有利于辅助阳极工作。

A. 干燥　　　　　B. 潮湿　　　　　C. 密实　　　　　D. 疏松

201.BA002　阴极保护系统中的辅助阳极区应尽量选在土壤电阻率(　　)的地方。

A. 高　　　　　　　　　　　　　B. 适中

C. 低　　　　　　　　　　　　　D. 50Ω·m 以上

202.BA003　浅埋式阳极地床是将阳极埋入距地表(　　)的地层中。

A. 1~5m　　　　　B. 2~5m　　　　　C. 3~10m　　　　D. 5~10m

203.BA003　立式阳极地床全年接地电阻变化(　　)。

　　A. 较大　　　　　B. 不大　　　　　C. 巨大　　　　　D. 不小

204.BA003　水平式阳极的优点之一是(　　)。

　　A. 易老化　　　　　　　　　　B. 接地电阻较大

　　C. 全年接地电阻变化不大　　　　D. 容易检查

205.BA004　管道阴极保护正式投入运行后,对于施工期间同沟埋设的临时性带状牺牲阳极应(　　)。

　　A. 去掉连接　　　　　　　　　B. 挖出

　　C. 留用　　　　　　　　　　　D. 留用摘除均可

206.BA004　对于施工周期较长的大型管道工程,在土壤电阻率较低的强腐蚀地带,可同沟埋设(　　)进行临时阴极保护。

　　A. 柔性阳极　　　　　　　　　B. 均压电缆

　　C. 填料　　　　　　　　　　　D. 带状牺牲阳极

207.BA004　对于施工周期较长的大型管道工程,在土壤电阻率(　　)的强腐蚀地带,可同沟埋设带状牺牲阳极进行临时阴极保护。

　　A. 较低　　　　　　　　　　　B. 较高

　　C. 低于 $50\Omega \cdot m$　　　　　D. 高于 $50\Omega \cdot m$

208.BA005　锌接地电池可以防止绝缘装置(　　)。

　　A. 遭受腐蚀　　　　　　　　　B. 遭受杂散电流干扰

　　C. 遭受强电冲击　　　　　　　D. 极化

209.BA005　高压电涌会使绝缘法兰/绝缘接头构造中的(　　)造成永久性损坏。

　　A. 螺栓　　　　B. 垫片　　　　C. 橡胶　　　　D. 绝缘材料

210.BA005　锌接地电池可以避免(　　)构造中的绝缘材料在遭受强电冲击时造成的永久性损坏。

　　A. 阀门　　　　　　　　　　　B. 绝缘支撑

　　C. 绝缘法兰/绝缘接头　　　　　D. 避雷器

211.BA006　用于油气管道绝缘法兰/绝缘接头高电压保护的接地电池一般是(　　)。

　　A. 锌接地电池　　　　　　　　B. 镁接地电池

　　C. 铝接地电池　　　　　　　　D. 铜接地电池

212.BA006　锌接地电池由平行靠近的一对锌牺牲阳极棒组成,中间用(　　)隔开。

　　A. 阀门　　　　B. 支撑物　　　　C. 绝缘块　　　　D. 避雷器

213.BA006　油气管道绝缘法兰/绝缘接头高电压保护装置的类型主要有避雷器和(　　)等。

　　A. 原电池　　　B. 腐蚀电池　　　C. 锌接地电池　　D. 电解池

214.BA007　埋设前,锌接地电池应该用洁净的水浸泡(　　)以上。

　　A. 1h　　　　　B. 2h　　　　　C. 12h　　　　　D. 24h

215.BA007　锌接地电池的引出电缆应用(　　)焊接在绝缘装置的两侧。

　　A. 锡焊　　　　B. 铝热焊　　　　C. 焊条电弧焊　　D. 钎焊

216.BA007　用作高电压保护装置的避雷器应安装在酚醛玻璃纤维塑料防爆接线箱

内,安装前、后及( )应做定期检测。

    A. 雷雨季节之前   B. 雷雨后   C. 冰冻前   D. 冰冻后

217.BA008   测量管道阴极保护电流的方法主要有电压降法和( )。

    A. 断电法   B. ON-OFFf法   C. 标定法   D. 等距法

218.BA008   在管道电流调查的每个测量点上,要读取并记录电压降及标示电流方向的仪器连接( )。

    A. 方法   B. 位置   C. 极性   D. 顺序

219.BA008   通过测试获得相邻两个电流测试桩处的电流值,便可以得出流出该段管道的电流大小,从而计算出该段的平均保护( )。

    A. 电位   B. 电阻   C. 电流强度   D. 电流密度

220.BA009   埋设失重检查片是研究管道腐蚀的一项重要手段,可( )管道的阴极保护效果。

    A. 预测   B. 全面分析   C. 定量分析   D. 定性分析

221.BA009   失重检查片埋设数量应按埋设种类( )、取出批数、每批取出的数量确定。

    A. 通过电缆与管道相连   B. 与管道连接或不连接

    C. 埋在管道典型地段   D. 埋在管道末端

222.BA009   失重检查片称重应精确到( ),记录原始重量及编号并挂编号牌。

    A. 0.01mg   B. 0.1mg   C. 0.2mg   D. 0.3mg

223.BA010   埋设失重检查片时,检查片中心与管壁净距离宜为( )。

    A. 0.4m   B. 0.1~0.3m   C. 0.5m   D. 0.6m

224.BA010   用于阴极保护效果评价的失重检查片一般宜优先选择污染区、高盐碱地带、杂散电流干扰区、交流干扰严重区、( )、干燥的多岩石高点等其他特别关注的地段埋设。

    A. 通电点   B. 管道中间

    C. 管道阴极保护最薄弱位置   D. 测试桩旁

225.BA010   失重检查片在埋设前应进行表面清理和( )。

    A. 称重   B. 测量外形尺寸

    C. 除锈   D. 打磨

226.BA011   ( )可清除碳酸盐矿物质和以铁、锰、钙、镁、锌等的氧化物为主的腐蚀沉积物。

    A. 盐酸   B. 硝酸   C. 乙酸   D. 碳酸

227.BA011   在清洗处理失重检查片时尽量减少金属( )。

    A. 除锈   B. 腐蚀   C. 刮削   D. 打磨

228.BA011   失重检查片取出后,要对失重检查片进行( )清洗,每次清洗后应称质量,确定质量损失。

    A. 一次   B. 二次   C. 五次   D. 多次重复

229.BB001   发射机上的红灯亮起时,说明发射机( )。

    (1)电压超限   B. 电流超限

C. 温度过高   D. 不能正常工作,原因需具体判断

230.BB001 连接 A 字架后,用功能选择键选择( )模式。

  A. ELF   B. LF   C. 8kFF   D. CPS

231.BB001 A 字架沿管道走向放在管道上方,带绿色标记的脚钉的方向为( )。

  A. 面向发射机   B. 在发射机的反方向

  C. 垂直管道   D. 任意方向

232.BC001 在固态去耦合器正常工作状态下,通常去耦合器两端的直流电位( )。

  A. 相等   B. 存在电位差

  C. 和土壤电阻率有关   D. 和接地极有关

233.BC001 在固态去耦合器正常工作状态下,通常去耦合器两端的交流电压( )。

  A. 相等   B. 存在电压差

  C. 和土壤电阻率有关   D. 和接地极有关

234.BC001 固态去耦合器一般由( )、晶闸管(或二极管)以及浪涌保护装置并联构成。

  A. 电阻   B. 电容   C. 电源   D. 排流电流

235.BC002 极性排流器应具有( )保护功能。

  A. 阴极   B. 过载   C. 限流   D. 自锁死

236.BC002 测量极性排流器排流接地极的开路电位和( ),判断其是否失效。

  A. 电阻   B. 交流电压

  C. 接地电阻   D. 土壤电阻率

237.BC002 极性排流器的防逆流元件正向电阻( ),反向耐压( )。

  A. 大 小   B. 大 大   C. 小 大   D. 小 小

238.BD001 管道防腐层大修应采用不停输沟下作业方式,要求间断开挖,采用( )开挖方式。

  A. 人工   B. 机械

  C. 人工与机械相结合   D. 爆破

239.BD001 防腐层大修施工前,探明管道实际走向和埋深,沿管道每( )开挖一个探坑,特殊地段、管体起伏较大的地段,探坑应酌情加密。

  A. 20m   B. 50m   C. 100m   D. 150m

240.BD001 防腐层大修管沟开挖时,应将表层耕作土与下层土( ),以便于回填时恢复原有地貌和利于耕作。

  A. 分层堆放 B. 混合堆放 C. 两侧堆放 D. 外运堆放

241.BD002 所有防腐大修管段必须( )进行漏点检测

  A. 100%   B. 80%   C. 70%   D. 60%

242.BD002 缠带类防腐层检漏电压( )。

  A. 25kV   B. 15kV   C. 10kV   D. 8kV

243.BD002 防腐层大修黏结力测试包括( )剥离强度测试。

  A. 带/钢   B. 带/带

  C. 带/钢和带/带   D. 保温层与防腐层

244.BD003 干砌石施工中,石块间砌缝宽度应尽量小,宽度不得超过( ),空隙须

用小石块和碎石填实。

  A. 2cm   B. 3cm   C. 5cm   D. 7cm

245.BD003 干砌石用作防护如修筑护基、护底时，应（ ）朝下，按设计标高开挖河床或坡面，夯实后再行铺砌。

  A. 大面   B. 小面   C. 侧面   D. 立面

246.BD003 用胶凝材料使石料相互胶凝的砌体称为（ ）。

  A. 干砌石   B. 浆砌石   C. 浆砌片石   D. 浆砌粗料石

247.BD004 石笼稳管工程中常用到的铁丝笼，其网孔常有（ ）种形式。

  A. 2   B. 3   C. 4   D. 5

248.BD004 石笼的编织一般在（ ）进行。

  A. 预制厂   B. 施工现场   C. 防腐厂   D. 水中

249.BD004 石笼防护属于（ ）构筑物。

  A. 永久性   B. 半永久性   C. 临时性   D. 半临时性

250.BD005 在管道水工保护工程中常用的是浆砌片石、（ ）。

  A. 浆砌块石   B. 毛石   C. 卵石   D. 碎石

251.BD005 （ ）的应用范围很广，如挡水（土）墙、护坡、管涵、过水路面等工程中都需使用浆砌片（块）石。

  A. 浆砌块石   B. 砂石   C. 卵石   D. 碎石

252.BD005 块石砌筑的灰缝宽度不大于（ ），块石用灰填腹时水平缝不大于30mm，垂直灰缝一般不大于（ ），填腹石的灰缝应彼此错开。

  A. 20mm 40mm   B. 20mm 50mm

  C. 30mm 40mm   D. 30mm 50mm

二、多项选择题（每题 4 个选项，有两个或两个以上的正确答案，选择正确给满分。错选、漏选、多选均不给分）

1.AA001 泵是一种把机械能或其他能量转变为液体的（ ）的水力机械。

  A. 位能   B. 压能   C. 动能   D. 水能

2.AA002 离心泵是油品输送过程中常用的加压设备，它具有结构简单、（ ）、可与电动机直连运转等优点。

  A. 操作平稳   B. 易于制造   C. 易维修   D. 价廉

3.AA003 管式加热炉可以（ ）加热原油，操作方便，运行成本低。

  A. 连续地   B. 大量地   C. 少量地   D. 间断地

4.AA004 换热器可分为（ ）。

  A. 加热式   B. 冷却式

  C. 直接接触式   D. 非直接接触式

5.AA005 闸阀的缺点是（ ），而且不易加工、研磨和维修。

  A. 所需安装空间较大   B. 所需安装空间较小

  C. 密封面易擦伤   D. 不易维修

6.AA006 油气管道的管件是指管路连接部分的成形零件，主要有（ ）、盲板、三通等。

  A. 弯头   B. 弯管   C. 异径管   D. 法兰

7.AA007　金属弯头按接口方式可分为(　　)。

  A. 丝接弯头　　　　　　　　　　　　B. 焊接弯头

  C. 对接弯头　　　　　　　　　　　　D. 黏接弯头

8.AA008　弯管按照成型条件分为(　　)和(　　)。

  A. 冷弯管　　　　B. 热弯管　　　　C. 焊制弯管　　　　D. 冲压弯管

9.AA009　法兰按连接方式和结构的不同可分为(　　)、螺纹法兰和大小法兰等。

  A. 平焊法兰　　　B. 对焊法兰　　　C. 活套法兰　　　D. 活结法兰

10.AA010　目前,常用的清管器根据其组成的不同可分为(　　)。

  A. 机械清管器　　　　　　　　　　　B. 泡沫塑料清管器

  C. 钢刷清管器　　　　　　　　　　　D. 旋转清管器

11.AA011　在长距离输油气管道上选择原动机,一般应考虑的因素是(　　)。

  A. 常年运行安全可靠,大修期长,维修方便

  B. 能随管道工况的变化调节负荷与转速

  C. 易于实现自动控制

  D. 易于运输

12.AA012　输油气管道所用的电气设备包括变压器、(　　)、继电保护装置等。

  A. 变送器　　　　　　　　　　　　　B. 互感器

  C. 电力电容器　　　　　　　　　　　D. 高压油断路器

13.AA013　天然气温度检测一般设在站场(　　)、计量孔板上游或下游。

  A. 阀组区　　　　B. 室外　　　　C. 进口　　　　D. 出口

14.AA014　根据用户情况和管道距离,在输气干线上设有(　　)及清管站。

  A. 集气站　　　　B. 输配气站　　　C. 阴极保护站　　　D. 加气站

15.AA015　目前,长输天然气管道中各场站所使用的设备主要有(　　)、调压橇、计量橇、安全泄放阀等。

  A. 分离器　　　　B. 阀门　　　　C. 压力表　　　　D. 液位计

16.AA016　工业用压缩机可以分为(　　)。

  A. 离心式　　　　B. 往复式　　　　C. 容积型　　　　D. 速度型

17.AB001　干的大气腐蚀腐蚀比较简单,(　　),主要是纯化学作用引起的。

  A. 腐蚀速度小　　　　　　　　　　　B. 腐蚀速度大

  C. 破坏性小　　　　　　　　　　　　D. 破坏性大

18.AB002　潮的大气腐蚀发生时,腐蚀速度变化规律是随(　　)。

  A. 液膜的加厚腐蚀增大　　　　　　　B. 液膜的加厚腐蚀减小

  C. 液膜的减薄腐蚀减小　　　　　　　D. 液膜的减薄腐蚀不变

19.AB003　湿的大气表面凝结水液膜显著特征是(　　)。

  A. 水液膜厚　　　　　　　　　　　　B. 水液膜薄

  C. 肉眼能看见　　　　　　　　　　　D. 肉眼不能看见

20.AB004　海洋大气环境由于(　　),金属腐蚀速度较快。

  A. 空气潮湿　　　　　　　　　　　　B. 空气干燥

  C. CO_2含量高　　　　　　　　　　　D. 含盐量较高

21. AB005 土壤中有( )的存在,使土壤具有电解质溶液的特征,因而金属在土壤中将发生电化学腐蚀。

   A. 水分　　　　　B. 盐类　　　　　C. 矿物质　　　　　D. 化学物质

22. AB006 一般来说,土壤的( )越大,土壤电阻率越小,土壤的腐蚀性也越强。

   A. 含盐量　　　　B. 含碱量　　　　C. 含酸量　　　　D. 含水量

23. AB007 粗颗粒土壤由于孔隙大,对水的( )。

   A. 渗透力强　　　　　　　　　　B. 渗透力弱

   C. 不易沉积水分　　　　　　　　D. 易沉积水分

24. AB008 土壤结构不同将直接影响土壤的( )等物理性质。

   A. 含水量　　　　B. 含硫量　　　　C. 透气性　　　　D. 含铁量

25. AB009 埋地管道腐蚀速度与( )有关。

   A. 含水量　　　　B. 含盐量　　　　C. 土壤电阻率　　　D. 酸碱度

26. AB010 土壤中的细菌腐蚀主要可以分类为( )。

   A. 厌氧菌腐蚀　　　　　　　　　B. 好氧菌腐蚀

   C. 硫酸盐类菌腐蚀　　　　　　　D. 硫杆类菌腐蚀

27. AC001 牺牲阳极应用的条件要求有( )。

   A. 土壤电阻率或阳极填包料电阻率足够低

   B. 土壤电阻率或阳极填包料电阻率足够高

   C. 所选阳极类型和规格应能连续提供最大电流需要量

   D. 阳极材料的总质量能够满足阳极提供所需电流的设计寿命

28. AC002 镁阳极的特点是( )、单位质量发生的电量大,是牺牲阳极的理想材料。

   A. 密度小　　　　B. 电位负　　　　C. 电位正　　　　D. 极化率低

29. AC003 用作牺牲阳极的镁及镁合金有( )及 Mg-Al-Zn-Mn 等三个系列。

   A. Mg　　　　　B. Mg-Mn　　　　C. Mg-Al　　　　D. Mg-Sn

30. AC004 锌阳极具有( )、使用寿命长和自动调节的特点。

   A. 电流效率低　　　　　　　　　B. 电流效率高

   C. 自腐蚀大　　　　　　　　　　D. 自腐蚀小

31. AC005 锌阳极可用于低电阻率的( )环境中。

   A. 土壤　　　　　　　　　　　　B. 海洋

   C. 电阻率大于 $30\Omega \cdot m$　　　　　D. 电阻率大于 $50\Omega \cdot m$

32. AC006 带状牺牲阳极具有单位质量( )的特点。

   A. 对地电阻小　　　　　　　　　B. 对地电阻大

   C. 电流小　　　　　　　　　　　D. 电流大

33. AC007 由于带状牺牲阳极外形为带状,因而( )。

   A. 增加了单位质量阳极的输出　　B. 减少了单位质量阳极的输出

   C. 适应更低电阻率的环境　　　　D. 适应更高电阻率的环境

34. AC008 铝合金阳极在土壤中不能使用的原因是:( )。

   A. 阳极腐蚀产物在土壤中无法疏散　B. 阳极腐蚀产物在土壤中无法混合

   C. 导致阳极钝化而失效　　　　　D. 导致阳极极化而失效

35. AC009　镁、锌复合式牺牲阳极,当镁阳极消耗完之后,锌阳极再发挥其(　　)的特点。

　　A. 高效率　　　　B. 低效率　　　　C. 长寿命　　　　D. 短寿命

36. AC010　将镁阳极包覆在锌阳极上面,可以(　　),满足高极化电流的需要。

　　A. 发挥阳极的高激励电压　　　　　B. 发挥阳极的高激励电流

　　C. 发挥阳极的高极化电压　　　　　D. 减少锌阳极的数量

37. AC011　通常海洋环境选取牺牲阳极的种类有(　　)牺牲阳极。

　　A. 镁　　　　　　B. 镁合金　　　　C. 锌合金　　　　D. 铝合金

38. AC012　填包料可以(　　)。

　　A. 降低阳极接地电阻　　　　　　　B. 增加阳极接地电阻

　　C. 降低阳极输出电流　　　　　　　D. 增加阳极输出电流

39. AC013　化学填包料应电阻率低(　　)。

　　A. 输出电流大　　B. 渗透性好　　　C. 不易流失　　　D. 保湿性好

40. AC014　填包料现场钻孔填装比袋装(　　)。

　　A. 效果好　　　　　　　　　　　　B. 效果差

　　C. 填料用量大　　　　　　　　　　D. 填料用量小

41. AC015　牺牲阳极埋设位置分(　　)。

　　A. 横向　　　　　B. 垂直　　　　　C. 轴向　　　　　D. 径向

42. AC016　管道牺牲阳极保护系统的测试桩主要用来测试(　　)。

　　A. 牺牲阳极性能　　　　　　　　　B. 管道保护电位

　　C. 管道自然电位　　　　　　　　　D. 阳极接地电阻

43. AC017　阳极施工前应用钢丝刷或砂纸打磨,表面应(　　),清理干净后严禁用手直接拿放。

　　A. 无氧化皮　　　B. 无油污　　　　C. 无尘土　　　　D. 无水分

44. AC018　站场区域性阴极保护具有(　　)、调试难度大、安全防爆要求高的技术特点。

　　A. 保护对象复杂性　　　　　　　　B. 影响因素差异性

　　C. 外界条件限制多样性　　　　　　D. 安装区域性

45. AC019　站场内的接地应采用(　　)等接地体,不宜采用比钢电位更正的材料。

　　A. 锌棒　　　　　　　　　　　　　B. 铜棒

　　C. 镀锌扁钢　　　　　　　　　　　D. 锌包钢

46. AC020　辅助阳极地床的设计原则是(　　)和其他系统外构筑物产生有害干扰。

　　A. 能够使被保护体获得足够保护电流

　　B. 避免阳极与被保护体之间产生电屏蔽

　　C. 避免对干线管道和其他系统外构筑物产生有害干扰

　　D. 能够使被保护体获得足够保护电压

47. AD001　三层结构聚乙烯防腐层的剥离强度在(　　)。

　　A. 20℃±10℃时不小于100N/cm　　　B. 20℃±10℃时不小于90N/cm

　　C. 50℃±5℃时不小于80N/cm　　　　D. 50℃±5℃时不小于70N/cm

48.AD002 常温型聚乙烯耐热老化的试验条件为( )。

    A. 100℃　　　　　B. 200℃　　　　　C. 2400h　　　　　D. 4800h

49.AD003 双层熔结环氧粉末防腐层弯曲后耐阴极剥离(28d)性能为( )。

    A. 1.5°　　　　　　　　　　　　　B. 2.5°

    C. 无裂纹　　　　　　　　　　　　D. 允许轻微裂纹

50.AD004 关于双层环氧粉末涂料的胶化时间,说法正确的是( )。

    A. 内层应不大于40s　　　　　　　B. 内层应不大于30s

    C. 外层应不大于20s　　　　　　　D. 外层应不大于10s

51.AD005 无溶剂液体环氧涂料应是一种( )的化学反应固化的环氧涂料。

    A. 不含挥发性溶剂　　　　　　　　B. 含有挥发性溶剂

    C. 单组分　　　　　　　　　　　　D. 双组分

52.AD006 石油沥青的性质主要由( )三个指标来决定。

    A. 软化点　　　B. 针入度　　　C. 抗拉强度　　　D. 延度

53.AD007 聚乙烯胶黏带按用途可分为( )。

    A. 防腐胶黏带　　　　　　　　　　B. 保护胶黏带

    C. 补口带　　　　　　　　　　　　D. 防水带

54.AD008 热收缩带(套)在最高设计温度为50℃和70℃时的胶软化点(环球法)最小值分别为( )。

    A. 80℃　　　　　B. 90℃　　　　　C. 100℃　　　　　D. 110℃

55.AD009 黏弹体防腐胶带在热水浸泡(70℃,120d)下,应( )。

    A. 涂层无起泡　　　　　　　　　　B. 涂层无脱落

    C. 膜下无水　　　　　　　　　　　D. 无剥离

56.AE001 当埋地管道处于杂散电流干扰区域且涂层存在缺陷时,杂散电流从高电位区流入管道,从低电位区流出,电流的( )不会遭受腐蚀。

    A. 流入点　　　　　　　　　　　　B. 流出点

    C. 电解池阴极　　　　　　　　　　D. 电解池阳极

57.AE002 从理论上讲,交流腐蚀的机理有( ),但是这些理论都有待于日后的工作中加以证实和完善。

    A. 成膜理论　　　　　　　　　　　B. 整流理论

    C. 电化学理论　　　　　　　　　　D. 电解理论

58.AF001 晶体三极管可以把较弱的( )信号变为较强的电压、功率信号,这种转变功能被称为放大。

    A. 电压　　　　　B. 电流　　　　　C. 功率　　　　　D. 频率

59.AF002 集成运算放大器能完成( )、对数与反对数以及乘除等运算。

    A. 比例　　　　　　　　　　　　　B. 加减

    C. 积分与微分　　　　　　　　　　D. 数列

60.AF003 可控硅具有( )的作用,在整流、逆变、变频、调压及开关等方面获得了广泛的应用。

    A. 单向导电性　　　　　　　　　　B. 控制开关

C. 弱电控制强电   D. 强电控制弱电

61. AG001 平面图主要表示构筑物的( )，以及采用的主要建筑材料、施工要求及砂浆强度等级等的文字说明。

    A. 平面形状   B. 尺寸   C. 结构形式   D. 基础形状

62. AG002 河床的演变是( )影响下河床所发生的变化。

    A. 社会条件   B. 自然条件   C. 人类活动   D. 农业活动

63. AG003 河流含沙量由( )、地形、降水特征和人类活动决定。

    A. 流量   B. 植被覆盖情况   C. 土质状况   D. 流速

64. AH001 缺陷点定位及开挖信息主要来源于内检测单位提供的缺陷数据信息，主要包括( )。

    A. 缺陷数据表   B. 模拟信号数据

    C. 分布图   D. 走向图

65. AH002 与管道相连的焊缝易产生( )，应按要求对焊缝进行检测。

    A. 焊道下裂纹   B. 延迟裂纹

    C. 冷却裂纹   D. 热涨裂纹

66. BA001 输出电压变大，输出电流变小，恒电位仪正常，故障原因可能是：( )及发生"气阻"。

    A. 阳极损耗   B. 参比流空

    C. 意外搭接   D. 阳极床土壤干燥

67. BA002 辅助阳极地床位置的选择要考虑的因素有：( )。

    A. 与管道的垂直距离   B. 土壤电阻率

    C. 地下水位   D. 征地费用

68. BA003 浅埋式阳极又可分为( )。

    A. 立式   B. 深井式   C. 水平式   D. 平行式

69. BA004 牺牲阳极的( )、填料配置等，应该根据管道保护的需要和土壤参数的测试，由设计确定。

    A. 设置部位   B. 材料选择   C. 埋设组数   D. 生产厂家

70. BA005 对管道绝缘法兰/绝缘接头实施保护的装置主要有( )等。

    A. 氧化锌避雷器   B. 保险装置   C. 锌接地电池   D. 接地极

71. BA006 如在管道绝缘法兰/绝缘接头处安装( )后，可以将高压电涌流入大地，从而保护了油气管道设备的安全。

    A. 铁接地极   B. 氧化锌避雷器

    C. 锌接地电池   D. 铜接地极

72. BA007 锌接地电池的引出电缆应用( )。

    A. 锡焊焊接   B. 铝热焊焊接

    C. 在绝缘装置的两侧   D. 在绝缘装置的一侧

73. BA008 在管道电流调查的每个测量点上，要读取并记录( )。

    A. 电压降   B. 电流降

    C. 电流方向   D. 连接极性

74.BA009　埋设失重检查片是研究管道腐蚀的一项重要手段,可(　　)。

A. 评价土壤腐蚀性　　　　　　　　B. 预测土壤腐蚀性

C. 定量分析管道的阴极保护放果　　D. 预测管道的阴极保护放果

75.BA010　失重检查片在取出后应立即进行(　　)。

A. 表面清理　　　　　　　　　　　B. 称重

C. 计算保护度　　　　　　　　　　D. 计算阴极保护率

76.BA011　在对失重检查片进行记录登记时,应按失重检查片的编号对相应的测量和
称重数据及对腐蚀产物分布、(　　)进行拍照、登记记录并存档。

A. 颜色　　　　　B. 厚度　　　　　C. 灰度　　　　　D. 色度

77.BB001　使用 PCM 定位后,需要在管线正上方读取的数据有(　　)。

A. 距离　　　　　B. 埋深　　　　　C. 电位值　　　　D. 电流值

78.BC001　在固态去耦合器正常工作状态下,使用数字万用表分别测试去耦合器两端
的直流电位,两侧分别是(　　)。

A. 管道电位　　　　　　　　　　　B. 自然电位

C. 接地极电位　　　　　　　　　　D. 牺牲阳极电位

79.BC002　极性排流法的主要特点有(　　)。

A. 结构简单　　　　　　　　　　　B. 效率高

C. 经济　　　　　　　　　　　　　D. 能防止逆流

80.BD001　管道防腐层大修采用不停输沟下作业方式,要求间断开挖,采用(　　)
方式。

A. 机械开挖　　　　　　　　　　　B. 人工开挖

C. 机械与人工结合开挖　　　　　　D. 连续

81.BD002　缠带类防腐层剥离试验包括(　　)剥离强度测试。

A. 钢/带　　　　　　　　　　　　B. 保温层/带

C. 复合材料/带　　　　　　　　　D. 带/带

82.BD003　(　　)基础的垂墙,应先砌外侧后砌内侧,外侧应高于内侧,以防止下滑
现象。

A. 护基　　　　　B. 护底　　　　　C. 护岸　　　　　D. 护坡

83.BD004　石笼是在编制的铁丝网内装上(　　)。

A. 石头　　　　　B. 砂子　　　　　C. 混凝土　　　　D. 卵石

84.BD005　浆砌石分为浆砌片石、(　　)。

A. 浆砌块石　　　B. 浆砌粗料石　　C. 浆砌河卵石　　D. 混凝土石

三、判断题(对的画√,错的画×)

(　　)1.AA001　叶片式泵主要通过旋转运动部件来使液体获得能量。

(　　)2.AA002　离心泵的叶轮在甩出液体的同时,其入口形成低压,且高于泵入口
压力。

(　　)3.AA003　管式加热炉的加热方式为间接加热。

(　　)4.AA004　浮头式管壳换热器属于回热式换热器。

(　　)5.AA005　截止阀适用于经常开关的场合,公称直径多在 100mm 以下。

（　）6.AA006　螺纹管箍是连接高压流体输送用焊接钢管的管件。

（　）7.AA007　与弯管相比,一般弯头的曲率半径较大。

（　）8.AA008　弯曲半径不小于 5 倍外径两端带直管段的圆弧形管段称为弯管。

（　）9.AA009　法兰属于管道常用的不可拆连接件。

（　）10.AA010　机械清管器皮碗略大于管径,当清管器随油流移动时,皮碗可刮去结腊层外部的凝油层。

（　）11.AA011　原动机的选择应考虑安全性、可维修性、可调节性、自控性及燃料易得性及经济性等因素。

（　）12.AA012　电力电容器在电网中的作用是做无功电力补偿,提高用户功率因素。

（　）13.AA013　油气管道系统中的常用仪表是压力表和温度表。

（　）14.AA014　天然气管输系统的基本组成部分为:集气、配气管线及输气干线;增压及净化装置;集、输、配气场站及阴极保护站。

（　）15.AA015　分离器是分离天然气中气态和液态杂质的设备。

（　）16.AA016　速度型压缩机依靠气缸内做往复或回转运动的活塞,使气体容积被压缩,从而提高气体的压力。

（　）17.AB001　干的大气腐蚀速度小,破坏性也小。

（　）18.AB002　在大气环境中,潮的大气腐蚀速度最慢。

（　）19.AB003　金属腐蚀速度随表面凝结水液膜的逐渐增厚有所下降的原因是液膜中腐蚀性离子浓度降低的结果。

（　）20.AB004　金属表面因缝隙产生的水的毛细凝结现象会加速局部腐蚀的进程。

（　）21.AB005　土壤中的杂散电流通过埋地管道时,电流流入的部位是遭受腐蚀的部位。

（　）22.AB006　土壤中分布最广的矿物盐是铁、钙、锌等的硫酸盐、氯化物盐、碳酸盐和碳酸氢盐。

（　）23.AB007　金属腐蚀速度与土壤含水量成正比。

（　）24.AB008　土壤的含盐量、含水量越大,土壤电阻率越小,土壤的腐蚀性也越弱。

（　）25.AB009　埋地管道上形成的宏腐蚀原电池一般距离较短。

（　）26.AB010　土壤 pH 值在 5~9,温度在 25~30℃时最有利于细菌的繁殖,细菌参加阴极反应过程加速了金属的腐蚀。

（　）27.AC001　工程上常用的牺牲阳极材料有镁及镁合金、锌及锌合金、铝及铝合金、钢铁等。

（　）28.AC002　镁阳极的不足之处是电位不够负,电流效率高。

（　）29.AC003　根据使用环境的不同,牺牲阳极可以做成块状、带状、丝状及板状。

（　）30.AC004　锌阳极与镁阳极、铝阳极相比,其稳定性较差。

（　）31.AC005　锌阳极适用于高温淡水或土壤电阻率过高的环境。

（　）32.AC006　采用带状牺牲阳极进行阴极保护需要外部电源。

（　）33.AC007　带状牺牲阳极基体和钢芯必须结合良好,接触电阻应小于 0.0001Ω。

（　）34.AC008　铝合金阳极在污染的海水和高电阻率环境中性能下降。

（　）35.AC009　镁、锌复合式阳极结合了镁阳极和锌阳极的优点,性能比其二者更优异。

（　）36. AC010　与其他类牺牲阳极相比，锌阳极不能用于易燃、易爆场所。

（　）37. AC011　镁阳极不能用于易燃、易爆的场所。

（　）38. AC012　填包料填充在牺牲阳极与土壤之间，改善了阳极的工作环境，提高了阳极接地电阻。

（　）39. AC013　石膏粉、膨润土、工业硫酸钠是常用牺牲阳极填包料的成分。

（　）40. AC014　填包料袋装效果优于现场钻孔，其原因是后者填料用量大，容易把土粒带入填料中，影响填包质量。

（　）41. AC015　牺牲阳极与管道之间不应有金属构筑物。

（　）42. AC016　管道牺牲阳极保护系统应设置测试桩，以检测该保护系统的有效性。

（　）43. AC017　施工前，牺牲阳极表面应进行必要的处理，做到阳极表面无氧化皮、无油污、无尘土。

（　）44. AC018　站场工艺管网本身具有防腐层差异、管径差异、敷设方式差异、介质温度差异、邻近或交叉分布差异以及地质环境差异等，直接影响着阴极保护电流的分布。

（　）45. AC019　长输油气管道的站场区域性阴极保护系统应与干线管道阴极保护系统相互独立。

（　）46. AC020　线性辅助阳极安装过程中严禁阳极与相邻或交叉的管道、接地网等金属构筑物搭接。

（　）47. AD001　三层结构聚乙烯防腐层的冲击强度应不小于 $10J/mm$。

（　）48. AD002　聚乙烯是热固性高分子材料，有高密度、中密度、低密度之分。

（　）49. AD003　环氧粉末涂层的外观要求平整、色泽均匀、无气泡、无开裂及缩孔，不允许有轻度橘皮状花纹。

（　）50. AD004　环氧粉末涂料的磁性物含量应不大于 0.02%。

（　）51. AD005　无溶剂液体环氧涂料应不含挥发性溶剂。

（　）52. AD006　聚氯乙烯工业膜一般分为耐寒（黄色）和不耐寒（白色）两种。

（　）53. AD007　聚乙烯胶黏带的厚度应符合厂家规定，厚度偏差应在 5% 以内。

（　）54. AD008　聚乙烯热收缩带（套）在热冲击（225℃，4h）试验后，应无裂纹、无流淌、无垂滴。

（　）55. AD009　黏弹体防腐胶带的最小厚度应不小于 2.0mm。

（　）56. AE001　管道、高压直流输电系统中的接地极不可能成为直流杂散电流的来源。

（　）57. AE002　一般认为交流腐蚀效率与直流腐蚀相当。

（　）58. AF001　共发射极放大电路中，晶体三极管的集电极是其他两部分的公共回路。

（　）59. AF002　集成运算放大器在整流、变频及调压等方面获得广泛应用。

（　）60. AF003　晶体闸流管是一种小功率半导体器件，具有单向导电性和控制开关的作用，同时又有弱电控制强电的特点。

（　）61. AG001　施工图纸幅面的规格分为 A0、A1、A2、A3、A4、A5 共六种。

（　）62.AG002　季节性河流平时河流干涸,洪水季节河水泛滥,河床上大都是砂土,容易被冲刷,河床不稳定,变化较大。

（　）63.AG003　水文勘测的主要任务就是到现场去对一些河流的水情及积水情况进行调查研究,并尽可能地取得全面可靠的第一手资料。

（　）64.AH001　螺旋焊缝确认无误后,根据缺陷与焊缝的位置关系实施缺陷修复作业坑开挖。

（　）65.AH002　套筒修复后,对两侧纵向焊缝可采用超声法探伤。

（　）66.BA001　当出现故障时,可断开阳极线开"自检"检查,若"自检"正常,一般为现场故障,否则为仪器故障。

（　）67.BA002　强制电流阴极保护系统中,辅助阳极地床距管道的垂直距离不宜小于100m。

（　）68.BA003　采用水平式阳极地床,安装土石方量较小,易于施工。

（　）69.BA004　采用填充材料可提高带状阳极的使用性能。

（　）70.BA005　当绝缘接头/法兰所处位置存在交流干扰时,可采用具有导通交流电流能力的电容、极化电池、去偶隔直装置等类型的防电涌保护器。

（　）71.BA006　避雷器比锌接地电池避雷效果更好,能更好地防止绝缘法兰/绝缘接头遭受强电冲击。

（　）72.BA007　锌接地电池应埋设在土壤电阻率较高的地段。

（　）73.BA008　用电流测试桩测量阴极保护电流简单,不用开挖管道。

（　）74.BA009　失重检查片的材质应与埋地管道用钢管材质相同。

（　）75.BA010　挖掘失重检查片埋设点时,挖掘土应分层放置,注意不要破坏原有土层次序,回填时应分层踩实,并尽量恢复原状。

（　）76.BA011　除去失重检查片表面疏松的腐蚀产物和沉积物,除去编号和安装孔的覆盖层,注意不能损伤检查片基材。

（　）77.BB001　在使用PCM时,接收机的频率应与发射机频率对应。

（　）78.BC001　当固态去耦合器两个端子之间电压差超出隔离电压后,直流电流才可能导通。

（　）79.BC002　极性排流器应能及时跟随管轨电压或管地电位的急剧变化。

（　）80.BD001　防腐层大修施工时,管道可一次性全部开挖。

（　）81.BD002　缠带防腐层检漏电压为10kV;环氧或聚氨酯防腐层检漏电压为$5V/\mu m$。

（　）82.BD003　护基、护底的基础的垂墙,应先砌外侧,后砌内侧,外侧应高于内侧,以防止下滑现象。

（　）83.BD004　编织铁丝笼并装上石头或卵石等,常用的石笼有方形及圆柱形,编织铁丝笼可用3.2~4.0mm的镀锌铁丝,最好采用4.0mm的镀锌铁丝。

（　）84.BD005　浆砌石在砌筑前应首先根据设计要求挂好中线和边线,线要拉紧,距离一般为10~15m。

四、简答题

1.AB005　管道发生土壤腐蚀的原因有哪几种?

2.AB005　土壤是哪三相物质所组成的混合物?

3.AB009　土壤腐蚀有何特点？

4.AB009　埋地管道上形成微观腐蚀电池及宏电池的原因？

5.AC001　对牺牲阳极材料的要求？

6.AC001　按牺牲阳极材料应具备的条件要求，工程中常用的牺牲阳极材料有哪些？

7.AC012　牺牲阳极填包料有何作用？

8.AC012　牺牲阳极填包料的导电作用有哪些？

9.AC020　站场区域性阴极保护辅助阳极地床设计时要综合考虑的因素至少应包括哪些？

10.AC020　线性阳极外层编织网的要求应满足？

11.BA001　阴极保护系统出现"在规定的通电点电位下，电源输出电流增大，管道保护距离缩短"现象的可能原因及处理方法是什么？

12.BA001　阴极保护系统出现"电源无直流输出电流、电压指示"及"正常工作时，直流电流突然无指示"两种故障的可能原因及处理方法是什么？

13.BA002　辅助阳极地床位置的选择应考虑哪些因素？

14.BA002　存在哪些情况时，应考虑采用深井辅助阳极地床？

15.BA010　应如何埋设失重检查片？

16.BA010　用于阴极保护效果评价的失重检查片一般宜优先选择哪些位置埋设？

五、计算题

1.BA012　某管道运营若干年后，取出一对管道失重检查片，测量管道阴极保护程度。已知未通电检查片失重12g，通电检查片失重2g，它们的裸露面积相等。试求该管道的阴极保护程度。

2.BA012　某管道运营若干年后，取出一对管道失重检查片，测量管道阴极保护程度。已知未通电检查片失重15g，外形尺寸为100mm×50mm×5mm；通电检查片失重3g，外形尺寸为100mm×50mm×4.5mm。试求该管道的阴极保护程度。

答　案

一、单项选择题

1. A　2. B　3. A　4. B　5. A　6. A　7. A　8. C　9. D　10. D　11. A
12. C　13. D　14. B　15. A　16. B　17. C　18. C　19. C　20. B　21. A　22. B
23. B　24. B　25. C　26. C　27. C　28. B　29. A　30. A　31. A　32. A　33. D
34. D　35. A　36. A　37. A　38. B　39. D　40. A　41. B　42. B　43. C　44. D
45. B　46. D　47. C　48. A　49. A　50. B　51. B　52. C　53. B　54. B　55. B
56. A　57. A　58. D　59. C　60. B　61. C　62. D　63. C　64. C　65. A　66. D
67. C　68. A　69. C　70. B　71. D　72. C　73. A　74. B　75. C　76. D　77. A
78. D　79. A　80. A　81. A　82. A　83. B　84. D　85. D　86. C　87. A　88. C
89. D　90. B　91. A　92. D　93. A　94. D　95. C　96. B　97. B　98. B　99. C
100. C　101. C　102. B　103. C　104. A　105. C　106. B　107. C　108. D　109. C　110. A
111. D　112. C　113. C　114. A　115. A　116. A　117. D　118. D　119. A　120. B　121. D
122. C　123. D　124. C　125. A　126. A　127. A　128. A　129. B　130. C　131. B　132. D
133. C　134. D　135. A　136. C　137. A　138. B　139. D　140. C　141. A　142. A　143. B
144. C　145. C　146. C　147. C　148. D　149. D　150. D　151. B　152. B　153. A　154. C
155. A　156. D　157. A　158. C　159. C　160. D　161. D　162. C　163. C　164. C　165. B
166. A　167. D　168. A　169. D　170. A　171. A　172. A　173. A　174. D　175. B　176. A
177. B　178. D　179. B　180. D　181. A　182. B　183. D　184. B　185. B　186. B　187. A
188. B　189. B　190. A　191. B　192. A　193. A　194. A　195. D　196. D　197. B　198. C
199. B　200. B　201. C　202. A　203. B　204. D　205. A　206. D　207. A　208. C　209. D
210. C　211. A　212. C　213. C　214. A　215. B　216. A　217. C　218. C　219. D　220. C
221. B　222. C　223. B　224. C　225. A　226. A　227. B　228. D　229. D　230. C　231. B
232. B　233. A　234. B　235. B　236. C　237. C　238. C　239. C　240. A　241. A　242. C
243. C　244. B　245. A　246. B　247. A　248. B　249. B　250. A　251. A　252. A

二、多项选择题

1. AB　2. ABC　3. AB　4. CD　5. ACD　6. ACD　7. AB　8. AB　9. ABC　10. AB
11. ABC　12. BCD　13. CD　14. BC　15. AB　16. CD　17. AC　18. AC　19. AC　20. AD
21. AB　22. AD　23. AC　24. AC　25. ABCD　26. AB　27. ACD　28. ABD　29. AB
30. BD　31. AB　32. AD　33. AD　34. AC　35. AC　36. AD　37. CD　38. AD　39. ABCD
40. AC　41. CD　42. ABC　43. ABC　44. ABC　45. ACD46. ABC　47. AD　48. AC
49. AC　50. BC　51. AD　52. ABD　53. ABC　54. BD　55. CD　56. AC　57. ABC　58. AC
59. ABC　60. ABC　61. ABC　62. BC　63. BC　64. AB　65. AB　66. AD　67. ABC

68. AC　69. ABC　70. AC　71. BC　72. BC　73. ACD　74. AC　75. ABC　76. AB

77. ABD　77. AC　79. ABD　80. ABC　81. AD　82. AB　83. AD　84. AD

三、判断题

1.×　叶片式泵主要通过叶轮旋转产生离心力使液体获得能量。　2.×　离心泵的叶轮在甩出液体的同时,其入口形成低压,且低于泵入口压力。　3.×　管式加热炉的加热方式为直接加热。　4.×　浮头式管壳换热器属于间壁式换热器。　5.×　截止阀适用于经常开关的场合,公称直径多在200mm以下。　6.×　螺纹管箍是连接低压流体输送用焊接钢管的管件。　7.×　与弯管相比,一般弯头的曲率半径较小。　8.√　9.×　法兰属于管道常用的可拆连接件。　10.√　11.√　12.√　13.×　油气管道系统中的常用仪表包括压力表、温度计及流量计等。14.×　天然气管输系统的基本组成部分为:集气、配气管线及输气干线;增压及净化装置;集、输、配气场站;阴极保护站及清管站。　15.×　分离器是分离天然气中固态和液态杂质的设备。　16.×　容积型压缩机依靠气缸内做往复或回转运动的活塞,使气体容积被压缩,从而提高气体的压力。　17.√　18.×　在大气环境中,潮的大气腐蚀速度最快。　19.×　金属腐蚀速度随表面凝结水液膜的逐渐增厚有所下降的原因是溶解氧向金属表面的扩散变得越来越困难的结果。　20.√　21.×　土壤中的杂散电流通过埋地管道时,电流流出的部位是遭受腐蚀的部位。　22.×　土壤中分布最广的矿物盐是镁、钾、钠和钙的硫酸盐、氯化物盐、碳酸盐和碳酸氢盐。　23.×　金属腐蚀速度随土壤含水量增加而增加,但是不是成正比的关系。　24.×　土壤的含盐量、含水量越大,土壤电阻率越小,土壤的腐蚀性也越强。　25.×　埋地管道上形成的宏腐蚀原电池可能达数十千米。26.√　27.×　工程上常用的牺牲阳极材料有镁及镁合金、锌及锌合金、铝及铝合金等。28.×　镁阳极的不足之处是,电流效率低,一般只有50%左右。　29.×　根据保护对象和使用环境的不同,牺牲阳极可以做成块状、带状、丝状及板状。　30.×　锌阳极与镁、铝阳极相比,其稳定性好。　31.×　锌阳极不适用于高温淡水或土壤电阻率过高的环境。　32.×　采用带状牺牲阳极进行阴极保护不需要外部电源。　33.√　34.√　35.√　36.×　与其他类牺牲阳极相比,镁阳极不能用于易燃、易爆场所。　37.√　38.×　填包料填充在牺牲阳极与土壤之间,改善了阳极的工作环境,降低了阳极接地电阻。　39.√　40.×　填包料现场钻孔效果优于袋装,但后者填料用量大,稍不注意容易把土粒带入填料中,从而影响填包料质量。　41.√　42.√　43.√　44.√　45.√　46.√　47.×　三层结构聚乙烯防腐层的冲击强度应不小于8J/mm。　48.×　聚乙烯是热塑性高分子材料,有高密度、中密度、低密度之分。　49.×　环氧粉末涂层的外观要求平整、色泽均匀、无气泡、无开裂及缩孔,不允许有轻度橘皮状花纹。　50.×　环氧粉末涂料的磁性物含量应不大于0.002%。　51.√　52.√　53.√　54.√　55.×　黏弹体防腐胶带的最小厚度应不小于1.8mm。　56.×　管道、高压直流输电系统中的接地极可能成为直流杂散电流的来源。　57.×　一般认为交流腐蚀效率相当于直流腐蚀效率的1%左右。　58.×　共发射极放大电路中,晶体三极管的发射极是其他两部分的公共回路。　59.×　集成运算放大器在信号运算、信号处理、信号测量及波形产生等方面获得广泛应用。　60.×　晶体闸流管是一种大功率半导体器件,具有单向导电性和控制开关的作用,同时又有弱电控制强电的特点。　61.×　施工图纸幅面的规格分为A0、A1、A2、A3、A4共五种。　62.√　63.√　64.×　参考环焊缝确认无误后,根据缺陷与参考环焊缝的位置关系实施缺陷修复作业坑开挖。　65.√　66.√　67.×　强制电流阴极保护系统中,辅助阳极地床距管道的垂直距离不宜小于 50m。 68.√ 69.√ 70.√ 71.× 避雷器和锌接地电池具有与绝缘法兰/绝缘接头同样的防止遭受强电冲击的功能。 72.× 锌接地电池应埋设在土壤电阻率较低的地段。 73.√ 74.√ 75.√ 76.√ 77.√ 78.√ 79.√ 80.× 防腐层大修施工时,管道应分段开挖。 81.√ 82.√ 83.√ 84.× 浆砌石在砌筑前应首先根据设计要求挂好中线和边线,线要拉紧,距离一般为 3~5m。

四、简答题

1.(1)土壤具有电解质溶液的特征,管道在土壤中将发生电化学腐蚀。(2)土壤中有杂散电流通过地下管道,引起管道的腐蚀。(3)土壤中细菌作用而引起的腐蚀。

评分标准:(1)~(3)各 33.3%。

2.(1)固态;(2)液态;(3)气态。

评分标准:(1)~(3)各 33.3%。

3.(1)由于土壤性质及其结构的不均匀性,不仅在小块土壤内可形成腐蚀原电池,而且因不同土壤交接在埋地管道上形成的长线电流,其宏观腐蚀原电池可能达数十公里。(2)除酸性土壤外,大多数土壤中裸钢腐蚀的主要形式是氧浓差电池。(3)腐蚀速度比一般水溶液中慢。特别是土壤电阻率的影响大,有时成为腐蚀速度的主要控制因素。

评分标准:(1)~(3)各 33.3%。

4.(1)埋地管道土壤性质的不同;(2)埋地管道土壤结构的不均匀性。

评分标准:(1)~(2)各 50%。

5.(1)有足够的负电位,且很稳定。(2)使用过程中,阳极极化小,电位及输出电流稳定;(3)阳极溶解均匀,腐蚀产物易脱落;(4)阳极自身腐蚀要小,电流效率要高;(5)腐蚀产物应无毒,不污染环境;(6)价格低廉,材料来源充足;(7)加工容易。

评分标准:完成 5 个要点即得满分,每个要点 20%。

6.(1)镁和镁合金;(2)锌和锌合金;(3)铝和铝合金。

评分标准:(1)~(3)各 33.3%。

7.(1)变阳极与土壤相邻为阳极与填料相邻,改善了阳极的工作环境;(2)降低阳极接地电阻,增加阳极输出电流;(3)填料的化学成分有利于阳极产物的溶解,不结痂,减少不必要的阳极极化;(4)维持阳极地床长期湿润。

评分标准:(1)~(4)各 25%。

8.(1)降低阳极接地电阻;(2)增加阳极输出电流。

评分标准:(1)~(2)各 50%。

9.(1)被保护体的规模与分布及电流需求量;(2)区域地质、土壤电阻率随深度的变化情况;(3)进、出站管道位置与阳极地床的相对位置关系;(4)达到预期效果的前提下的经济性、施工与维护的方便性。

评分标准:(1)~(4)各 25%。

10.(1)应采用坚韧、耐磨、高强度、耐酸、耐氧化的化学纤维拉丝制作,可有效保护施工和搬运过程中的拉脱,并提供良好机械保护;(2)具有良好的绝缘、耐磨损和拉伸强度。

评分标准:(1)~(2)各 50%。

11.(1)阴极保护系统出现"在规定的通电点电位下,电源输出电流增大,管道保护距离缩短"现象的可能原因是:①阴极保护管道与非保护地下金属构筑物连接;②绝缘法兰/绝缘接头漏电。(2)处理方法是:处理绝缘法兰/绝缘接头漏电问题(维修或更换),查明非保护管道的漏电点并加以排除。

评分标准:(1)~(2)各50%。

12.(1)阴极保护系统出现"电源无直流输出电流、电压指示"故障的可能原因是:交、直流熔断器的熔丝烧断。处理方法:更换熔断丝。(2)阴极保护系统出现"正常工作时,直流电流突然无指示"故障的可能原因是:直流输出熔断器或阳极线路断路。处理方法:换熔断丝或检查阳极线路。

评分标准:(1)~(2)各50%。

13.辅助阳极地床位置的选择要考虑以下因素:(1)阳极区距管道的垂直距离。距离越大,电位分布越均匀。但无限拉大距离将会增加阳极引线的电阻,并增加建设投资。

(2)土壤电阻率。阳极区应尽量选在土壤电阻率低的地方,因为低的电阻率可使阳极接地电阻减小,减少电能的消耗。一般应选择土壤电阻率在 $50\Omega \cdot m$ 以下的地点。

(3)土壤湿度。土壤湿度大有利于阳极工作,防止气阻现象,故实际中常把阳极区选在河边、沟底等低洼潮湿处。

(4)干扰的影响。为了使对邻近的地下金属构筑物干扰尽可能小,阳极位置与被保护管道之间不宜有其他金属构筑物。

(5)安装的难易程度。应选择土层厚、无石块、便于施工处。

评分标准:(1)~(5)各20%。

14.存在下面一种或多种情况时,应考虑采用深井辅助阳极地床:(1)深层土壤电阻率比地表的低;(2)存在邻近管道或其他埋地构筑物的屏蔽;(3)浅埋型地床应用受到空间限制;(4)对其他设施或系统可能产生干扰。

评分标准:(1)~(4)各25%。

15.(1)失重检查片埋设前必须进行表面清理和称重。称重后用蜡或其他方法将编号覆盖。(2)试验点应选择有代表性土壤和比较典型的环境中,如盐碱地带、沼泽、稻田地区、杂散电流大的地区等。同时应兼顾交通方便,便于管理等条件。埋设地点应远离阴极汇流点。一般距汇流点在 10km 以上。用作分析阴极保护度的失重检查片应埋设在保护末端。(3)失重检查片 12 片一组,6 片与管道连接,6 片不连接。(4)失重检查片埋设后,应在里程桩上做明显的永久性标志。对试验点土壤性质、酸碱性、杂散电流、埋设深度、排列方式等做详细记录。(5)失重检查片应垂直于地面埋设,中心与管道中心处于同一标高,阔面相对,片间距为 300mm,片中心与管壁净距不小于 300mm。各导线连接处应作防腐绝缘处理。失重检查片应按编号顺序排列。

评分标准:(1)~(5)各20%。

16.(1)污染区;(2)高盐碱地带;(3)杂散电流干扰区;(4)交流干扰严重区;(5)管道阴极保护最薄弱位置;(6)干燥的多岩石高点;(7)低凹的湿地;(8)两座阴极保护站之间的中心点位置;(9)压气站出口;(10)外防腐层破损严重的地段;(11)强土壤腐蚀性地段;(12)环境变化较大或其他特别关注的地段。

评分标准:完成 5 个要点即得满分,每个要点20%。

五、计算题

1.解:保护度 $= \dfrac{G_1/S_1 - G_2/S_2}{G_1/S_1} \times 100\%$

由题意可知：$G_1 = 12g$

$G_2 = 2g$

$S_1 = S_2$

所以　保护度 $= (12-2)/12 \times 100\% = 83.33\%$

答：该管道的阴极保护度为 83.33%。

评分标准：公式正确占 40%；过程正确占 40%；答案正确占 20%；无公式、过程，只有结果不得分。

2.解:保护度 $= \dfrac{G_1/S_1 - G_2/S_2}{G_1/S_1} \times 100\%$

由题意可知：$G_1 = 15g$

$G_2 = 3g$

$S_1 = 2 \times (100mm \times 50mm + 50mm \times 5mm + 100mm \times 5mm) = 11.50cm^2$

$S_2 = 2 \times (100mm \times 50mm + 50mm \times 4.5mm + 100mm \times 4.5mm) = 11.35cm^2$

所以　保护度 $= [(15/11.50) - (3/11.35)]/(15/11.50) \times 100\% = 98\%$

答：该管道的阴极保护度为 98%。

评分标准：公式正确占 40%；过程正确占 40%；答案正确占 20%；无公式、过程，只有结果不得分。

技师理论知识练习题及答案

一、单项选择题(每题4个选项,只有1个是正确的,将正确的选项号填入括号内)

1.AA001 数字化管道建设可以分为三个阶段,勘查设计阶段、工程建设阶段和( )。

    A. 运营管理阶段   B. 施工阶段

    C. 维修阶段   D. 检测阶段

2.AA001 数字化管道包括全部管道以及周边地区资料的( )、网络化、智能化和可视化的过程在内。

    A. 整理   B. 数字化   C. 格式化   D. 集中化

3.AA001 数字化管道建设将在确定最佳路线走向、资源优化配置、灾害预测预警和( )中发挥极大的作用。

    A. 运营风险管理   B. 管道维护   C. 管道投产   D. 管道建设

4.AA002 数字化管道包括全部管道以及周边地区资料的( )、网络化、智能化和可视化的过程在内。

    A. 整理   B. 数字化   C. 格式化   D. 集中化

5.AA002 数字化管道建设将在确定最佳路线走向、资源优化配置、灾害预测预警和( )中发挥极大的作用。

    A. 运营风险管理   B. 管道维护   C. 管道投产   D. 管道建设

6.AA002 数字化管道建设可以分为三个阶段,( )、工程建设阶段和运营管理阶段。

    A. 勘察阶段   B. 设计阶段

    C. 勘查设计阶段   D. 准备阶段

7.AB001 常见的局部腐蚀类型有:孔蚀、( )、应力腐蚀破裂、腐蚀疲劳、电偶腐蚀等。

    A. 电解腐蚀   B. 缝隙腐蚀   C. 均匀腐蚀   D. 点蚀

8.AB001 常见的局部腐蚀类型有:孔蚀、缝隙腐蚀、( )、腐蚀疲劳、电偶腐蚀等。

    A. 电解腐蚀   B. 原电池腐蚀

    C. 应力腐蚀破裂   D. 点蚀

9.AB001 常见的局部腐蚀类型有:孔蚀、缝隙腐蚀、应力腐蚀破裂、腐蚀疲劳、( )等。

    A. 阳极腐蚀   B. 阴极腐蚀

    C. 阴极剥离   D. 电偶腐蚀

10.AB002 金属表面的蚀孔形成以后,是否继续深入发展直至穿孔,其影响因素较复杂。通常,如果( ),腐蚀电流就比较集中,深入发展的可能性就比较大。

    A. 孔少   B. 孔多   C. 孔大   D. 孔小

11.AB002 孔蚀是一种腐蚀高度集中在( ),并向深处发展的腐蚀形态。

    A. 金属外表面   B. 金属内表面   C. 缝隙   D. 局部小孔

12.AB002 金属表面的蚀孔形成以后,是否继续深入发展直至穿孔,其影响因素较复杂。通常,如果( ),腐蚀电流就相对分散,蚀孔就较浅,危险性也就越小。

    A. 孔少   B. 孔多   C. 孔大   D. 孔小

13.AB003 破坏形态为沟缝状,严重的可穿透金属板的腐蚀形态称为( )。

    A. 孔蚀   B. 缝隙腐蚀   C. 应力腐蚀   D. 磨损腐蚀

14.AB003 缝隙腐蚀在含有( )离子的溶液中最易发生。

    A. 氢   B. 氧   C. 氯   D. 氮

15.AB003 缝隙腐蚀是( )的一种特殊形态。

    A. 孔蚀   B. 化学腐蚀   C. 应力腐蚀   D. 磨损腐蚀

16.AB004 应力腐蚀破裂的裂缝形态有晶间破裂与( )两种形式。

    A. 晶界破裂   B. 亚晶界破裂   C. 晶体破裂   D. 穿晶破裂

17.AB004 应力腐蚀破裂的裂缝形态有( )与穿晶破裂两种形式。

    A. 晶间破裂   B. 亚晶界破裂   C. 晶粒破裂   D. 晶体破裂

18.AB004 金属和合金在特定腐蚀介质与( )的共同作用下产生的破裂,称为应力腐蚀破裂。

    A. 应力   B. 拉应力   C. 压应力   D. 外力

19.AB005 在交变应力和腐蚀介质的共同作用下引起的材料或构件的破坏被称为( )。

    A. 孔蚀   B. 缝隙腐蚀   C. 应力腐蚀破裂   D. 腐蚀疲劳

20.AB005 在交变应力和( )的共同作用下引起的材料或构件的破坏被称为腐蚀疲劳。

    A. 腐蚀介质   B. 氧化介质   C. 还原介质   D. 酸性介质

21.AB005 当铁基合金所承受的交变应力低于一定数值时,可经过无限周期而不产生疲劳破坏,这个临界应力值称为( )。

    A. 腐蚀极限   B. 疲劳极限   C. 强度极限   D. 屈服极限

22.AB006 流体对金属表面同时产生磨损和腐蚀的破坏形态称为( )。

    A. 磨损腐蚀   B. 电化学腐蚀   C. 流体腐蚀   D. 介质腐蚀

23.AB006 高流速和湍流状态的流体,如果其中含有空气泡和固体离子,可使金属的( )十分严重。

    A. 电偶腐蚀   B. 阳极腐蚀   C. 磨损腐蚀   D. 电解腐蚀

24.AB006 流体对金属表面同时产生( )和腐蚀的破坏形态称为磨损腐蚀。

    A. 磨擦   B. 冲击   C. 磨损   D. 湍流

25.AB007 当两种不同的金属相连浸泡在腐蚀性或导电性溶液中时,耐蚀性较差的金属会成为腐蚀电池的阳极而腐蚀,该腐蚀形态称为(　　)。

  A. 磨损腐蚀 B. 阳极腐蚀 C. 电偶腐蚀 D. 电解腐蚀

26. AB007 当两种不同的金属相连浸泡在腐蚀性或导电性溶液中时,耐蚀性较差的金属会成为腐蚀电池的(　　)而腐蚀,该腐蚀形态称为电偶腐蚀。

  A. 阴极   B. 阳极   C. 电极   D. 正极

27. AB007 当两种不同的金属处于电解质中时,两种金属之间通常存在着(　　)。

  A. 磨损腐蚀 B. 阳极腐蚀 C. 电位差   D. 电解腐蚀

28. AB008 原油、成品油中的腐蚀性成分主要是水、可溶盐、微生物以及(　　),是造成输油管道内腐蚀的主要因素。

  A. 固体性杂质 B. 气   C. 水   D. 硫化氢

29. AB008 输油管道的(　　)地段、弯头等部位,是易形成管道内腐蚀的位置。

  A. 低洼   B. 山区   C. 河流   D. 穿跨越

30. AB008 输油管道的低洼地段、弯头等部位,油品中所含的一些水分及一些(　　)杂质会沉积下来,引起管道的内部腐蚀。

  A. 泥土   B. 砂石   C. 固体   D. 粉状

31. AB009 硫化氢、二氧化碳及(　　)的存在是引起输气管道内腐蚀的主要原因。

  A. 氯化氢   B. 砂土   C. 三氧化硫 D. 水

32. AB009 输气管道的内腐蚀属于(　　)。

  A. 化学腐蚀   B. 电化学腐蚀

  C. 物理腐蚀   D. 小孔腐蚀

33. AB009 水、(　　)及二氧化碳的存在是引起输气管道内腐蚀的主要原因。

  A. 氯化氢   B. 二氧化硫

  C. 三氧化硫   D. 硫化氢

34. AC001 阴极保护系统漏电的危害不包括(　　)。

  A. 保护电源设备超负荷   B. 阴极剥离

  C. 浪费电力   D. 增强阴极干扰的强度和范围

35. AC001 阴极保护管道漏电带来的危害有电源输出电流增大、管道保护距离缩短以及(　　)等。

  A. 阴极剥离   B. 防腐层破坏

  C. 管/地电位达不到规定指标 D. 电源设备报警

36. AC001 阴极保护管道漏电带来的危害有电源输出电流增大、(　　)以及管/地电位达不到规定指标等。

  A. 管道保护距离缩短   B. 管道保护距离增加

  C. 管/地电位降低   D. 防腐层破坏

37. AC002 阴极保护管道漏电的原因主要包括(　　)和绝缘装置漏电。

  A. 电源设备故障

  B. 阴极保护管道与非保护地下金属构筑物连接

  C. 管道防腐层破损严重

  D. 牺牲阳极失效

38.AC002 阴极保护管道漏电的原因不包括( )。

    A. 管道与管桥未绝缘   B. 管道与固定墩未绝缘

    C. 管道与电缆未绝缘   D. 管道与弯管未绝缘

39.AC002 阴极保护管道漏电的主要原因包括阴极保护管道与非保护地下金属构筑物连接和( )。

    A. 电源设备故障   B. 防腐层漏电

    C. 管道防腐层破损严重   D. 绝缘装置漏电

40.AC003 通过管道上的测试桩等装置,利用地下管道防腐层检漏仪,给管道送入一定频率的信号,利用接收机能在( )收听到此信号,则此交叉点是漏电点。

    A. 阴极保护管道上   B. 非保护管道上

    C. 转角处   D. 弯头

41.AC003 在保护侧绝缘法兰端部,用检漏仪的发射机送入一定频率的信号,若在非保护侧接收机能收到讯号,则此绝缘法兰( )。

    A. 性能良好   B. 绝缘良好   C. 漏电   D. 损坏

42.AC003 在被怀疑漏电的阴极保护管段上,沿管道电流流动方向依次选择 A、B 两测试点,若( ),则说明 A、B 间有漏电点。

    A. $I_A \neq I_B$ B. $I_A > I_B$ C. $I_A < I_B$ D. I_A、I_B 相近

43.AC004 阴极保护系统直流输出电流慢慢下降、电压上升可能是( )引起的。

    A. 回路电阻增加   B. 电缆及接头故障

    C. 阳极线路短路   D. 阳极线路断路

44.AC004 管道阴极保护电流短时间内增大较大、保护距离缩短可能是( )引起的。

    A. 回路电阻增加   B. 电缆及接头故障

    C. 阳极线路短路   D. 阴极保护系统漏电

45.AC004 阴极保护电源设备修理整机后送电时,管/地电位反号,可能是( )引起的。

    A. 回路电阻增加   B. 输出正、负极接错

    C. 阳极线路短路   D. 阴极保护系统漏电

46.AC005 为了在不损坏通电点附近防腐层的条件下延长管道阴极保护长度,可以利用( )叠加原理来达到这个目的。

    A. 电位   B. 电流   C. 电阻   D. 电容

47.AC005 在( )附近的管道上连接一定数量的接地极,就构成有屏蔽接地的阴极保护装置。

    A. 阳极   B. 阴极   C. 通电点   D. 法兰

48.AC005 根据试验结果表明,应用反电位装置,在一定的条件下能够使保护段的( )30%~40%。

    A. 电位增加   B. 电位减少

    C. 长度增加   D. 长度减少

49. AC006 在管道管理中，出入土端应视为腐蚀防护（　　）。

  A. 安全管段　　　　B. 不安全管段　　　C. 非重点管段　　　D. 重点管段

50. AC006 根据每年防腐层检漏结果分析认为：防腐层（　　）的管段，应视为腐蚀防护重点管段。

  A. 质量优良　　　　B. 损坏严重　　　　C. 质量一般　　　　D. 损坏不大

51. AC006 经测试认定：存在（　　）干扰的管段，也应视为腐蚀防护重点管段。

  A. 环境　　　　　　B. 建筑　　　　　　C. 交直流　　　　　D. 化工物质

52. AC007 在管道管理中，要把有限的资金集中起来，充分地向（　　）管段倾斜。

  A. 穿跨越　　　　　B. 腐蚀防护重点　　C. 新建　　　　　　D. 旧

53. AC007 腐蚀防护重点管段的评定工作宜（　　）进行一次。

  A. 每月　　　　　　B. 五年　　　　　　C. 三年　　　　　　D. 每年

54. AC007 对于腐蚀防护重点管段，管道检测工作的周期与常检测周期相比应（　　）。

  A. 长　　　　　　　B. 短　　　　　　　C. 相等　　　　　　D. 接近

55. AD001 油气管道防腐层的质量不仅直接影响管道的防腐效果，同时也制约着（　　）的效果。

  A. 巡线　　　　　　B. 管道保护　　　　C. 阴极保护　　　　D. 阳极保护

56. AD001 防腐层地面检漏应优先选用（　　）检测技术。

  A. 地面音频检漏法　　　　　　　　B. 变频选频法

  C. ACVG　　　　　　　　　　　　D. CIPS

57. AD001 管道开挖后，应对管道防腐层的外观和（　　）进行检查。

  A. 外观　　　　　　　　　　　　　B. 剥离强度

  C. 绝缘情况　　　　　　　　　　　D. 周围土壤环境

58. AD002 对跨越管道或者隧道内的外防腐保护情况，应每（　　）年进行一次检查。

  A. 1　　　　　　　　B. 2　　　　　　　　C. 3　　　　　　　　D. 5

59. AD002 已建管道投运后应定期检查防腐层及（　　）情况。

  A. 测试桩　　　　　B. 土壤电阻率　　　C. 补口　　　　　　D. 杂散电流

60. AD002 采用复合材料进行缺陷修复的管段，应注意防腐材料与复合材料的（　　）。

  A. 相关性　　　　　B. 匹配性　　　　　C. 价格差异　　　　D. 黏结力

61. AE001 在阳极区，金属以（　　）的形式溶于周围介质中而造成金属体的电化学腐蚀。

  A. 单质　　　　　　B. 固体　　　　　　C. 离子　　　　　　D. 氧化物

62. AE001 在无氧酸性环境中的阴极反应可以生成（　　）。

  A. 氢氧根离子　　　B. 水　　　　　　　C. 氧气　　　　　　D. 氢气

63. AE001 在有氧酸性环境中的阴极反应可以生成（　　）。

  A. 氢氧根离子　　　B. 水　　　　　　　C. 氧气　　　　　　D. 氢气

64. AE002 故障电流与稳态输电线路的电流相比，关系是（　　）。

  A. 大　　　　　　　B. 小　　　　　　　C. 相等　　　　　　D. 不确定

65.AE002　高压交流输电线故障时,由(　　)引起的大地电位升是非常危险的。

　　A. 故障电流　　　B. 感应电流　　　C. 感应电压　　　D. 存储电量

66.AE002　管道和强电线路长距离平行接近或斜接近时,管道上将通过(　　)方式产生交流电压或电流。

　　A. 电容耦合　　　B. 电阻耦合　　　C. 电磁耦合　　　D. 直接流入

67.AF001　当一个放大电路存在(　　)时,就有可能发生自激。

　　A. 正反馈　　　B. 负反馈　　　C. 干扰源　　　D. 失重

68.AF001　常用高频率振荡器都是(　　)振荡电路。

　　A. 电感三点式　　B. 电容三点式　　C. RC 型　　　D. LC 型

69.AF001　电感三点式振荡电路的主要优点有(　　)。

　　A. 波形好　　　　　　　　　B. 起振和调整容易

　　C. 稳定性好　　　　　　　　D. 谐波成分少

70.AF002　经过处理后要使脉冲变缓变宽,则要用(　　)。

　　A. 限幅电路　　　B. 触发电路　　　C. 微分电路　　　D. 积分电路

71.AF002　数字电路中,关心的是信号的(　　)。

　　A. 大小　　　　　B. 多少　　　　　C. 好坏　　　　　D. 有无

72.AF002　在脉冲电路中,产生或处理非正弦波信号的电路,称为(　　)。

　　A. 脉冲处理电路　B. 脉冲形成电路　C. 微分电路　　　D. 积分电路

73.BA001　输出电流、电压为零,各指示灯正常,"保护电位"比"控制电位"高约0.5V,告警连续现象的故障一般在(　　)或零位接阴部分。

　　A. 阴极　　　　　B. 参比　　　　　C. 阳极　　　　　D. 电源

74.BA001　输出电压、电流为零,极化电源指示灯不亮,告警连续。保护电位低于控制电位现象的故障一般在(　　)部分。

　　A. 阴极　　　　　B. 参比　　　　　C. 阳极　　　　　D. 电源

75.BA001　输出电压超过表头量程,输出电流为零,连续报警现象的故障一般是(　　)、阳极回路断线或快速熔断电路断线。

　　A. 零位　　　　　B. 参比　　　　　C. 阴极　　　　　D. 电源

76.BA002　汇流点是管道沿线管/地电位(　　)的位置。

　　A. 最负　　　　　　　　　　B. 最正

　　C. 适中　　　　　　　　　　D. 为最大保护电位

77.BA002　汇流点两侧管道电位的绝对值随着与汇流点距离的增加而(　　)。

　　A. 逐渐上升　　　B. 逐渐下降　　　C. 不改变　　　D. 略有改变

78.BA002　汇流点两侧管道阴极保护电流密度随着与汇流点距离的增加而(　　)。

　　A. 逐渐上升　　　B. 逐渐下降　　　C. 不改变　　　D. 略有改变

79.BA003　下列参数中,评价强制电流阴极保护效果的最重要的参数是(　　)。

　　A. 通电点电位　　　　　　　B. 辅助阳极种类

　　C. 辅助阳极接地电阻　　　　D. 恒电位仪功率

80.BA003　下列参数中,评价强制电流阴极保护效果的最重要的参数是(　　)。

　　A. 恒电位仪功率　　　　　　B. 恒电位仪类型

C. 辅助阳极接地电阻　　　　　　　　D. 最小保护电位

81.BA003 下列参数中，评价强制电流阴极保护效果的最重要的参数是(　　　)。

A. 辅助阳极接地电阻　　　　　　　　B. 恒电位仪功率

C. 保护电流密度　　　　　　　　　　D. 阳极地床类型

82.BA004 强制电流阴极保护设计时，直流输出功率的计算公式为: $P_{出}$ =(　　　)。

A. IR 　　　　　　B. IA 　　　　　　C. IV 　　　　　　D. VR

83.BA004 强制电流阴极保护设计时，电源设备的输出电压与(　　　)、导线电阻、管道/土壤界面过渡电阻及阳极地床的反电动势有关。

A. 阳极种类　　　B. 阳极大小　　　C. 阳极接地电阻　　D. 电源设备类型

84.BA004 强制电流阴极保护设计时，电源设备的输出电压与阳极接地电阻、导线电阻、管道/土壤界面过渡电阻及(　　　)有关。

A. 阳极种类　　　　　　　　　　　　B. 阳极大小

C. 电源设备类型　　　　　　　　　　D. 阳极地床的反电动势

85.BA005 辅助阳极接地电阻的大小与土壤电阻率(　　　)。

A. 成正比　　　　　　　　　　　　　B. 成反比

C. 无关　　　　　　　　　　　　　　D. 有时成正比，有时成反比

86.BA005 阴极保护设计时，所需辅助阳极的质量与阳极消耗率、阳极工作电流、阳极(　　　)及阳极利用系数有关。

A. 设计寿命　　　B. 实际寿命　　　C. 成分　　　　　　D. 类型

87.BA005 强制电流阴极保护系统中，辅助阳极的实际寿命与辅助阳极的质量、阳极消耗率、阳极利用系数及(　　　)有关。

A. 阳极大小　　　B. 电源类型　　　C. 阳极工作电流　　D. 最大保护电位

88.BA006 牺牲阳极阴极保护时，所需阳极根数与单支阳极输出电流、备用系数及(　　　)有关。

A. 管道材质　　　　　　　　　　　　B. 利用系数

C. 所需要的保护总电流　　　　　　　D. 阴极电阻

89.BA006 牺牲阳极阴极保护时，所需阳极根数与所需的保护总电流、单支阳极输出电流及(　　　)有关。

A. 最大保护电位　　B. 最小保护电位　　C. 备用系数　　　　D. 利用系数

90.BA006 牺牲阳极的使用年限与阳极净质量、阳极消耗率及(　　　)有关。

A. 阳极平均输出电流　　　　　　　　B. 阴极平均输出电流

C. 阳极开路电位　　　　　　　　　　D. 阳极极化电位

91.BA007 区域性阴极保护中一般采用以(　　　)为主，以(　　　)为辅的保护方式。

A. 强制电流保护　牺牲阳极保护　　　B. 牺牲阳极保护　强制电流保护

C. 强制电流保护　防腐层保护　　　　D. 牺牲阳极保护　防腐层保护

92.BA007 对泵站、库区内的管道及储罐等金属构筑物进行阴极保护，可以采用(　　　)方式进行。

A. 外加电流阴极保护　　　　　　　　B. 牺牲阳极阴极保护

C. 区域性阴极保护　　　　　　　　　D. 排流保护

93.BA007 站(库)区域性阴极保护原理在于将被保护体——站(库)及其地下设施看成是( )实施阴极保护。

A. 两个区块   B. 两个个体   C. 一个整体   D. 一个个体

94.BA008 区域性阴极保护系统的牺牲阳极输出电流和( )应每半年测量一次。

A. 接地电阻   B. 输出电压   C. 电流密度   D. 电源功率

95.BA008 强制电流区域性阴极保护系统中的储罐,管道电位应( )逐桩测量一次,并进行保护状态分析。

A. 每月   B. 每年   C. 每季度   D. 每半年

96.BA008 在进行区域性阴极保护系统的场所,( )应尽可能远离电器设备的接地线和避雷接地线。

A. 管道   B. 参比电极   C. 电源设备   D. 阳极地床

97.BA009 强制电流阴极保护调试时,调试的保护电位以极化稳定后的保护电位为准。其极化时间不应小于( )。

A. 24h   B. 2d   C. 3d   D. 4d

98.BA009 当采用反电位法保护调试时,应( )投主机(负极接管道,正极接阳极),( )投辅机(正极接管道,负极接阳极)。在停止运行时,必须( )关辅机( )关主机。

A. 先 后 后 先   B. 后 先 先 后
C. 后 先 后 先   D. 先 后 先 后

99.BA009 强制电流阴极保护调试时,调试的保护电位以( )稳定后的保护电位为准,时间不应小于3d。

A. 电流   B. 电压   C. 反应   D. 极化

100.BA010 阴极保护系统投运方案应包括工程概况、( )、投运方法、时间计划、资源配备、设备调试以及参数测试等内容。

A. 地形勘察   B. 设备管理   C. 投运程序   D. 阳极安装

101.BA010 阴极保护系统投运调试应包括仪器( )、通电点电位与管道保护电位。

A. 输出电流   B. 输出电压
C. 输出电流与电压   D. 输出电位与电压

102.BA010 阴极保护系统投运方案应包括工程概况、投运程序、投运方法、时间计划、资源配备、设备调试以及( )等内容。

A. 地形勘察   B. 参数测试
C. 设备管理   D. 阳极安装

103.BB003 测量管/地电位,可以推断地下管道的腐蚀与( )状况。

A. 运行   B. 防护   C. 老化   D. 安全

104.BB003 采用等距离探坑法进行管道干线腐蚀状况的普查,探坑间距为( )。

A. 1~2km   B. 2~3km   C. 3~5km   D. 5~10km

105.BB003 进行管道干线腐蚀状况普查时,对管道干线中的弯头、固定墩、穿越段两端以及架空管线两端入地处等特定点也应根据实际情况( )。

A. 逐一调查   B. 进行抽查

C. 进行某类调查   D. 进行特定的调查

106. BC001 （   ）排流方式适用于管道阳极区不稳定的场合。
　　A. 直接   B. 接地   C. 极性   D. 强制

107. BC001 （   ）排流方式适用于适用于管道与干扰源电位差较小的场合，或者位于交变区的管道。
　　A. 直接   B. 接地   C. 极性   D. 强制

108. BC001 （   ）管道的防腐层缺陷应及时修复。
　　A. 阴极区   B. 阳极区   C. 交变区   D. 任意区域

109. BC002 （   ）排流方式适用于阴极保护站保护范围小的被干扰管道。
　　A. 直接接地   B. 负电位接地
　　C. 固态去耦合器接地   D. 接地垫

110. BC002 （   ）排流方式适用于适用于受干扰区域管道与强制电流保护段电隔离，且土壤环境适宜于采用牺牲阳极阴极保护的干扰管道。
　　A. 直接接地   B. 负电位接地
　　C. 固态去耦合器接地   D. 接地垫

111. BC002 （   ）排流方式会造成管道进行瞬间断电测量与评价阴极保护有效性实施困难。
　　A. 直接接地   B. 负电位接地
　　C. 固态去耦合器接地   D. 接地垫

二、多项选择题(每题 4 个选项，有两个或两个以上的正确答案，选择正确给满分。错选、漏选、多选均不给分)

1. AA001　数字化管道建设可以分为：勘查设计阶段、（   ）。
　　A. 运营管理阶段   B. 工程建设阶段   C. 维修阶段   D. 检测阶段

2. AA002　数字化管道建设的三个阶段可分为（   ）。
　　A. 准备阶段   B. 勘查设计阶段   C. 工程建设阶段   D. 运营管理阶段

3. AB001　常见的局部腐蚀类型有：（   ）、应力腐蚀破裂、腐蚀疲劳、电偶腐蚀等。
　　A. 孔蚀   B. 缝隙腐蚀   C. 均匀腐蚀   D. 点蚀

4. AB002　孔蚀是一种腐蚀是一种（   ）的腐蚀形态。
　　A. 高度集中在局部小孔   B. 高度集中在局部大孔
　　C. 向深处发展   D. 向平面发展

5. AB003　缝隙腐蚀是发生在存有腐蚀介质的缝隙内，主要是由于缝隙内外（   ）差异导致的浓差腐蚀，严重的可穿透金属板。
　　A. 腐蚀介质浓度   B. 供氧浓度   C. 化学浓度   D. 电化学浓度

6. AB004　应力腐蚀破裂破坏的严重性在局部腐蚀中位于首位，根据（   ）的不同，裂纹特征会有所不同。
　　A. 腐蚀介质性质   B. 材料性质   C. 应力状态   D. 破裂状态

7. AB005　腐蚀疲劳是在（   ）的共同作用下引起的材料或构件的破坏。
　　A. 交变应力   B. 应力   C. 腐蚀介质   D. 氧化介质

8.AB006 高流速和湍流状态的流体,如果其中含有(　　),可使金属的磨损腐蚀十分严重。

  A. 空气泡   B. 固体离子   C. 微生物   D. 水

9.AB007 当两种不同的金属处于电解质中时,耐蚀性较差的金属成为腐蚀电池的阳极,耐蚀性较高的金属成为腐蚀电池的阴极,该腐蚀形态称为(　　)。

  A. 电偶腐   B. 双金属腐蚀

  C. 电极腐蚀   D. 多金属腐蚀

10.AB008 输油管道的(　　)等部位,是易形成管道内腐蚀的位置。

  A. 低洼地段   B. 弯头   C. 河流   D. 穿跨越

11.AB009 (　　)的存在是引起输气管道内腐蚀的主要原因。

  A. 水   B. 硫化氢   C. 氯化氢   D. 二氧化碳

12.AC001 阴极保护管道漏电带来的危害有(　　)以及管/地电位达不到规定指标等。

  A. 保护电源设备超负荷   B. 浪费电力

  C. 电源设备报警   D. 阴极剥离

13.AC002 阴极保护管道漏电的原因主要包括(　　)。

  A. 绝缘装置漏电

  B. 阴极保护管道与非保护地下金属构筑物连接

  C. 管道防腐层破损严重

  D. 套管漏电

14.AC003 阴极保护管道出现漏电点的位置最可能出现在(　　)。

  A. 保护管道和非保护金属构筑物的交叉点上

  B. 保护管道装有绝缘法兰/绝缘接头处

  C. 管道防腐层缺陷处

  D. 管道套管装置处

15.AC004 极化电源保险丝松动或烧断,会造成恒电位仪(　　)。

  A. 无输出电流指标   B. 无输出电压指标

  C. 连续告警   D. 断续告警

16.AC005 应用反电位装置必须(　　)。

  A. 有第二电源   B. 有保证自动切断反电位电源的设备

  C. 防腐层质量良好   D. 有可逆电源线路

17.AC006 在管道管理中,应把(　　)的管段视为腐蚀防护重点管段。

  A. 加套管   B. 穿越河流   C. 出入土端   D. 不安全

18.AC007 腐蚀防护重点管段管理的两个倾斜是(　　)。

  A. 管理上倾斜   B. 投资上倾斜

  C. 监护上倾斜   D. 维护上倾斜

19.AD001 常用的防腐层缺陷检测方法有(　　)。

  A. 交流电流衰减法   B. 交流电位梯度法

  C. 密间隔电位测试   D. 直流电位梯度法

20.AD002 存在( )这几种情况时,应对防腐层的服役性能重新进行检测与评价。

　　A. 管道输送温度　　　　　　　　　　B. 管道敷设形式

　　C. 阴极保护参数　　　　　　　　　　D. 土壤理化性质

21.AE001 直流干扰电流进入管道的部位有以下特点:( )。

　　A. 带正电　　　　　　　　　　　　　B. 带负电

　　C. 称为阳极区　　　　　　　　　　　D. 称为阴极区

22.AE002 管道的防腐绝缘层类似于一个( )。

　　A. 电阻　　　　　　B. 电感　　　　　C. 电容　　　　　　D. 二极管

23.AF001 电感三点式振荡电路的主要优点有( )。

　　A. 频率调整方便　　　　　　　　　　B. 起振和调整容易

　　C. 电路谐波丰富　　　　　　　　　　D. 谐波成分少

24.AF002 脉冲形成电路最基本的类型有( )。

　　A. 多谐振荡器　　　　　　　　　　　B. 双稳态触发器

　　C. 单稳态触发器　　　　　　　　　　D. 晶体三极管触发器

25.BA001 "参比电极"或"零位接阴"引线断线故障在恒电位仪上的表象为( )。

　　A. 输出电流为零　　B. 输出电压为零　　C. 告警连续　　　D. 告警断续

26.BA002 在汇流点的电流密度和管道电位的绝对值最大,汇流点两侧管道电位的绝对值随着与汇流点距离的( )。

　　A. 增加逐渐下降　　　　　　　　　　B. 增加而逐渐上升

　　C. 减少逐渐下降　　　　　　　　　　D. 减少逐渐上升

27.BA003 下列参数中,评价强制电流阴极保护效果的最重要的参数是( )。

　　A. 通电点电位　　　　　　　　　　　B. 最小保护电位

　　C. 辅助阳极接地电阻　　　　　　　　D. 恒电位仪功率

28.BA004 强制电流阴极保护设计时,电源设备的输出电压与( )、导线电阻及阳极地床的反电动势有关。

　　A. 阳极种类　　　　　　　　　　　　B. 阳极接地电阻

　　C. 管道/土壤界面过渡电阻　　　　　　D. 电源设备类型

29.BA005 阴极保护设计时,所需辅助阳极的质量与阳极( )及阳极利用系数有关。

　　A. 消耗率　　　　　B. 工作电流　　　C. 设计寿命　　　　D. 类型

30.BA006 牺牲阳极阴极保护时,所需阳极根数与所需要的( )及备用系数有关。

　　A. 最大保护电位　　　　　　　　　　B. 最小保护电位

　　C. 保护总电流　　　　　　　　　　　D. 单支阳极输出电流

31.BA007 区域性阴极保护中一般采用以( )的保护方式。

　　A. 强制电流保护为主　　　　　　　　B. 牺牲阳极保护为辅

　　C. 防腐层保护为主　　　　　　　　　D. 防护层保护为辅

32.BA008 阴极保护间应有区域性阴极保护( )及电源电路图。

　　A. 总平面图　　　　　　　　　　　　B. 系统接线图

　　C. 工艺管网图　　　　　　　　　　　D. 阳极地床分布图

33.BA009　阴极保护系统投运调试应包括仪器（　　）、管道电流与保护电位。

　　　A. 输出电流　　　　B. 输出电压　　　　C. 电位　　　　　　D. 电压

34.BA010　阴极保护系统投运方案应包括工程概况、投运程序、投运方法、时间计划、
　　　（　　）以及参数测试等内容。

　　　A. 资源配备　　　　B. 设备调试　　　　C. 设备管理　　　　D. 阳极安装

35.BB003　以下哪些区域属于腐蚀状况重点调查管段：（　　）。

　　　A. 土壤条件变化剧烈　　　　　　　　B. 阴极保护电位达不到保护

　　　C. 杂散电流干扰　　　　　　　　　　D. 穿跨越段

36.BC001　直接排流方式适用于（　　）的场合。

　　　A. 管道阳极区稳定　　　　　　　　　B. 管道阴极区稳定

　　　C. 能直接向干扰源排流　　　　　　　D. 不能直接向干扰源排流

37.BC002　负电位接地具有以下优点：（　　）。

　　　A. 简单经济　　　　　　　　　　　　B. 适用范围广

　　　C. 减轻干扰效果好　　　　　　　　　D. 向管道提供阴极保护

三、判断题（对的画√，错的画×）

（　）1.AA001　数字化管道就是信息化的管道。

（　）2.AA002　数字化管道与遥感、全球定位系统无关。

（　）3.AB001　实践证明，局部腐蚀的危害要比均匀腐蚀大得多。

（　）4.AB002　孔蚀属于局部腐蚀的一种形式。

（　）5.AB003　缝隙腐蚀与孔蚀一样，在含有氯离子的溶液中最易发生。

（　）6.AB004　应力腐蚀破裂只发生于一些特定的"材料—环境"体系。

（　）7.AB005　交变应力与腐蚀介质的共同作用是产生应力腐蚀破裂的原因。

（　）8.AB006　流体对金属表面同时产生磨擦和腐蚀的破坏形态称为磨损腐蚀。

（　）9.AB007　当两种不同的金属相连浸泡在腐蚀性或导电性溶液中时，耐蚀性较差
　　　　　　　　的金属会成为腐蚀电池的阳极而腐蚀，该腐蚀形态称为电偶腐蚀。

（　）10.AB008　长输油品管道的相对低点、弯头等位置，是不容易发生内腐蚀的部位。

（　）11.AB009　CO_2的存在是引起天然气输送管道内腐蚀的主要原因之一。

（　）12.AC001　阴极保护系统漏电不会缩短阳极地床寿命。

（　）13.AC002　在阴极保护运行中发现，漏电故障主要是由于阴极保护管道与非保护地
　　　　　　　　下金属构筑物相连和绝缘装置（法兰、接头）漏电及套管漏电等造成的。

（　）14.AC003　与阴极保护管道相邻的非保护管道出现明显的对地电位向正偏移，则
　　　　　　　　可能是管道漏电引起，应采用防腐层检漏仪找出漏电点。

（　）15.AC004　若阴极保护电流短时间内增大较大，保护距离缩短，一定是绝缘法兰
　　　　　　　　漏电引起的。

（　）16.AC005　反电位装置与管道阴极保护系统可以共用同一电源。

（　）17.AC006　出入土端、加套管的管段应作为腐蚀防护重点管段进行管理。

（　）18.AC007　管道管理过程中，投资应向腐蚀防护重点管段倾斜，以获取较高的投
　　　　　　　　资效益。

（　）19.AD001　油气管道防腐层的质量与阴极保护的效果无关。

（　）20.AD002　防腐层管理中的漏点检查必须在管道开挖后才能进行。

（　）21.AE001　直流腐蚀的金属腐蚀量和电量之间符合法拉第定律。

（　）22.AE002　高压交流输电线的故障电流持续时间很短,因此不可能对管道造成危害。

（　）23.AF001　自激对于振荡电路来说是有害的,是绝对不能允许的。

（　）24.AF002　模拟信号也被称为脉冲信号。

（　）25.BA001　输出电压超过表头量程,输出电流为零,连续报警现象的故障一般是阴极、零位接阴回路断线或快速熔断电路断线。

（　）26.BA002　管道强制电流阴极保护系统中,电源的正极与辅助阳极相连,电源的负极与管道相连。

（　）27.BA003　强制电流阴极保护系统的保护长度与管道的规格无关。

（　）28.BA004　阴极保护系统中,回路电阻应包括阳极地床接地电阻、导线电阻及阴极(管道)/土壤界面过渡电阻。

（　）29.BA005　辅助阳极的接地电阻与土壤电阻率成反比。

（　）30.BA006　牺牲阳极输出电流是由阴、阳极极化电位差除以回路电阻来计算的。

（　）31.BA007　站(库)区域性阴极保护原理在于将被保护体——站(库)及其地下设施看成是一个整体实施阴极保护。

（　）32.BA008　区域性阴极保护只能保护站(库)区的储罐,而不能保护站(库)区内的管道。

（　）33.BA009　阴极保护系统投运的主要工作是系统的调试。

（　）34.BA010　当管道全线达到最小阴极保护电位指标后,投运操作完毕。各阴极保护站进入正常连续工作阶段。应在 30d 之内,进行全线近间距电位测量。

（　）35.BB003　管道干线腐蚀状况的普查应包括杂散电流腐蚀调查。

（　）36.BC001　管道阳极区的防腐层缺陷应及时修复。

（　）37.BC002　直接接地会造成阴极保护电流漏失。

四、简答题

1.AA002　什么是数字管道?

2.AA002　在项目运营管理阶段,数字管道有何用途?

3.AB001　防止磨损腐蚀的方法有哪几种?

4.AB001　常见的局部腐蚀类型有哪几种?

5.AB002　孔蚀的主要机理是什么?

6.AB002　孔蚀的主要特征是什么?

7.AB003　缝隙腐蚀的主要机理是什么?

8.AB003　哪些措施可以有效地消除缝隙腐蚀?

9.AB004　应力腐蚀破裂的发生和发展可以区分为哪三个阶段?

10.AB004　哪些措施可以防止应力腐蚀?

11.AB005　腐蚀疲劳的腐蚀形态有何特征?

12.AB005　防止腐蚀疲劳的方法有哪些?

13. AB006　防止磨损腐蚀的方法有哪些？

14. AB006　磨损腐蚀的外表特征是？

15. AB007　两种不同的金属处于偶接形式中时其腐蚀电池的极性为？

16. AB007　金属电偶腐蚀的原因？

17. AB008　输油管道内腐蚀的原因有哪些？

18. AB008　为什么输油管道的内腐蚀也应该引起重视？

19. AB009　天然气中含有 H_2S 对其管道输送有何危害？

20. AB009　什么是氢致开裂？

21. AC001　由于阴极保护漏电引起的保护电流的增大会造成哪些危害？

22. AC001　阴极保护漏电的危害有哪些？

23. AC002　绝缘法兰/绝缘接头漏电的原因有哪些？

24. AC002　阴极保护管道漏电的原因有哪些？

25. AC003　如何查找阴极保护管道漏电点？

26. AC003　如何判定绝缘法兰/绝缘接头漏电？

27. AC004　阴极保护系统出现"在规定的通电点电位下,电源输出电流增大,管道保护
距离缩短"现象的可能原因及处理方法是什么？

28. AC004　阴极保护系统出现"电源无直流输出电流、电压指示"及"正常工作时,直流
电流突然无指示"两种故障的可能原因及处理方法是什么？

29. AC005　如何利用有屏蔽接地的阴极保护装置延长阴极保护的范围？

30. AC005　如何利用反电位装置延长阴极保护的范围？

31. AC005　应用反电位装置应注意哪些问题？

32. AC006　如何根据管道所处的位置确定腐蚀防护重点管段？

33. AC006　如何根据管理实践确定腐蚀防护重点管段？

34. AC007　什么是腐蚀防护重点管段管理中的"管理上倾斜"？

35. AC007　如何做好腐蚀防护重点管段的管理工作？

36. AD001　为什么要进行防腐层的日常检测工作？

37. AD001　防腐层日常检测工作包括哪几个方面？

38. AD002　哪些情况下需要开展管道防腐层检漏工作？

39. AD002　防腐层管理资料主要包含哪些内容？

40. AF001　常用的振荡电路有哪几种？

41. AF001　振荡电路需要具备的条件是？

42. AF002　常用的脉冲处理电路有哪几种形式？

43. AF002　常用的脉冲形成电路有哪几种形式？

44. BA001　输出电压达不到额定值,电流在额定值以内。故障原因为？

45. BA001　输出电流比正常增大,输出电压最大,"保护电位"高于"控制电位",指示灯
正常,告警连续。故障原因为？

46. BA002　什么是强制电流阴极保护系统中的汇流点？在汇流点管道电位及电流有
何特点？

47. BA002　强制电流阴极保护系统中,汇流点两侧管道电位及电流分布有何特点？

48.BA003　强制电流阴极保护站的保护长度主要与哪些因素有关?

49.BA003　设计强制电流阴极保护系统时,选取的常规参数有哪些项目?

50.BA004　强制电流阴极保护系统电源设备的设计功率与哪些参数有关系? 有何关系?

51.BA004　如何计算强制电流阴极保护系统电源设备的功率? 应怎样选取恒电位仪的额定功率?

52.BA005　辅助阳极的接地电阻与哪些因素有关?

53.BA005　计算辅助阳极的总质量与哪些参数有关?

54.BA006　牺牲阳极阴极保护系统所需要的阳极根数与哪些因素有关?

55.BA006　牺牲阳极阴极保护系统阳极的工作寿命与哪些因素有关?

56.BA007　站(库)区域性阴极保护效果主要取决于哪几个因素?

57.BA007　站(库)区域性阴极保护的特点?

58.BA008　如何管理强制电流区域性阴极保护系统?

59.BA008　进行区域性阴极保护应收集、整理并妥善保存哪些运行资料?

60.BB001　管道干线腐蚀状况普查应包括哪些内容?

61.BB001　管道干线腐蚀状况重点调查应包括哪些内容?

五、计算题

1.BA003　某管道采用 X70 管线钢(钢管电阻率为 $0.166\Omega \cdot mm^2/m$),外径为 1016mm,壁厚为 17.5mm,试计算该管道单位长度管道纵向电阻。

2.BA003　某管道采用低碳钢(钢管电阻率为 $0.135\Omega \cdot mm^2/m$),规格为 $\phi159 \times 6mm$,试计算该管道单位长度管道纵向电阻。

3.BA004　已知某管道进行强制电流阴极保护需要的总电流为 1.3A,输出电压为 4.6V,电源设备效率为 0.7,试计算应至少选择多大功率的电源设备。

4.BA005　已知某单支水平式辅助阳极长度为 1.5m(含填料),直径为 0.3m(含填料),埋设深度 1.3m,土壤电阻率为 $15\Omega \cdot m$,试求该支阳极的接地电阻。

答　案

一、单项选择题

1. A　2. C　3. A　4. C　5. A　6. C　7. B　8. C　9. D　10. A　11. D

12. B　13. B　14. C　15. A　16. D　17. A　18. B　19. D　20. A　21. B　22. A

23. C　24. C　25. C　26. B　27. C　28. A　29. A　30. C　31. D　32. D　33. D

34. B　35. C　36. A　37. B　38. D　39. D　40. B　41. C　42. B　43. A　44. D

45. B　46. A　47. C　48. C　49. D　50. C　51. C　52. B　53. D　54. C　55. C

56. C　57. C　58. A　59. C　60. B　61. C　62. D　63. B　64. A　65. A　66. C

67. A　68. D　69. B　70. D　71. D　72. C　73. A　74. D　75. C　76. A　77. B

78. B　79. A　80. D　81. C　82. C　83. C　84. D　85. A　86. A　87. C　88. C

89. C　90. A　91. A　92. C　93. D　94. A　95. A　96. D　97. C　98. D　99. D

100. C　101. C　102. B　103. B　104. A　105. B　106. C　107. D　108. A　109. A　110. B

111. B

二、多项选择题

1. AB　2. BCD　3. AB　4. AC　5. AB　6. AC　7. AC　8. AB　9. AB　10. AB

11. ABD　12. AB　13. AB　14. AB　15. ABC　16. ABC　17. ABC　18. AB　19. ABCD

20. ABCD　21. BD　22. AC　23. ABC　24. ABC　25. ABC　26. AD　27. AB　28. BC

29. ABC　30. CD　31. AB　32. AB　33. AB　34. AB　35. ABCD　36. AC　37. CD

三、判断题

1. √　2. ×　数字化管道与遥感、全球定位系统有关,是应用这些现代通信等高科技手段,对管道资源、环境、社会、经济等各个复杂系统的数字化、数字整合、仿真等信息集成的应用系统。　3. √　4. √　5. √　6. √　7. ×　拉应力与腐蚀介质的共同作用是产生应力腐蚀破裂的原因。　8. ×　流体对金属表面同时产生磨损和腐蚀的破坏形态称为磨损腐蚀。

9. √　10. ×　长输油品管道的相对低点、弯头等位置,是容易发生内腐蚀的部位。

11. √　12. ×　阴极保护系统漏电会缩短阳极地床寿命。　13. √　14. ×　与阴极保护管道相邻的非保护管道出现明显的对地电位向负偏移,则可能是管道漏电引起,应采用防腐层检漏仪找出漏电点。　15. ×　若阴极保护电流短时间内增大较大,保护距离缩短,不一定是绝缘法兰漏电引起的。　16. ×　反电位装置必须有第二电源。　17. √　18. √　19. ×　油气管道防腐层的质量与阴极保护的效果有关。　20. ×　防腐层管理中的漏点检查也可以不在管道开挖后进行。　21. √　22. ×　高压交流输电线的故障电流持续时间很短,仍有大量能量转移到管道上,也能对管道造成危害。　23. ×　自激对于振荡电路来说是正常的,必需的。

24. ×　模拟信号不能被称为脉冲信号。　25. ×　输出电压超过表头量程,输出电流为零,连续报警现象的故障一般是阴极、阳极回路断线或快速熔断电路断线。　26. √　27. ×　强制电流阴极保护系统的保护长度与管道的规格有关。 28.√ 29.× 辅助阳极的接地电阻与土壤电阻率成正比。 30.√ 31.√ 32.× 区域性阴极保护既能保护站（库）区的储罐，又能保护站（库）区内的管道。 33.√34.√ 35.× 管道干线腐蚀状况的普查不包括杂散电流腐蚀调查。 36.× 管道阴极区的防腐层缺陷应及时修复。 37.√

四、简答题

1.（1）数字管道应用了遥感（RS）、数据收集系统（DCS）或 SCADA 系统、全球定位系统（GPS）、地理信息系统（GIS）、业务管理信息系统、计算机网络和多媒体技术、现代通信等高科技手段。（2）数字管道是对管道资源、环境、社会、经济等各个复杂系统的数字化、数字整合、仿真等信息集成的应用系统。（3）数字管道可在可视化的条件下提供决策支持和服务。

评分标准：（1）~（3）各 33.3%。

2.（1）生产运营管理系统：进行企业人力资源管理、业务分析，对客户关系、市场营销、生产调度等进行管理。（2）SCADA 系统：实现对管道运行全自动控制和调度作业。（3）设备更新维护系统：对故障设置进行记录，并对数据库中数据进行更新。（4）管道风险管理信息系统：对管道安全进行实时监控、预测和报警，对管道安全风险和腐蚀进行评估。（5）企业ERP 系统。

评分标准：（1）~（5）各 20%。

3.（1）选用耐磨损腐蚀较好的材料；（2）改进设计；（3）改变环境；（4）施加涂层；（5）介质中颗粒物的净化处理。

评分标准：（1）~（5）各 20%。

4.常见的局部腐蚀类型有：（1）孔蚀；（2）缝隙腐蚀；（3）应力腐蚀破裂；（4）腐蚀疲劳；（5）电偶腐蚀等。

评分标准：（1）~（5）各 20%。

5.（1）孔蚀通常发生于表面有钝化膜或保护膜的金属，暴露在钝化膜或保护膜的局部破坏点的金属成为阳极，电流高度集中。（2）破口周围的膜成为阴极，不腐蚀。（3）孔内形成高浓度的氯化物，其水解反应产物会进一步加速金属的溶解，形成自催化加速反应。

评分标准：（1）~（3）各 33.3%。

6.（1）腐蚀高度集中在局部小孔，而且小孔向深处发展。（2）多数情况下蚀孔较小，直径不大于它的深度。（3）是破坏性和隐患性最大的腐蚀形态之一。

评分标准：（1）~（3）各 33.3%。

7.（1）缝隙内是缺氧区，成为阳极。（2）缝隙外为阴极。（3）产生自催化加速反应。（4）在含有氯离子的溶液中最易发生。

评分标准：（1）~（4）各 25%。

8.（1）设计和施工过程中应尽量避免产生缝隙。（2）采用较好的（合理的）焊接方式。（3）缝隙中填充一层吸湿的填充物，选择优良的设备连接方式。（3）涂塞缓蚀油膏等。

评分标准：（1）~（4）各 25%。

9.（1）金属表面生成钝化膜或保护膜。（2）膜局部破裂，形成蚀孔或裂缝源。（3）裂缝向纵深发展。

评分标准：（1）~（3）各 33.3%。

10.（1）通过热处理消除或减小应力。（2）设计中选用低于临界应力腐蚀破裂强度的应力值。(3)改进设计结构,避免应力集中,表面施加压应力。(4)采用电化学保护、涂料或缓蚀剂等。

评分标准:(1)~(4)各25%。

11.(1)有许多深的蚀孔。(2)裂缝通过蚀孔可以有若干条。(3)裂缝方向和应力垂直,是典型的穿晶型(在低频率周期应力下,也有晶间型),没有分支裂缝。(4)缝边呈现锯齿形。

评分标准:(1)~(4)各25%。

12.(1)改进设计或进行热处理以减小或消除应力。(2)表面喷丸引入压应力。(3)采用缓蚀剂或电镀锌、铬、镍等。(4)优化运行工况,降低交变应力。(5)选择能在预定环境中耐腐蚀的材料。

评分标准:(1)~(5)各20%。

13.(1)选用耐磨损腐蚀较好的材料。(2)改进设计。(3)改变环境。(4)施加涂层。

评分标准:(1)~(4)各25%。

14.(1)局部性的沟槽。(2)波纹。(3)圆孔和山谷形。(4)通常显示方向性。

评分标准:(1)~(4)各25%。

15.(1)耐蚀性较差的金属成为腐蚀电池的阳极。(2)耐蚀性较高的金属成为腐蚀电池的阴极。

评分标准:(1)~(2)各50%。

16.(1)两种金属之间因存在电位差而形成腐蚀电池。(2)耐蚀性较差的金属成为腐蚀电池的阳极。(3)耐蚀性较强的金属成为腐蚀电池的阴极。

评分标准:(1)~(3)各33.3%。

17.(1)输油管道的低洼地段、弯头等部位,油品中所含的一些水分及一些固体性杂质会沉积下来,引起管道的内部腐蚀。(2)钢板本身电化学性能的不均匀。(3)焊接缺陷等。

评分标准:(1)~(3)各33.3%。

18.(1)过去人们认为只有输气管道会发生内腐蚀,原油、成品油在进入长输管道前是经过净化处理的,不会发生内腐蚀的,近年来一些原油管道和成品油管道都出现了较为严重的内腐蚀,原因是油品中含有残留的水、可溶盐以及微生物,在输油管道的低洼地段、弯头等部位,油品中所含的一些水分及一些固体性杂质如泥沙会沉淀下来,引起输油管道的内腐蚀。(2)钢板本身电化学性能的不均匀及施工过程中焊接因素的影响也会导致管道内腐蚀。(3)在管道保护工作中应该注意检测这些部位的腐蚀情况,并采取相应防护措施。

评分标准:(1)~(3)各33.3%。

19.(1)天然气中含有H_2S,H_2S气体遇水会形成氢硫酸,氢硫酸显酸性,能造成管道一般部位的电学腐蚀及局部的氢致开裂、应力腐蚀。(2)氢致开裂、应力腐蚀属于在腐蚀过程中没有任何预兆就可导致材料破坏的局部腐蚀,危害极大。

评分标准:(1)~(2)各50%。

20.(1)在H_2S与管道发生电化学腐蚀的过程中,阴极反应过程中产生的氢原子可以进入管材中并沿晶界向钢材内部扩散。(2)当氢压力达到一定的数值后引起界面开裂,即氢致开裂(HIC)。

评分标准:(1)~(2)各50%。

21.(1)保护电源设备超负荷。(2)增加阴极干扰的强度和范围。(3)缩短阳极地床寿命。(4)浪费电力。

评分标准:(1)~(4)各25%:

22.(1)阴极保护电流增加。(2)有效保护范围缩短。(3)管/地电位达不到规定指标等。

评分标准:(1)~(3)各33.3%。

23.(1)输送介质中含有导电杂质。(2)绝缘法兰/绝缘接头两侧管壁内无防腐层。(3)绝缘法兰/绝缘接头绝缘零件损坏。

评分标准:(1)~(3)各33.3%。

24.(1)阴极保护管道与非保护地下金属构筑物连接;(2)绝缘法兰/绝缘接头漏电。(3)套管与保护管接触导致的漏电。

评分标准:(1)~(3)各33.3%。

25.(1)保护管道和非保护管道电气连接点的查找:①根据管道平面位置和站场平面图查找;②利用地下管道防腐层检漏仪;③测定非保护管道或者与其邻近的金属构筑物对地电位;④测定管内电流大小。

(2)绝缘法兰/绝缘接头漏电的判定:①在绝缘法兰/绝缘接头两侧管段上,分别测量管/地电位;②测定绝缘法兰/绝缘接头非保护侧绝缘法兰/绝缘接头端部的对地电位;③利用检漏仪的测定;④测定流过绝缘法兰/绝缘接头的电流。

评分标准:(1)~(2)各50%。

26.(1)在绝缘法兰/绝缘接头两侧管段上,分别测量管/地电位;(2)测定绝缘法兰/绝缘接头非保护侧绝缘法兰/绝缘接头端部的对地电位;(3)利用检漏仪测定;(4)测定流过绝缘法兰/绝缘接头的电流。

评分标准:(1)~(4)各25%。

27.(1)阴极保护系统出现"在规定的通电点电位下,电源输出电流增大,管道保护距离缩短"现象的可能原因是:①阴极保护管道与非保护地下金属构筑物连接;②绝缘法兰/绝缘接头漏电。(2)处理方法是:处理绝缘法兰/绝缘接头漏电问题(维修或更换),查明非保护管道的漏电点并加以排除。

评分标准:(1)~(2)各50%。

28.(1)阴极保护系统出现"电源无直流输出电流、电压指示"故障的可能原因是:交、直流熔断器的熔断丝烧断。处理方法:更换熔断丝。(2)阴极保护系统出现"正常工作时,直流电流突然无指示"故障的可能原因是:直流输出熔断器或阳极线路断路。处理方法:换熔断丝或检查阳极线路。

评分标准:(1)~(2)各50%。

29.(1)当屏蔽接地连接到管道上,从阳极地床流来的部分电流不是经过管道附近的土壤而是经过屏蔽接地进入管道流回电源负极。(2)这就降低了该管段阴极极化电位。(3)此时在有屏蔽接地的管段上,通电点附近的电位偏移值回到安全数值以内。(4)达到延长阴极保护距离而通电点附近管段的电位又不超过最大的保护电位的目的。

评分标准:(1)~(4)各25%。

30.(1)当管道通电点负电位超过允许值时,外加一个反向的正电位将通电点电位超越的部分拉回到防腐层安全电位以内。(2)这样既可使管道保护电位普遍更负,延长保护距离,又不致使通电点附近防腐层损坏。

评分标准:(1)~(2)各50%。

31.(1)反电位装置必须有第二电源。(2)阴极保护电源不可用恒电位仪。(3)必须有保证自动切断反电位电源的设备,或不可逆线路。即不得使管道成为阳极。(4)对于防腐层质量差的管道效果不理想。

评分标准:(1)~(4)各25%。

32.(1)穿、跨越河流部位的管段。(2)穿越公路、铁路的管段。(3)出入土端。(4)加套管的管段等。

评分标准:(1)~(4)各25%。

33.(1)电位达不到标准的管段。(2)防腐层损坏严重的管段。(3)存在交、直流干扰的管段。(4)发生过腐蚀穿孔漏油(气)的管段。(5)腐蚀坑深度超过2mm的管段等。

评分标准:(1)~(5)各20%。

34.(1)各级管道管理部门在各自的管辖范围内都应确定腐蚀防护重点管段,并建立档案。(2)加强监测,对于腐蚀防护重点管段检测工作的周期应比正常检测周期缩短,并且每次检测以后,都应对测量数据进行认真分析,写出测试报告,供上级管理部门决策。(3)定期评定。

评分标准:(1)~(3)各33.3%。

35.(1)管理上倾斜,加强腐蚀防护重点管段的管理。(2)投资上倾斜,把有限的资金集中起来,充分地向腐蚀防护重点管段倾斜,换来较高的投资效益。

评分标准:(1)~(2)各50%。

36.(1)通过日常检测工作掌握管道防腐层的实际情况,为有的放矢地进行管理提供科学的依据。(2)油气管道防腐层的质量不仅直接影响管道的防腐效果,同时也制约着阴极保护的效果。因此,可以通过管道防腐层日常检测结果,衡量阴极保护的状况。

评分标准:(1)(2)各50%。

37.(1)查找防腐层缺陷。(2)通过测量防腐层电导率(或绝缘电阻率)或采用ACAS(常用PCM设备)测量电流衰减情况进行评价,也可通过测量阴极保护电流密度,监测与评价防腐层性能。(3)对防腐层缺陷点进行缺陷修复,对防腐层失效管段进行防腐层大修。

评分标准:(1)(2)(3)各33.3%。

38.(1)当怀疑管道存在打孔盗油点时。(2)每次对阴极保护系统测试结束后,如发现某区域管地电位明显降低,应对该区域的管道防腐层进行检漏。(3)当进行水第三方交叉工程导致管道的埋深增加或者开挖困难时,应对施工区域管道的防腐层缺陷点进行全面检测并进行修补,必要时,对管道进行全面开挖修复。

评分标准:(1)~(3)各33.3%。

39.(1)防腐层设计、施工与验收规范以及设计文件、竣工资料。(2)防腐层的检测、修复记录。

评分标准:(1)(2)各50%。

40.(1)LC振荡电路包括变压器耦合振荡器和三点式振荡电路。(2)RC振荡电路包括RC桥式振荡电路和双T桥式振荡电路。

评分标准:(1)~(2)各50%。

41.(1)相位条件,就是反馈信号要与原输入信号相同,即正反馈。(2)振幅条件,就是反馈信号要足够补充电路的衰减和损耗。

评分标准:(1)~(2)各50%。

42.(1)微分电路。(2)积分电路。(3)限幅电路。限幅电路包括二极管串联限幅和二极管并联限幅。

评分标准:(1)~(3)各33.3%。

43.(1)多谐振荡器。(2)双稳态触发器。(3)单稳态触发器。(4)反相器。

评分标准:(1)~(4)各25%。

44.(1)主可控硅或其中一个控制极开路。(2)辅助可控硅(在触发板上)阳极阴极间漏电。(3)电容漏电、

评分标准:(1)~(3)各33.3%。

45.(1)续流二极管开路。(2)比较板故障。

评分标准:(1)~(2)各50%。

46.(1)强制电流的电源负极与被保护管段的连接点,这一点称为汇流点。(2)在汇流点电流密度和管道电位的绝对值最大。

评分标准:(1)~(2)各50%。

47.(1)在汇流点两侧电流密度随着与汇流点距离的增加而逐渐降低。(2)在汇流点两侧管道电位的绝对值通常随着与汇流点距离增加而逐渐降低。

评分标准:(1)~(2)各50%。

48.(1)最大保护电位与最小保护电位之差。(2)管道外径、管道壁厚。(3)保护电流密度。(4)钢管电阻率。

评分标准:(1)~(4)各25%。

49.(1)自然电位。(2)最小保护电位。(3)最大保护电位。(4)防腐层电阻。(5)钢管电阻率。(6)保护电流密度。

评分标准:(1)~(6)各16.6%。

50.(1)强制电流阴极保护系统电源设备的设计功率与输出电流、输出电压及电源效率有关。(2)电源设备的设计功率等于输出电流与输出电压的乘积除以电源效率。

评分标准:(1)~(2)各50%。

51.(1)电源设备的功率等于输出电流与输出电压的乘积除以电源效率。(2)选购设备时按计算功率的2~3倍选取恒电位仪的额定功率。

评分标准:(1)~(2)各50%。

52.(1)阳极埋设方式。(2)阳极支数(单支或阳极组)。(3)阳极长度、直径、埋深。(4)土壤电阻率。

评分标准:(1)~(4)各25%。

53.(1)阳极的消耗率。(2)阳极工作电流。(3)阳极设计寿命。(4)阳极利用系数。

评分标准:(1)~(4)各25%。

54.(1)被保护金属所需保护电流密度。(2)为被保护金属的总面积。(3)单支阳极输出电流。

评分标准:(1)~(3)各33.3%。

55.(1)阳极净质量。(2)阳极实际消耗率。(3)阳极平均输出电流。

评分标准:(1)~(3)各33.3%。

56.(1)做好电绝缘工作,减少电流损耗。(2)罐的防雷接地要处理好。(3)辅助阳极的分布及埋设深度应合理选择,以提高保护的均匀性。

评分标准:(1)~(3)各33.3%。

57.(1)功能众多,接地系统庞大,保护电流消耗较高。(2)地下金属结构错综复杂,干扰和屏蔽问题突出。(3)安全要求较高。(4)阳极床设计受到限制。(5)保护系统内金属结构复杂,后期调试整改必不可少。

评分标准:(1)~(5)各20%。

58.(1)阴极保护系统的运行不得任意中断。(2)恒电位仪的输出应使站内各点的保护电位达到设计要求,不得小于−0.85V(相对 $Cu/CuSO_4$ 电极管/地界面极化电位)。(3)每日检查阴极保护电源设备一次,并记录给定电位、输出电流、输出电压等。(4)每月应逐桩测量储罐、管道的保护电位一次,并进行保护状态分析,将保护电位、月平均保护电流、输出电压等参数填入统一格式的报表,汇同保护状态分析报上级主管部门。(5)站场内发生改扩建后,及时对区域阴极保护系统进行测试并做必要的调整。

评分标准:(1)~(5)各20%。

59.(1)各点保护电位记录。(2)阴极保护设备运行记录。(3)储罐罐底维修记录。(4)防腐层检漏修补记录。(5)牺牲阳极输出电流、开路电位记录及维护记录。(6)阳极地床运行维修记录。(7)阴极保护电源设备故障及维修记录。(8)站场改扩建施工记录。(9)区域阴极保护调整记录。(10)管道事故及抢修记录等。

评分标准:(1)~(10)各10%。

60.(1)腐蚀环境调查。(2)防腐层和保温层状况调查。(3)管体腐蚀情况调查。(4)管道阴极保护情况调查。

评分标准:(1)~(4)各25%,。

61.(1)土壤条件变化剧烈的区域。(2)阴极保护电位骤降或达不到保护的区域。(3)杂散电流干扰区域。(4)主要穿跨越管段等。

评分标准:(1)~(4)各25%。

五、计算题

1.解:单位长度管道纵向电阻:

$$R = \frac{\rho_T}{\pi(D'-\delta)\delta}$$

由题意可知:

$\rho_T = 0.166\Omega \cdot mm^2/m$

$D' = 1016mm$

$\delta = 17.5mm$

所以 $R = 0.166/[3.14 \times (1016-17.5) \times 17.5] = 3 \times 10^{-6}(\Omega/m)$

答:该管道单位长度管道纵向电阻为 $3 \times 10^{-6}\Omega/m$。

评分标准:公式正确占40%;过程正确占40%;答案正确占20%;无公式、过程,只有结果不得分。

2.解:单位长度管道纵向电阻:

$$R = \frac{\rho_T}{\pi(D'-\delta)\delta}$$

由题意可知:

$\rho_T = 0.135\Omega \cdot mm^2/m$

$D' = 159mm$

$\delta = 6mm$

所以 $R = 0.135/[3.14\times(159-6)\times6] = 4.7\times10^{-5}(\Omega/m)$

答:该管道单位长度管道纵向电阻为 $4.7\times10^{-5}\Omega/m$。

评分标准:公式正确占40%;过程正确占40%;答案正确占20%;无公式、过程,只有结果不得分。

3.解:电源设备功率按下式计算:

$$P = \frac{IV}{\eta}$$

由题意可知:

$I = 1.3A, V = 4.6V, \eta = 0.7$

所以 $P = 1.3\times4.6/0.7 = 8.5(W)$

答:至少选择8.5W的电源设备。

评分标准:公式正确占40%;过程正确占40%;答案正确占20%;无公式、过程,只有结果不得分。

4.解:单支立式辅助阳极接地电阻:

$$R_H = \frac{\rho}{2\pi L} \cdot \ln\frac{L^2}{td}$$

由题意可知:

$L = 1.5m, d = 0.3m, t = 1.3m, \rho = 15\Omega \cdot m$。

所以 $R_H = \frac{15}{2\times3.14\times1.5}\ln(1.5^2/1.3\times0.3) = 2.789(\Omega)$

答:该支阳极的接地电阻为2.789Ω。

评分标准:公式正确占40%;过程正确占40%;答案正确占20%;无公式、过程,只有结果不得分。

附　录

附录 1　职业技能等级标准

1. 工种概况

1.1　工种名称

油气管道保护工。

1.2　工种定义

操作巡管仪、管道绝缘状况测试仪、电火花检测仪、恒电位仪等管道保护仪器,对原油、成品油、天然气管道及附属设施进行检测、监测、阴极保护、维护的人员。

1.3　工种等级

本工种共设四个等级,分别为:初级(国家职业资格五级)、中级(国家职业资格四级)、高级(国家职业资格三级)、技师(国家职业资格二级)。

1.4　工种环境

室内或露天。

1.5　工种能力特征

身体健康,具有一定的学习理解和表达能力,较强的空间感和计算能力,准确的分析、推理、判断能力,手指、手臂灵活,听、嗅觉较灵敏,视力良好,具有分辨颜色的能力。

1.6　基本文化程度

高中毕业(或同等学历)。

1.7　培训要求

1.7.1　培训期限

全日制职业学校教育,根据其培养目标和教学计划确定。晋级培训期限:初级不少于180 标准学时;中级不少于 200 标准学时;高级不少于 250 标准学时;技师不少于 210 标准学时;高级技师不少于 210 标准学时。

1.7.2　培训教师

培训初、中、高级工的教师应具有本职业至少高一级资格证书或中级以上专业技术职称;培训技师的教师应具有本职业技师职业资格证书或相应专业高级技术职称。

1.7.3　培训场地设备

理论培训应具有可容纳 30 名以上学员的教室,技能操作培训应有配备相应设备、工具和安全设施的较为完善的场地。

1.8　鉴定要求

1.8.1　适用对象

(1)新入职的操作技能人员。

(2)在操作技能岗位工作的人员。

(3)其他需要鉴定的人员。

1.8.2　申报条件

具备以下条件之一者可申报初级工：

(1)新入职完成本职(工种)培训内容,经考核合格人员。

(2)从事本工种工作 1 年及以上的人员。

具备以下条件之一者可申报中级工：

(1)从事本工种工作 5 年以上,并取得本职业(工种)初级工职业技能等级证书。

(2)各类职业、高等院校大专及以上毕业生从事本工种工作 3 年及以上,并取得本职业(工种)初级工职业技能等级证书。

具备以下条件之一者可申报高级工：

(1)从事本工种工作 14 年以上,并取得本职业(工种)中级工职业技能等级证书的人员。

(2)各类职业、高等院校大专及以上毕业生从事本工种工作 5 年及以上,并取得本职业(工种)中级工职业技能等级证书的人员。

技师取得本职业(工种)高级工职业技能等级证书 3 年以上,工作业绩经企业考核合格的人员。

高级技师需取得本职业(工种)技师职业技能等级证书 3 年以上,工作业绩企业考核合格的人员。

2. 基本要求

2.1　职业道德

(1)爱岗敬业,自觉履行职责。

(2)忠于职守,严于律己。

(3)吃苦耐劳,工作认真负责。

(4)勤奋好学,刻苦钻研业务技术。

(5)谦虚谨慎,团结协作。

(6)安全生产,严格执行生产操作规程。

(7)文明作业,质量环保意识强。

(8)文明守纪,遵纪守法。

2.2　基础知识

2.2.1　油气储运基本知识

(1)石油天然气及相关产业链。

(2)石油的组成、性能及用途。

(3)天然气的组成、性能及用途。

(4)石油管道输送。

(5)天然气管道输送。

(6)输油管道系统主要设施及作用。

(7)天然气管输系统及站场设备。

(8)数字化管道知识。

2.2.2　金属腐蚀与防护基本知识

(1)电化学基本知识。

(2)金属腐蚀的概念及分类。

(3)金属电化学腐蚀的基本原理。

(4)控制金属腐蚀的基本方法。

(5)腐蚀原电池。

(6)电化学腐蚀速度与极化。

(7)管道在大气中的腐蚀。

(8)土壤腐蚀。

(9)杂散电流腐蚀。

(10)常见的局部腐蚀类型。

2.2.3　管道阴极保护知识

(1)阴极保护原理。

(2)阴极保护方法。

(3)阴极保护参数。

(4)强制电流阴极保护系统的主要设施。

(5)牺牲阳极系统。

(6)站场区域性阴极保护。

(7)管道阴极保护系统常见故障判断及处理。

(8)腐蚀防护重点管段的确定和管理。

2.2.4　管道防腐层知识

(1)防腐层基本知识。

(2)典型防腐层介绍。

(3)防腐保温层。

(4)防腐层管理知识。

2.2.5　管道杂散电流干扰与防护知识

(1)杂散电流和干扰基本概念。

(2)直流干扰及防护。

(3)交流干扰及防护。

2.2.6　管道内腐蚀控制基本知识

(1)管道内腐蚀的环境介质特点。

(2)管道内腐蚀的分类。

(3)管道内腐蚀检测。

(4)管道内腐蚀控制技术。

(5)油气管道缓蚀剂应用技术。

2.2.7 电工学基本知识

(1)概述。

(2)电路和电路的工作状态。

(3)直流电和交流电。

(4)磁场、磁性材料与变压器。

2.2.8 电子技术基本知识

(1)半导体。

(2)晶体二极管。

(3)实用电子电路。

(4)晶体三极管放大电路。

(5)集成运算放大器。

(6)晶闸管。

(7)晶体管振荡电路。

(8)脉冲电路。

2.2.9 管道保卫知识

(1)管道巡护。

(2)第三方施工。

2.2.10 管材知识

(1)管线钢基础知识。

(2)钢管基础知识。

(3)管件类型及用途。

2.2.11 焊接

(1)焊接方法与方式。

(2)典型焊接缺陷。

(3)焊接设备及材料。

(4)焊接工艺。

(5)焊接质量检验。

2.2.12 管体缺陷及修复

(1)管体缺陷修复基础知识。

(2)管体缺陷点定位。

2.2.13 水工保护

(1)常用建筑材料。

(2)地基土。

(3)水文知识。

(4)建筑制图基础知识。

2.2.14　管道应急抢修知识

（1）应急知识。

（2）常用管道抢修机具。

（3）输油气管道常见事故抢修方式。

（4）输油气管道动火安全知识。

2.2.15　管道完整性知识

（1）管道完整性管理知识。

（2）管道完整性管理体系。

（3）管道完整性数据采集及管理。

（4）管道风险评价知识。

（5）完整性评价的响应。

2.2.16　安全保护知识

（1）防火知识。

（2）防毒知识。

（3）安全用电常识。

（4）防爆知识。

（5）HSE 基本知识。

3. 工作要求

本标准对初级、中级、高级、技师的要求依次递进,高级别包含低级别的要求。

3.1　初级

职业功能	工作内容	技能要求	相关知识
一、腐蚀 与防护	（一）阴极保护	1. 能进行恒电位仪的开机、关机 2. 能配制和校准便携式饱和硫酸铜参比电极 3. 能测量管/地电位 4. 能测量管道自然电位 5. 能测量辅助阳极（长接地体接地）接地电阻	1. 恒电位仪的型号、工作原理及开/关机方法 2. 恒电位仪的安装 3. 阴极保护间的管理 4. 便携式饱和硫酸铜溶液的配制方法及技术要求 5. 便携式饱和硫酸铜参比电极的构成、组装及校准方法 6. 便携式饱和硫酸铜参比电极使用方法及注意事项 7. 万用表的性能要求及使用方法 8. 管/地电位测量的方法及技术要求 9. 管道自然电位的测试条件 10. 接地电阻测量仪的型号及使用方法 11. 接地电阻测量方法及技术要求 12. 辅助阳极接地电阻值正常范围 13. GB/T 21246—2007《埋地钢质管道阴极保护参数测量方法》相关规定

职业功能	工作内容	技能要求	相关知识
一、腐蚀与防护	(二)防腐层	能用电火花检漏仪检查防腐层漏点	1. 检漏电压计算公式 2. 电火花检漏仪的类型及型号 3. 检漏方法及技术要求 4. 检漏操作安全要求
	(三)干扰与防护	1. 能测量直流干扰状态下的管/地电位 2. 能测量交流干扰状态下的管道交流电压	1. 管/地电位测量方法 2. 管道交流电压测量方法
	(四)内腐蚀控制	能采用自流式加入法向输气管内加注缓蚀剂	1. 缓蚀剂的含义、特点、用途、类型及工作原理 2. 缓蚀剂加注装置的构成、操作程序与技术要求 3. 缓蚀剂加注的安全注意事项 4. 内腐蚀监测要求 5. GB/T 23258—2009《钢质管道内腐蚀控制规范》相关规定
二、管道保卫	(一)管道巡护	1. 能开展管道巡线 2. 能探测管道(光缆/电缆)走向和埋深 3. 能维护管道标识 4. 能确定反打孔盗油(气)与防恐重点防护管段 5. 能组织管道保护宣传	1. 巡线工作要求 2. 管道走向图识别方法 3. RD-8000管道探测仪及操作方法 4. SL-2818管道探测仪的操作方法 5. 管道标识的类型、标记方法、标记内容、设置要求 6. 管道保卫重点防护管段 7. 管道打孔盗油(气)危害 8. 管道恐怖袭击风险 9. 管道保护法律法规 10. 管道保护的重要性
	(二)第三方施工管理	1. 能排查第三方施工信息 2. 能处理管道占压	1. 第三方施工风险分析 2. 第三方施工风险应对 3. 管道安全保护相关法律法规 4. 新发管道占压情况报告
三、管道工程	管道工程	1. 能维修3PE防腐层漏点 2. 能复核管体外部缺陷位置 3. 能检查水工保护设施	1. 管道作业坑开挖方法 2. 防腐胶带施工方法 3. 管道时钟位置确定方法 4. 管体外部缺陷点尺寸测量方法 5. 管道水工保护的主要形式 6. 管道水工保护设施的主要类型

职业功能	工作内容	技能要求	相关知识
四、应急抢修	(一)应急抢修设备操作	1. 能开关线路手动阀门 2. 能开关线路气液联动阀门 3. 能开关线路电液联动阀门 4. 能使用可燃气体检测仪进行可燃气体检测 5. 能使用含氧量测试仪对受限空间含氧量进行检测 6. 能使用空气呼吸器	1. 手动阀门开关操作方法 2. 线路气液联动阀门的开关操作方法 3. 线路电液联动阀门的开关操作方法 4. 可燃气体检测仪使用方法 5. 含氧量测试仪使用方法 6. 空气呼吸器佩戴和使用方法
	(二)突发事件前期处置	1. 能进行输油管道泄漏现场初期处置 2. 能进行输气管道泄漏现场初期处置	1. 现场风险识别 2. 现场情况初报 3. 现场人员疏散 4. 警戒区域设置 5. 输油管道泄漏现场初期处置 6. 输气管道泄漏现场初期处置
五、管道完整性管理	(一)管道风险评价	1. 能识别输油管道高后果区 2. 能识别输气管道高后果区 3. 能使用 GPS 定位仪定位 4. 能选择管道首级控制点	1. 地区等级划分 2. 管道高后果区识别准则 3. 管道高后果区管理相关知识 4. GPS 定位仪操作 5. 管道首级控制点选点规则
	(二)管道清管	1. 能进行清管球发球作业 2. 能进行清管球收球作业	管道收发球操作知识

3.2 中级

职业功能	工作内容	技能要求	相关知识
一、腐蚀与防护	(一)阴极保护	1. 能调整恒电位仪运行参数 2. 能切换恒电位仪 3. 能用电位法检查运行中绝缘法兰/绝缘接头的绝缘性能 4. 能判断并排除阳极电缆或阴极电缆断线故障 5. 能启、停汽油发电机 6. 能操作太阳能电源系统 7. 能埋设牺牲阳极 8. 能用标准电阻法测量牺牲阳极输出电流 9. 能用直测法测量牺牲阳极输出电流 10. 能测量牺牲阳极接地电阻 11. 能用等距法测量土壤电阻率	1. 恒电位仪电路的组成及各部分的功能 2. 恒电位仪的调整及操作方法 3. 恒电位仪控制柜的操作方法 4. 电位法检查绝缘法兰/绝缘接头绝缘性能的测量方法 5. 绝缘法兰/绝缘接头绝缘性能要求 6. 熔断器的检查方法 7. 恒电位仪阳极电缆和阴极电缆断线故障的检查及排除方法 8. 发电机的类型、型号、工作原理、操作方法及日常维护 9. 太阳能电源系统的结构、组成、使用及维护 10. 蓄电池的运行与维护方法 11. 牺牲阳极填包料的配制方法及技术要求 12. 牺牲阳极埋设技术要求 13. 牺牲阳极接地电阻的测量方法及阻值要求 14. 测量牺牲阳极输出电流方法 15. 测量牺牲阳极开路电位、闭路电位的方法 16. 牺牲阳极接地电阻的测量方法及阻值要求 17. 土壤电阻率的测量方法

职业功能	工作内容	技能要求	相关知识
一、腐蚀与防护	（二）防腐层	能对防腐层质量进行开挖检测	1. 防腐层质量检查内容 2. 防腐层厚度的检查方法及要求 3. 黏结力的检查方法及要求
	（三）干扰与防护	1. 能判断直流干扰 2. 能判断交流干扰	1. 直流干扰的判断标准 2. 交流干扰的判断标准
二、管道保卫	（一）管道巡护	1. 维护跨越设施 2. 能绘制管道走向图 3. 能排查打孔盗油点 4. 能管理巡线工	1. 跨越管道的分类 2. 跨越管道的管理 3. 压力流量式输油管道泄漏报警系统 4. 压力波式输油管道泄漏实时监测系统 5. 振动式输油、输气管道防盗监测报警系统 6. 管道光纤安全预警技术 7. 管道公司管道 GPS 巡检管理系统
	（二）第三方施工管理	能处理第三方施工	1. 管道安全告知内容 2. 第三方施工管道保护方案 3. 第三方施工验收
三、管道工程	管道工程	1. 能进行防腐层补口 2. 能测量管体外部缺陷深度 3. 能检查水工施工质量	1. 补口材料性能及要求 2. 补口环境要求 3. 补口表面处理 4. 补口质量检验 5. 深度卡尺使用方法 6. 砌筑砂浆伴制质量控制 7. 砌筑质量控制 8. 混凝土质量控制

3.3 高级

职业功能	工作内容	技能要求	相关知识
一、腐蚀与防护	（一）阴极保护	1. 能判断并排除恒电位仪外部线路故障 2. 能安装立式浅埋式辅助阳极 3. 能安装牺牲阳极 4. 能安装锌接地电池 5. 能用电压降法测量管道阴极保护电流 6. 能利用电流测试桩测量管道阴极保护电流 7. 能埋设失重检查片 8. 能进行失重检查片的清洗和称重 9. 能用失重检查片法评定管道阴极保护度	1. 恒电位仪外部线路常见故障的判断及处理方法 2. 辅助阳极的结构、功能、安装方法及相关要求 3. 牺牲阳极安装方法及技术要求 4. 锌接地电池的结构、工作原理、安装方法及技术要求 5. 氧化锌避雷器相关知识 6. 电压降法测量管道阴极保护电流的原理、操作方法及技术要求 7. UJ-33a 型携带式直流电位差计使用方法 8. 利用测试桩测量管道阴极保护电流的方法 9. SY/T 0029—2012《埋地钢质检查片应用技术规范》相关规定

续表

职业功能	工作内容	技能要求	相关知识
一、腐蚀与防护	(二)防腐层	能用 PCM 设备检测埋地管道防腐层漏点	1. 防腐层漏点检测的原理 2. 防腐层漏点检测的方法
	(三)干扰与防护	1. 能判断固态去耦合器的工作状态 2. 能判断极性排流器的工作状态	1. 排流电流、排流极接地电阻等参数的测量方法 2. 固态去耦合器的结构和性能 3. 极性排流器的结构和性能
二、管道工程	管道工程	1. 能监护防腐层大修施工 2. 能维修水工保护设施	1. 防腐层大修施工方法 2. 防腐层大修质量控制 3. 干砌石施工方法 4. 石笼施工方法 5. 浆砌石施工方法

3.4　技师

职业功能	工作内容	技能要求	相关知识
一、腐蚀与防护	(一)阴极保护	1. 能排除恒电位仪故障 2. 能设计简单的强制电流阴极保护系统 3. 能设计简单的牺牲阳极阴极保护系统 4. 能管理区域性阴极保护系统 5. 能编写阴极保护系统施工及投运方案	1. 恒电位仪常见故障的排除方法 2. 强制电流阴极保护系统的有关计算方法 3. 牺牲阳极阴极保护系统的有关计算方法 4. 区域性阴极保护的系统组成及工作原理 5. 区域性阴极保护系统管理规定 6. 强制电流阴极保护系统施工及投运方案 7. 站场区域阴极保护系统施工方案
	(二)防腐层	能编写腐蚀调查方案	1. 阴极保护相关知识 2. 防腐层相关知识
	(三)干扰与防护	1. 能编制临时干扰防护方案 2. 能制作简易极性排流装置	1. 技术标准中有关干扰防护措施的相关规定 2. 干扰防护效果评价准则 3. 极性排流装置的结构及工作原理

附录2 初级工理论知识鉴定要素细目表

行业:石油天然气　　　工种:油气管道保护工　　　等级:初级工　　　鉴定方式:理论知识

行为领域	代码	鉴定范围 (重要程度比例)	鉴定比重	代码	鉴定点	重要程度	备注
基础知识A 60%	A	油气储运基本知识 (04:04:02)	3%	001	油气管道输送系统的组成	Y	
				002	原油的化学组成	Z	
				003	原油的物理性质	Z	
				004	原油的燃烧性	X	
				005	原油的分类	Y	
				006	天然气的化学组成	Y	
				007	天然气的主要性质	X	
				008	天然气的爆炸性	Y	
				009	天然气的分类	X	
				010	天然气的用途	X	
	B	金属腐蚀与 防护基本知识 (16:02:02)	10%	001	物质的构成	Z	
				002	电解质的概念	X	
				003	原电池的概念	X	
				004	电解池的概念	X	
				005	金属腐蚀的概念	Y	
				006	金属腐蚀的分类	Y	
				007	局部腐蚀的类型	X	
				008	局部腐蚀的特点	X	
				009	双电层的概念	Z	
				010	电极电位的概念	X	
				011	平衡电位的概念	X	
				012	金属的腐蚀电位	X	
				013	电化学腐蚀的概念	X	
				014	电化学腐蚀原因	X	
				015	电化学腐蚀过程	X	
				016	控制金属腐蚀的基本方法	X	
	C	管道阴极保护知识 (09:02:04)	10%	001	阴极保护原理	X	
				002	阴极保护方法的分类	Z	
				003	强制电流阴极保护特点	X	
				004	牺牲阳极阴极保护特点	Z	
				005	阴极保护方法适用范围	X	
				006	实施阴极保护的基本条件	X	

行为领域	代码	鉴定范围 （重要程度比例）	鉴定比重	代码	鉴定点	重要程度	备注
基础知识 A 60%	C	管道阴极保护知识 （09：02：04）	10%	007	自然腐蚀电位的概念	Y	
				008	最小保护电位的概念	X	
				009	最大保护电位的概念	X	
				010	保护电流密度的概念	X	
				011	阴极保护准则	X	
	D	管道防腐层知识 （06：05：00）	7%	001	防腐层的防腐原理	X	
				002	防腐层的一般规定	Y	
				003	防腐层与阴极保护之间的关系	X	
				004	防腐层材料的基本要求	X	
				005	三层结构聚乙烯防腐层的特点	X	
				006	熔结环氧粉末防腐层的特点	X	
				007	无溶剂液态环氧防腐层的特点	Y	
				008	石油沥青防腐层的特点	Y	
				009	聚乙烯胶黏带防腐层的特点	X	
				010	热熔胶型热收缩带（套）的特点	Y	
				011	黏弹体防腐胶带的特点	Y	
	E	管道干扰与 防护知识 （03：00：02）	5%	001	交流干扰	X	
				002	交流干扰的危害	Z	
				003	直流干扰	X	
				004	直流干扰的危害	Z	
				005	杂散电流	X	
	F	管道内腐蚀 控制基本知识 （02：01：01）	1%	001	管道内腐蚀的环境介质特点	Y	
				002	管道内腐蚀的分类	Z	
				003	管道内腐蚀检测	X	
				004	管道内腐蚀控制	X	
				005	缓蚀剂的特点	X	
				006	缓蚀剂的分类	Y	
				007	缓蚀剂的作用	X	
	G	电工学基本知识 （08：02：02）	3%	001	电的基本概念	X	
				002	静电的概念	Y	
				003	电流的概念	X	
				004	导电材料的概念	X	
				005	电阻的概念	X	
				006	电路的概念	X	
				007	电路的工作状态	Y	

行为领域	代码	鉴定范围 （重要程度比例）	鉴定比重	代码	鉴定点	重要程度	备注
基础知识 A 60%	G	电工学基本知识 （08：02：02）	3%	008	欧姆定律	X	
				009	电路的计算	X	
				010	电功的概念	X	
				011	直流电与交流电的区别	X	
				012	电磁场的概念	Z	
	H	管道保卫知识 （03：01：00）	2%	001	管道巡护内容	X	
				002	第三方施工基本概念	X	
				003	第三方施工安全距离	X	
				004	管道占压的危害	Y	
	I	管材 （01：00：02）	2%	001	管线钢类型	Z	
				002	管线钢牌号表示方法	X	
				003	管线钢缺陷类型	Z	
	J	焊接 （01：01：01）	2%	001	焊接方法	X	
				002	电弧焊电源类型	Z	
				003	焊接材料类型	Y	
	K	管体缺陷及修复 （02：01：00）	2%	001	管道缺陷主要类型	X	
				002	管体缺陷修复基本原则	X	
				003	管道缺陷主要修复方式	Y	
	L	水工保护 （03：00：02）	3%	001	砂、石类型	X	
				002	水泥类型	X	
				003	砂浆类型	X	
				004	钢筋类型	Z	
				005	混凝土类型	Z	
	M	管道应急抢修知识 （012：02：02）	4%	001	应急定义	Y	
				002	应急工作原则	Z	
				003	事故灾难突发事件分级	X	
				004	应急预案的构成	X	
				005	应急演练类型	Y	
				006	应急演练程序	X	
				007	应急响应程序	X	
				008	常用堵漏夹具的用途	X	
				009	管道打开作业常用机具作用	X	
				010	水上泄漏油品回收机具用途	Z	
				011	管道泄漏抢修方式	X	
				012	管道悬空抢修方式	X	

行为领域	代码	鉴定范围（重要程度比例）	鉴定比重	代码	鉴定点	重要程度	备注
基础知识 A 60%	M	管道应急抢修知识（012：02：02）	4%	013	管道漂管的处理方式	X	
				014	天然气管道冰堵抢修方式	X	
				015	动火分级	X	
				016	动火现场安全要求	X	
	N	管道完整性知识（03：14：00）	4%	001	管道完整性管理的概念	Y	
				002	管道完整性管理的原则	Y	
				003	管道完整性管理的目标	Y	
				004	管道完整性管理的要求	Y	
				005	管道完整性管理环节	Y	
				006	管道完整性管理框架	Y	
				007	管道完整性数据来源	Y	
				008	管道完整性数据对齐要求	Y	
				009	管道完整性数据采集要求	Y	
				010	管道完整性数据管理要求	Y	
				011	管道风险评价的基本概念	Y	
				012	管道风险评价的一般原则	Y	
				013	管道风险评价分类	Y	
				014	风险评价方法	Y	
				015	半定量评价指标分类	Z	
				016	风险矩阵分级标准	Z	
				017	完整性评价响应规定	Y	
	O	安全及环境保护知识（07：03：01）	2%	001	油气火灾的类型	Y	
				002	初起火灾灭火的基本方法	X	
				003	常用的消防器材	X	
				004	常见的中毒现象	X	
				005	防毒措施	Y	
				006	中毒的现场急救	Y	
				007	低压配电常识	X	
				008	触电防护	X	
				009	爆炸的概念	X	
				010	输气管道防爆措施	X	
				011	HSE 基本知识	Z	

续表

行为领域	代码	鉴定范围 (重要程度比例)	鉴定 比重	代码	鉴定点	重要 程度	备注
专业知识 B 40%	A	管道阴极保护 (14∶06∶05)	10%	001	恒电位仪的应用知识	Z	
				002	恒电位仪的类型	Y	
				003	恒电位仪的组成	Z	
				004	恒电位仪操作方法	Y	
				005	恒电位仪现场安装错误分析方法	X	
				006	阴极保护间的管理要求	X	
				007	恒电位仪的运行管理要求	X	
				008	参比电极的应用知识	Z	
				009	参比电极的性能要求	X	
				010	便携式饱和硫酸铜参比电极的结构	Z	
				011	便携式饱和硫酸铜参比电极使用注意事项	X	
				012	数字式万用表的使用方法	X	
				013	ZC-8 接地电阻测量仪工作原理	Y	
				014	ZC-8 接地电阻测试仪的结构	Y	
				015	ZC-8 接地电阻测试仪的使用要求	X	
				016	辅助阳极接地电阻值的要求	X	
	B	管道防腐层 (03∶02∶01)	3%	001	电火花检漏仪的工作原理	X	
				002	电火花检漏仪的基本结构	X	
				003	电火花检漏仪的使用方法	Y	
				004	电火花检漏仪的操作安全要求	Y	
				005	电火花检漏仪的维护	Z	
				006	防腐层检漏电压的计算方法	X	
	C	管道干扰与防护 (02∶00∶00)	1%	001	管地电位的测量方法	X	
				002	管道交流电压的测量方法	X	
	D	管道内腐蚀控制 (01∶01∶00)	1%	001	加注缓蚀剂的方法	X	
	E	管道保卫 (11∶03∶03)	10%	001	巡线工作要求	X	
				002	管道走向图识别方法	X	
				003	RD-8000 管道探测仪的工作原理	Y	
				004	SL-2818 管道探测仪的工作原理	Z	
				005	管道标识类型	X	
				006	管道标识的标记方法	X	
				007	管道标识的标记内容	X	
				008	管道标识的设置要求	X	
				009	管道保卫重点防护管段确定的要求	X	
				010	管道打孔盗油(气)危害	X	

行为领域	代码	鉴定范围 （重要程度比例）	鉴定 比重	代码	鉴定点	重要 程度	备注
专业知识 B 40%	E	管道保卫 （11：03：03）	10%	011	管道恐怖袭击风险	X	
				012	管道保护相关法律法规介绍	Y	
				013	管道保护的重要性	Z	
				014	第三方施工风险分析方法	X	
				015	第三方施工风险应对措施	Y	
				016	管道安全保护相关法律法规介绍	X	
				017	新发管道占压情况报告	Z	
	F	管道工程 （10：00：00）	5%	001	管道作业坑开挖方法	X	
				002	胶黏带施工管体表面处理方法	X	
				003	胶黏带缠绕方法	X	
				004	管体时钟位置确定方法	X	
				005	缺陷点尺寸测量方法	X	
				006	石笼的基本概念	X	
				007	过水面的基本概念	X	
				008	截水墙的基本概念	X	
				009	挡土墙的基本概念	X	
				010	浆砌石护坡的基本概念	X	
	G	应急抢修设备操作 （02：02：02）	3%	001	阀门泄漏的形式	Y	
				002	气液联动阀门执行机构原理	Z	
				003	电液联动阀门执行机构操作要求	Z	
				004	可燃气体检测仪的分类	Y	
				005	受限空间含氧量检测要求	X	
				006	空气呼吸器使用要求	X	
	H	突发事件前期处置 （04：00：00）	2%	001	抢险现场风险识别的要点	X	
				002	事故现场周边情况描述的要点	X	
				003	事故现场疏散要求	X	
				004	事故现场警戒的要求	X	
	I	管道完整性 （02：02：01）	5%	001	地区等级划分规定	X	
				002	特定场所划分规定	X	
				003	管道高后果区识别准则	X	
				004	高后果区识别要求	Y	
				005	高后果区管理措施	X	
				006	潜在影响区域计算方法	Y	
				007	GPS 定位仪使用方法	X	
				008	管道首级控制点设置要求	Y	
				009	管道清管器分类	X	
				010	清管器定位方法	Y	

注：X—核心要素；Y—一般要素；Z—辅助要素。

附录3 初级工操作技能鉴定要素细目表

行业:石油天然气　　　　工种:油气管道保护工　　　　等级:初级工　　　　鉴定方式:操作技能

行为领域	代码	鉴定范围 (重要程度比例)	鉴定比重	代码	鉴定点	重要程度	备注
操作技能 A 100%	A	阴极保护 (04:01:01)	35%	001	恒电位仪的开机、关机	Y	
				002	配制和校准便携式饱和硫酸铜参比电极	X	
				003	测量管/地电位	X	
				004	测量管道自然电位	X	
				005	测量辅助阳极(长接地体接地)接地电阻	X	
	B	防腐层(01:00:00)	10%	001	电火花检查防腐层漏点	X	
	C	干扰与防护 (02:00:00)	5%	001	测量直流干扰状态下的管地电位	X	
				002	测量交流干扰状态下的管道交流电压	X	
	D	控制内腐蚀 (100:00:00)	3%	001	采用自流式加入法向输气管内加注缓蚀剂	X	
	E	管道巡护 (02:02:01)	10%	001	开展管道巡线	X	
				002	探测管道(光缆/电缆)走向和埋深	X	
				003	维护管道标识	Y	
				004	确定反打孔盗油(气)与防恐重点防护管段	Z	
				005	组织管道保护宣传	Y	
	F	第三方施工管理 (01:01:00)	5%	001	排查第三方施工信息	X	
				002	处理管道占压	Y	
	G	管道工程 (03:00:00)	10%	001	维修3PE防腐层漏点	X	
				002	复核管体外部缺陷位置	X	
				003	检查水工保护设施	X	
	H	常用设备使用 (05:01:00)	10%	001	开关线路手动阀门	X	
				002	开关线路气液联动阀门	X	
				003	开关线路电液联动阀门	X	
				004	使用空气呼吸器	X	
				005	检测受限空间含氧量	Y	
				006	检测可燃气体	X	
	I	突发事件前期处置 (02:00:00)	3%	001	输油管道泄漏现场初期处置	X	
				002	输气管道泄漏现场初期处置	X	
	J	管道风险评价 (02:00:00)	6%	001	识别输油管道高后果区	X	
				002	识别输气管道高后果区	X	
				003	使用GPS定位仪定位	X	
				004	选择管道首级控制点	X	
	K	管道清管 (02:00:00)	3%	001	发送清管器	X	
				002	接收清管器	X	

注:X—核心要素;Y—一般要素;Z—辅助要素。

附录4　中级工理论知识鉴定要素细目表

行业:石油天然气　　　　工种:油气管道保护工　　　等级:中级工　　　　鉴定方式:理论知识

行为领域	代码	鉴定范围 (重要程度比例)	鉴定比重	代码	鉴定点	重要程度	备注
基础知识A 60%	A	油气储运基本知识 (06:03:04)	5%	001	油品的管道输送方式分类	Z	
				002	"三高"原油的输送方法	Y	
				003	成品油的输送方法	Y	
				004	输油设备的连接方式	Z	
				005	天然气的管道输送方法	Z	
				006	天然气管道输送工艺特点	Y	
	B	金属腐蚀与 防护基本知识 (08:02:02)	5%	001	电化学腐蚀的定义	Z	
				002	腐蚀原电池的形成条件	Z	
				003	腐蚀微电池的概念	Y	
				004	腐蚀宏电池的概念	Y	
				005	电化学腐蚀速度	X	
				006	极化作用	X	
				007	产生阳极极化的原因	X	
				008	产生阴极极化的原因	X	
				009	去极化的概念	X	
				010	极化曲线的概念	X	
				011	氧浓差电池的概念	X	
				012	土壤腐蚀的原因	X	
	C	管道阴极保护知识 (16:04:04)	15%	001	强制电流阴极保护系统的组成	X	
				002	阴极保护电源设备基本要求	X	
				003	常用电源设备类型	Y	
				004	其他供电系统的特点	X	
				005	电源设备的选择方法	Z	
				006	恒电位仪的特点	X	
				007	阳极地床位置的选择方法	X	
				008	阳极材料的选择方法	X	
				009	辅助阳极材料的性能	Z	
				010	高硅铸铁阳极的性能	X	
				011	石墨阳极的性能	X	
				012	钢铁阳极的性能	Z	
				013	贵金属氧化物阳极的性能	X	
				014	柔性阳极的性能	X	

行为领域	代码	鉴定范围 (重要程度比例)	鉴定比重	代码	鉴定点	重要程度	备注
基础知识 A 60%	C	管道阴极保护知识 (16:04:04)	15%	015	阳极数量的确定	X	
				016	浅埋式阳极地床的特点	Y	
				017	深井式阳极地床的特点	X	
				018	测试桩的类型	Y	
				019	测试桩的结构	Z	
				020	测试桩的埋设方法	X	
				021	电绝缘装置的作用	X	
				022	电绝缘装置的类型	Y	
				023	电绝缘装置的安装位置	X	
				024	绝缘法兰的特点	X	
				025	整体型绝缘接头的特点	X	
				026	其他电绝缘装置的选择方法	Y	
				027	埋地型参比电极的基本要求	X	
				028	埋地型饱和硫酸铜参比电极技术要求	X	
				029	埋地型锌参比电极技术要求	X	
				030	阴极保护系统其他附属设施的要求	Z	
				031	阴极保护系统连接导线的要求	Z	
	D	管道防腐层知识 (05:04:00)	10%	001	三层结构聚乙烯防腐层的结构	X	
				002	熔结环氧粉末防腐层的等级	X	
				003	无溶剂液态环氧防腐层的等级	Y	
				004	石油沥青防腐层的等级	Y	
				005	聚乙烯胶黏带防腐层的结构	X	
				006	热熔胶型热收缩带(套)的结构	X	
				007	黏弹体防腐胶带的结构	Y	
				008	防腐保温层的结构	X	
				009	防腐保温层的补口补伤	Y	
	E	管道干扰与 防护知识 (02:01:00)	5%	001	直流干扰源	X	
				002	直流干扰的分类	X	
				003	交流干扰的分类	Y	
	F	电子技术基本知识 (08:02:03)	5%	001	半导体的基本概念	Y	
				002	半导体的分类	Z	
				003	PN结的特性	X	
				004	晶体二极管的特性	X	
				005	晶体二极管的检测方法	X	
				006	半波整流电路的特性	Z	

行为领域	代码	鉴定范围 （重要程度比例）	鉴定比重	代码	鉴定点	重要程度	备注
基础知识 A 60%	F	电子技术基本知识 （08：02：03）	5%	007	全波整流电路的特性	Y	
				008	桥式全波整流电路的特性	X	
				009	滤波电路的特性	X	
				010	电容滤波电路的特性	X	
				011	电感滤波电路的特性	X	
				012	稳压电路的特性	X	
	G	管材 （01：02：00）	3%	001	管道钢管类型	X	
				002	管道常用钢管特点	Y	
				003	管件类型	Y	
	H	焊接（00：02：02）	3%	001	焊接典型缺陷	Y	
				002	焊条电弧焊工艺	Z	
				003	埋弧焊工艺	Z	
				004	焊接质量检验方法	Y	
	I	管体缺陷及修复 （01：02：00）	3%	001	补板修复适用范围	X	
				002	A 型套筒安装	Y	
				003	B 型套筒安装	Y	
	J	水工保护 （03：02：01）	6%	001	土的概念	Y	
				002	地基土的工程分类	X	
				003	碎石土和砂土的野外鉴别	X	
				004	黏性土与粉土的野外鉴别	X	
				005	地基的基础概念	Y	
				006	地基容许承载力	Z	
专业知识 B 40%	A	管道阴极保护 （11：04：06）	5%	001	恒电位仪的调整方法	X	
				002	恒电位仪控制台的功能	Z	
				003	运行中绝缘法兰/绝缘接头的检查方法	X	
				004	恒电位仪外部电缆故障的排除方法	X	
				005	铝热焊的特点	Z	
				006	铝热焊的基本原理	Y	
				007	铝热焊模具的要求	Y	
				008	铝热焊的焊接方法	X	
				009	汽油发电机的工作原理	Z	
				010	汽油发电机的维护方法	Z	
				011	太阳能电源系统的结构	Y	
				012	太阳能电源系统的操作方法	X	
				013	蓄电池的维护方法	X	

续表

行为领域	代码	鉴定范围 (重要程度比例)	鉴定 比重	代码	鉴定点	重要 程度	备注
专业知识 B 40%	A	管道阴极保护 (11:04:06)	5%	014	牺牲阳极施工的基本要求	X	
				015	牺牲阳极填包料的配制方法	Z	
				016	牺牲阳极的施工工艺	Y	
				017	牺牲阳极保护参数的测试方法	X	
	B	管道防腐层 (01:00:00)	5%	001	防腐层质量开挖的检测方法	X	
	C	管道干扰与防护 (02:02:00)	10%	001	常见直流干扰源的基本特点	Y	
				002	常见交流干扰源的基本特点	Y	
				003	直流干扰的判断准则	X	
				004	交流干扰的判断准则	X	
	D	管道保卫 (05:02:03)	10%	001	跨越管道的分类	X	
				002	跨越管道的管理内容	X	
				003	压力流量式输油管道泄漏报警系统的原理	Z	
				004	压力波式输油管道泄漏实时监测系统的原理	Z	
				005	振动式输油、输气管道防盗监测报警系统的 原理	Z	
				006	管道光纤安全预警技术的原理	Y	
				007	管道公司管道 GPS 巡检管理系统的功能	Y	
				008	管道安全告知内容	X	
				009	第三方施工管道保护方案的内容	X	
				010	第三方施工验收的内容	X	
	E	管道工程 (03:03:02)	10%	001	防腐层补口材料的要求	X	
				002	防腐层补口表面的处理方法	X	
				003	防腐层补口质量的检验方法	X	
				004	深度卡尺的使用方法	Y	
				005	现场拌制砂浆的质量要求	Z	
				006	毛石砌筑的质量要求	Y	
				007	挡土墙砌筑的质量要求	Y	
				008	混凝土施工的质量要求	Z	

注:X—核心要素;Y—一般要素;Z—辅助要素。

附录5　中级工操作技能鉴定要素细目表

行业:石油天然气　　工种:油气管道保护工　　等级:中级工　　鉴定方式:操作技能

行为领域	代码	鉴定范围 (重要程度比例)	鉴定比重	代码	鉴定点	重要程度	备注
操作技能 A	A	阴极保护 (09∶02∶01)	50%	001	调整恒电位仪运行参数	X	
				002	切换恒电位仪	Y	
				003	电位法检查运行中绝缘法兰/绝缘接头的绝缘性能	X	
				004	判断并排除阳极电缆或阴极电缆断线故障	X	
				005	启、停汽油发电机	Z	
				006	操作太阳能电源系统	Y	
				007	埋设牺牲阳极	X	
				008	标准电阻法测量牺牲阳极输出电流	X	
				009	直测法测量牺牲阳极输出电流	X	
				010	测量牺牲阳极接地电阻	X	
				011	等距法测量土壤电阻率	X	
	B	防腐层 (01∶00∶00)	10%	001	开挖检测防腐层质量	X	
	C	干扰与防护 (02∶00∶00)	10%	001	判断直流干扰	X	
				002	判断交流干扰	X	
	D	管道巡护 (02∶02∶00)	10%	001	维护跨越设施	Y	
				002	绘制管道走向图	X	
				003	排查打孔盗油点	X	
				004	管理巡线工	Y	
	E	第三方施工管理 (00∶01∶00)	5%	001	处理第三方施工	Y	
	F	管道工程 (01∶02∶00)	15%	001	3PE 防腐层补口	Y	
				002	测量管体外部缺陷深度	Y	
				003	检查水工施工质量	X	

注:X—核心要素;Y—一般要素;Z—辅助要素。

附录6 高级工理论知识鉴定要素细目表

行业:石油天然气　　　　工种:油气管道保护工　　　　等级:高级工　　　　鉴定方式:理论知识

行为领域	代码	鉴定范围 (重要程度比例)	鉴定比重	代码	鉴定点	重要程度	备注
基础知识A 60%	A	油气储运基本知识 (06:05:05)	10%	001	泵的分类	Z	
				002	离心泵的工作原理	Z	
				003	加热炉的结构	Y	
				004	换热器的分类	Y	
				005	阀门的分类	Y	
				006	管件的分类	Z	
				007	弯头的用途	Z	
				008	弯管的类型	Z	
				009	法兰的结构	X	
				010	清管装置的类型	X	
				011	原动机的概念	X	
				012	常用电气设备的类型	X	
				013	测量仪表的用途	X	
				014	天然气管输系统的构成	Y	
				015	输气站常用设备	Y	
				016	压缩机的类型	X	
	B	金属腐蚀与 防护基本知识 (07:01:02)	10%	001	干的大气腐蚀表征	Y	
				002	潮的大气腐蚀表征	X	
				003	湿的大气腐蚀表征	X	
				004	大气腐蚀的原因	Z	
				005	土壤腐蚀的原因	X	JD
				006	土壤含盐量对腐蚀过程的影响	X	
				007	土壤的物理性质对腐蚀过程的影响	X	
				008	土壤含氧量对腐蚀过程的影响	X	
				009	土壤腐蚀的特点	Z	JD
				010	土壤中的细菌腐蚀	X	
	C	管道阴极保护知识 (12:05:03)	15%	001	牺牲阳极材料的要求	X	JD
				002	镁及镁合金的特点	Y	
				003	镁及镁合金的性能	X	
				004	锌及锌合金的特点	Y	
				005	锌及锌合金的性能	X	
				006	带状牺牲阳极的特点	Z	

续表

行为领域	代码	鉴定范围（重要程度比例）	鉴定比重	代码	鉴定点	重要程度	备注
基础知识 A 60%	C	管道阴极保护知识（12：05：03）	15%	007	带状牺牲阳极的类型	Y	
				008	铝合金阳极的特点	Z	
				009	镁、锌复合式阳极的特点	Y	
				010	常见牺牲阳极性能比较	Z	
				011	牺牲阳极的选择方法	X	
				012	牺牲阳极填包料的作用	X	JD
				013	牺牲阳极填包料的性能要求	X	
				014	填装填包料的方法	X	
				015	牺牲阳极的分布要求	X	
				016	牺牲阳极测试系统	X	
				017	牺牲阳极系统施工注意事项	X	
				018	站场区域性阴极保护的特点	Y	
				019	站场区域性阴极保护的设计要求	X	
				020	站场区域性阴极保护辅助阳极地床的形式	X	JD
	D	管道防腐层知识（04：04：01）	10%	001	三层结构聚乙烯防腐层的性能要求	X	
				002	三层结构聚乙烯防腐层材料的性能要求	X	
				003	熔结环氧粉末防腐层的性能要求	X	
				004	熔结环氧粉末防腐层材料的性能要求	Y	
				005	无溶剂液态环氧防腐层材料的性能要求	Y	
				006	石油沥青防腐层材料的性能要求	Z	
				007	聚乙烯胶黏带防腐层材料的性能要求	X	
				008	热熔胶型热收缩带(套)的性能要求	Y	
				009	黏弹体防腐胶带的性能要求	Y	
	E	管道干扰与防护知识（02：00：00）	4%	001	直流杂散电流腐蚀	X	
				002	交流腐蚀	X	
	F	电子技术基本知识（02：01：00）	6%	001	晶体三极管放大电路的概念	X	
				002	集成运算放大器的概念	Y	
				003	可控硅的概念	X	
	G	水工保护（00：01：02）	3%	001	施工图表示方法	Y	
				002	河床概念	Z	
				003	河流水文特征	Z	
	H	管道缺陷及修复（01：01：00）	2%	001	缺陷点定位方法	X	
				002	套筒焊接要求	Y	

续表

行为领域	代码	鉴定范围 (重要程度比例)	鉴定比重	代码	鉴定点	重要程度	备注
专业知识 B 40%	A	管道阴极保护 (17 : 03 : 05)	20%	001	判断并排除恒电位仪外部线路故障的方法	X	
				002	辅助阳极地床位置的选择方法	Y	JD
				003	浅埋式阳极地床的形式	X	
				004	牺牲阳极的安装方法	X	
				005	绝缘法兰/绝缘接头高电压保护装置作用	X	
				006	绝缘法兰/绝缘接头高电压保护装置类型	Z	
				007	绝缘法兰/绝缘接头高电压保护装置安装方法	X	
				008	测量管道阴极保护电流的方法	X	
				009	失重检查片的要求	X	
				010	失重检查片的埋设方法	X	JD
				011	失重检查片的清洗方法	X	
				012	失重检查片法检查阴极保护度的计算方法	X	JS
	B	管道防腐层 (01 : 00 : 00)	5%	001	防腐层漏点地面检测方法	X	
	C	管道干扰与防护 (00 : 02 : 00)	5%	001	固态去耦合器	Y	
				002	极性排流器	Y	
	D	管道工程 (01 : 04 : 00)	10%	001	防腐层大修管沟开挖要求	X	
				002	防腐层大修质量检验要求	Y	
				003	干砌石施工方法	Y	
				004	石笼施工方法	Y	
				005	浆砌石施工方法	Y	

注:X—核心要素;Y——般要素;Z—辅助要素;JD—简答;JS—计算。

附录7　高级工操作技能鉴定要素细目表

行业:石油天然气　　　　工种:油气管道保护工　　　　等级:高级工　　　　鉴定方式:操作技能

行为领域	代码	鉴定范围 (重要程度比例)	鉴定 比重	代码	鉴定点	重要 程度	备注
操作技能 A 100%	A	阴极保护 (07:01:01)	60%	001	判断并排除恒电位仪外部线路故障	X	
				002	安装立式浅埋辅助阳极	X	
				003	安装牺牲阳极	X	
				004	安装锌接地电池	Z	
				005	电压降法测量管道阴极保护电流	X	
				006	利用电流测试桩测量管道阴极保护电流	X	
				007	埋设失重检查片	X	
				008	失重检查片的清洗和称重	Y	
				009	失重检查片法评定管道阴极保护度	X	
	B	防腐层 (01:00:00)	10%	001	PCM设备检测埋地管道防腐层漏点	X	
	C	干扰与防护 (01:01:00)	15%	001	判断固态去耦合器工作状态	X	
				002	判断极性排流器工作状态	Y	
	D	管道工程 (01:01:00)	15%	001	防腐层大修监护	X	
				002	维修水工保护设施	Z	

注:X—核心要素;Y—一般要素;Z—辅助要素。

附录8 技师理论知识鉴定要素细目表

行业:石油天然气　　　工种:油气管道保护工　　　等级:技师　　　鉴定方式:理论知识

行为领域	代码	鉴定范围 (重要程度比例)	鉴定比重	代码	鉴定点	重要程度	备注
基础知识 A 60%	A	油气储运基本知识 (01:00:01)	5%	001	数字化管道基本概念	X	
				002	数字化管道的应用知识	Y	JD
	B	金属腐蚀与 防护基本知识 (06:01:01)	10%	001	局部腐蚀分类	Z	JD
				002	孔蚀的特征	X	JD
				003	缝隙腐蚀的特征	X	JD
				004	应力腐蚀的特征	X	JD
				005	腐蚀疲劳的特征	X	JD
				006	磨损腐蚀的特征	Y	JD
				007	电偶腐蚀的特征	X	JD
				008	输油管道内腐蚀主要原因	X	JD
				009	输气管道内腐蚀主要原因	X	JD
	C	管道阴极保护知识 (05:01:01)	15%	001	阴极保护系统漏电的危害	Y	JD
				002	阴极保护系统漏电的原因	X	JD
				003	阴极保护管道漏电点的查找方法	X	JD
				004	阴极保护系常见故障的排除方法	X	JD
				005	延长保护范围的措施	Z	JD
				006	腐蚀防护重点管段的确定方法	X	JD
				007	腐蚀防护重点管段的管理方法	X	JD
	D	管道防腐层知识 (02:00:01)	20%	001	防腐层管理的内容	X	JD
				002	防腐层管理的要求	X	JD
	E	管道干扰与 防护知识 (01:01:00)	5%	001	直流干扰腐蚀原理	X	
				002	交流干扰的三种耦合方式	Y	
	F	电子技术基本知识 (02:00:00)	5%	001	晶体管振荡电路知识	X	JD
				002	脉冲电路知识	X	JD
专业知识 B 40%	A	管道阴极保护 (08:02:01)	20%	001	恒电位仪常见故障的排除方法	X	JD
				002	管道沿线电位电流的分布规律	Z	JD
				003	阴极保护保护距离的计算方法	X	JD,JS
				004	电源功率的计算方法	X	JD,JS

行为领域	代码	鉴定范围 (重要程度比例)	鉴定比重	代码	鉴定点	重要程度	备注
专业知识B 40%	A	管道阴极保护 (08:02:01)	20%	005	辅助阳极有关计算方法	X	JD,JS
				006	牺牲阳极阴极保护的有关计算方法	X	JD
				007	区域性阴极保护系统的特点	Y	JD
				008	区域性阴极保护系统的管理方法	X	JD
				009	阴极保护系统的投运方法	X	
				010	阴极保护系统投运方案的确定方法	X	
	B	管道防腐层 (00:01:01)	10%	001	腐蚀调查的主要内容	Y	JD
	C	管道干扰与防护 (02:00:00)	10%	001	直流干扰的防护措施	X	
				002	交流干扰的防护措施	X	

注:X—核心要素;Y——般要素;Z—辅助要素;JD—简答;JS—计算。

附录9 技师操作技能鉴定要素细目表

行业:石油天然气　　　　工种:油气管道保护工　　　　等级:技师　　　　鉴定方式:操作技能

行为领域	代码	鉴定范围 (重要程度比例)	鉴定比重	代码	鉴定点	重要程度	备注
操作技能A 100%	A	阴极保护 (08:00:00)	50%	001	排除恒电位仪故障(一)	X	
				002	排除恒电位仪故障(二)	X	
				003	排除恒电位仪故障(三)	X	
				004	排除恒电位仪故障(四)	X	
				005	排除恒电位仪故障(五)	X	
				006	设计简单的强制电流阴极保护系统	X	
				007	设计简单的牺牲阳极阴极保护系统	X	
				008	管理区域性阴极保护系统	X	
				009	编写阴极保护系统施工及投运方案	Y	
	B	防腐层 (00:01:00)	20%	001	编写腐蚀调查方案	Y	
	C	干扰与防护 (00:02:00)	30%	001	编制临时干扰防护方案	Y	
				002	制作简易极性排流装置	Y	

注:X—核心要素;Y——一般要素;Z—辅助要素。

附表 10　操作技能考试内容层次结构表

考核内容层次结构表

级别	技能操作											合计
	阴极保护	防腐层	干扰与防护	控制内腐蚀	管道巡护	第三方施工管理	管道工程	常用设备使用	突发事件前期处置	管道风险评价	管道清管	
初级	35分 20~30 min	10分 20~30 min	5分 10~20 min	3分 10~20 min	5分 20~40 min	10分 10~20 min	5分 20~40 min	10分 10~20 min	3分 10min	6分 10~20 min	3分 10~20 min	100分 160~220 min
中级	50分 30~40 min	10分 30~40 min	10分 30~40 min		10分 20min	5分 20~40 min	15分 20~40 min					100分 270~340 min
高级	60分 40~60 min	10分 40~60 min	15分 40~60 min				15分 40~60 min					100分 300~530 min
技师	50分 90~120 min	20分 50~60 min	30分 40~60 min									100分 180~240 min

参 考 文 献

[1] 中国石油天然气集团公司人事服务中心.油气管道保护工.北京:石油工业出版社,2004.

[2] 中国石油天然气集团公司职业技能鉴定指导中心.油气管道保护工.北京:石油工业出版社,2008.

[3] 冯洪臣,阴极保护安装与维护,北京:经济日报出版社,2010.

[4] 冯庆善,王婷,秦长毅,马小芳.油气管道管材及焊接技术.北京:石油工业出版社,2015.

[5] 王鸿.长输管道水工保护工程施工技术手册.北京:中国计量出版社.2005.

[6] 胡士信,廖宇平,王冰怀.管道防腐层设计手册.北京:化学工业出版社,2007.

[7] 胡士信.阴极保护工程手册[M].北京:化学工业出版社,1999.

[8] A.W.皮博迪.管线腐蚀控制[M].北京:化学工业出版社,2004.

[9] W.V.贝克曼,W.施文克,W.普林兹.阴极保护手册:电化学保护的理论与实践[M].北京:化学工业出版社,2005.